Kinder in Hungersnot

Eine ungewöhnliche Danksagung

Mein allerherzlichster Dank gilt allen, die mich bei der Erstellung meiner drei Bücher unterstützt haben – besonders meinen thailändischen Freunden, Studenten der Universität Khon Kean und den vielen Kindern unseres Dorfes.

Meinen fordernden Wünschen stellten alle ein größtes Maß an Geduld und Verständnis entgegen – eine fernöstliche Tugend.

Ich möchte etwas von dem, was man mir häufig selbstlos entgegenbrachte zurückgeben – an solche Menschen, die weniger haben als ich und noch weniger als meine Freunde in Thailand.

Dazu habe ich mir zwei Fragen gestellt:

1. Wie ordne ich meine derzeitige Lebenssituation auf einer Befindlichkeitsskala ein:

   - hervorragend
   - zufriedenstellend
   - einigermaßen
   - schlecht.

2. Kann ich ein wenig an die abgeben, die nicht einmal genug zu Essen und zu Trinken haben?

Die Beurteilung auf der Skala für mich selbst ergibt: **hervorragend**

Deshalb werde ich von jedem verkauften Buch
25 % meines Autorenhonorars für Kinder verwenden,
die sich in Hungersnot befinden.

Ich bitte alle Menschen, sich ebenfalls die Fragen 1 und 2 zu stellen und dann nach einer ehrlichen Antwort den Weg zu einem Spendenkonto zu finden.

Es bedankt sich sehr herzlich Ihr H. Neubacher, Autor

*Abb. 1 Modell der **CHEOPS-PYRAMIDE** mit **STEINHEBEMASCHINEN** und **STEINVERLEGEMASCHINEN** im Maßstab 1:100 – Blick in die Bauvorgänge der ersten 5-Jahresphase – nach der Idee des Verfassers Helmar Neubacher*

Anmerkung: Die Bausteine auf den Schlitten der Transportrampe (links) verhalten sich zum Nachbau eines Originalblocks (rechts) wie 1:1.000.000

Helmar Neubacher

VERMÄCHTNIS des HERODOT
zum Bau der
CHEOPS-PYRAMIDE

Abb. 2 ***STEINHEBEMASCHINE*** *in* ***ORIGINALGRÖSSE*** *ist bereit, einen 2,5-t-Standardblock des Cheops (Nachbau) am 12.02.2009 in Thailand zu heben – nach der Idee des Verfassers*

Helmar Neubacher

VERMÄCHTNIS des **HERODOT** zum Bau der **CHEOPS-PYRAMIDE**

Jahrtausende altes Mysterium gelüftet:

100.000 Mann – Hydrostatik – 230 Steinhebemaschinen

228 Seiten mit 243 Abbildungen, davon 63 in Farbe, 170 in Schwarz/Weiß und 10 als Tabellen

Umschlag:
Entwurf und Gestaltung: H. Neubacher

Bibliografische Information der Deutschen Nationalbibliothek

Die Deutsche Nationalbibliothek verzeichnet diese Publikation in der Deutschen Nationalbibliografie, detaillierte bibliografische Daten sind im Internet über http://dnb.d-nb.de abrufbar.

Herstellung und Verlag: Books on Demand GmbH, Norderstedt

ISBN: 978-3-8391-1486-5

Inhalt

*Abb. 3 Schema, **36 MASCHINEN VERLEGEN PYRAMIDENBAUSTEINE** der **CHEOPS-PYRAMIDE** – Darstellung in Vorderansicht und Draufsicht – nach der Idee des Verfassers*

1 Einleitung

Das kleine Volk der alten Ägypter hat im Laufe seiner Geschichte über 100 Pyramiden errichtet – alle auf der Westseite des Nils gelegen (Abb. 71).

Das herausragende Bauwerk ist die Cheops-Pyramide mit ehemals 146,6 Metern Höhe und einer verbauten Steinmasse von 6.250.000 Tonnen.

Was hat die damaligen Baumeister befähigt, ein derart gewaltiges Werk mit den Mitteln ihrer Zeit zu erstellen (Abb. 10)?

Noch heute können wir es, wie auch die beiden Pyramiden der Pharaonen Chephren und Mykerinos, auf dem Giza-Gelände unmittelbar neben der ägyptischen Hauptstadt Kairo, in Nil-Nähe bewundern (Abb. 5).

Ein wenig lädiert – durch Sonne, Wind und Erdbeben bis auf wenige Steine seiner Außenverkleidung und des Pyramidiums (Pyramidenspitze) beraubt – ist es, im Gegensatz zu anderen, immer noch eine intakte Pyramide. Trotz Steinraubbau von Fürsten und Heimsuchung durch Grabräuber ist das Weltwunder der Antike auch heute noch ein Weltwunder.

Viele Forscher waren bemüht, Licht in das Geheimnis um die Cheops-Pyramide zu bringen. – Und doch wird man wohl alle Fragen, die das Bauwerk aufwirft, niemals beantworten können. Auch heute noch ist das Alte Reich (AR) der Pharaonen (2600 - 2137 v. Chr. nach Prof. D. Arnold) interessant für Medien und Bevölkerungsteile vieler Nationen. Die Cheops-Pyramide ist geradezu ein Magnet für die Öffentlichkeit; das zeigt auch das Millionenheer der alljährlichen Besucher.

Die Größe des Bauwerkes und die Schwergewichte der verbauten Steinblöcke, verbunden mit der Glätte ihrer Oberflächen, so wie die Präzision des Einfügens faszinieren gleichermaßen Experten wie auch Laien.

Obwohl bereits vieles bekannt ist, verbirgt das Bauwerk noch so manches Geheimnis. Man weiß beispielsweise immer noch nicht, ob der Pharao tatsächlich in der Pyramide bestattet wurde. Auch von Cheops selbst gibt es nur wenig Anhaltspunkte. So zeugt von seinem tatsächlichen Aussehen lediglich ein kleines 7,5 Zentimeter großes Elfenbeinfigürchen, das seinen Namen trägt (Abb. 12).

Von der Pyramide kennen wir im Grunde nur die außen freigelegten Seitenflächen und einige hundert Steine im Inneren. Mehrere Millionen Kubikmeter, also der allergrößte Teil des Bauwerkes, ist bis heute unserem Auge verschlossen.

Gibt es weitere Kammern? Ruht Cheops an anderer Stelle? Weshalb gibt es keinerlei Wandmalereien, abgesehen von einigen Arbeitergraffiti in den so genannten Entlastungskammern auf etwa 50 Metern Höhe? Sind Schätze im Inneren verborgen – und man denkt unwillkürlich an das Gold des Tutanchamun?

Fragen über Fragen, und das Interesse der Menschen an ihrer Enträtselung scheint ungebrochen.

So hat J.-P. Houdin, ein französischer Architekt und Buchautor, nach Medienberichten den Wunsch, die Pyramide mit modernsten Mitteln zu durchleuchten. Es liegt aber bis heute keine Genehmigung der Antikenbehörde vor.

Was würde aber der Fund weiterer Kammern bringen? Das Ergebnis wäre sicher eine zusätzliche Verunstaltung der Pyramide, verbunden mit der Jagd nach den Schätzen des Pharao.

Durch Menschenhand abgetragene und wieder aufgebaute Steinquader würden zwangsläufig die Originalität des Bauwerkes zerstören.

Lassen wir doch Cheops ruhen – oder muss auch er in einem Glassarg des Pharaonensaals im Ägyptischen Museum „ausgestellt“ werden?

Von ganz besonderem Interesse ist seit jeher die Frage:

Wie bauten die alten Ägypter ihre Pyramiden?

Mit Hilfe welcher Verfahren und Kenntnisse brachten sie es fertig, dieses monumentale Bauwerk des Cheops zu erschaffen – das nicht umsonst den Beinamen „Große Pyramide“ trägt?

Bei den meisten Ägyptologiewissenschaftlern herrscht noch heute die Lehrmeinung vor:
Man habe 2.500.000 Steinblöcke à 2,5 Tonnen Durchschnittsgewicht über Rampen nach oben geschafft – allein durch Menschenkraft.

Leider gibt es auch in der übrigen Literatur zum eigentlichen Pyramidenbau nur wenige Werke. In den letzten Jahren, so hat es den Anschein, wird die „Pyramidenbau-Thematik“ aber ein wenig aktualisiert.

So vertritt Prof. O. M. Riedl in den 1980er Jahren die These, man hätte bewegliche Transportrampen gebaut und mit ihnen über Seilwinden (Spills) die Blöcke hinaufgezogen. Die Idee holte sich der Professor bei Stimmwirbeln an Musikinstrumenten, die es nach seiner Meinung schon damals gegeben haben soll.

Ein weiterer Autor ist F. Löhner, der sich schon seit etlichen Jahren mit dem Pyramidenbau beschäftigt, was auch seine sehr ausführliche Webseite im Internet belegt. Über eine Seilrolle, die er „Löhner-Rolle“ nennt, hätten Arbeiter die Steinblöcke überwiegend durch ihre eigene Gewichtskraft an den Pyramidenflanken in die Höhe befördert.

Leider grenzt sich F. Löhner als Fachautor für den Pyramidenbau um 2600/2500 v. Chr. selbst aus: Seiner Meinung nach sind die ägyptischen Pyramiden um 700 v. Chr. errichtet worden; zu dieser Zeit hätte man nachweislich Eisen und Stahl zur Verfügung gehabt – was z. B. für die Bearbeitung von Granit unerlässlich wäre.[1]

Auch der Nachweis für die Funktion der Löhner-Rolle steht noch aus. Ich warte immer noch auf den Tag, an dem F. Löhner mit 50 oder gar 100 Mann an der Pyramidenaußenwand hängt – am anderen Seilende ein 2,5-Tonnen-Steinblock, der mit Schlitten und Seilen nahezu 2900 Kilogramm wiegt. Selbst der Nachweis, dass die Löhner-Rolle bei großer Belastung nicht klemmt, ist noch nicht erbracht. Immerhin wird die Zugrichtung umgelenkt, wobei auch die entstehende Reibung zwischen Rolle und Lager zu bedenken ist.

Selbst die Rampentheorie lebt wieder auf. So vertritt J.-P. Houdin das Prinzip der Innenrampe – also weiterhin Schwergewichte schleppen mit Hilfe von Schlitten.

Hat überhaupt schon irgendjemand die erforderliche Schlittenzahl errechnet, die sich aufgrund von Abnutzung innerhalb von 20 Baujahren ergeben würde?

Bei unseren Schleppversuchen in Thailand wurde das bekanntlich besonders feste Zedernholz an den Kufen regelrecht „weggemetzelt“ – und das bei weniger als 50 Metern Schleifweg.

Eine weitere Arbeit aus neuester Zeit stellt die Dissertation von Prof. F. Müller-Römer dar. Nach einer sehr detaillierten Zusammenfassung zu den ägyptischen Pyramiden fällt der Eigenanteil der

Arbeit etwas sparsam aus. Deren Inhalt „Pyramidenbau mit steilen Außenrampen (26,57°) und Seilwinden“ [2] ist eigentlich nichts Neues. Auch die Verifikation seiner aufgestellten Hypothesen fehlt. Der Professor geht einen anderen Weg: Er stellt seine eigenen Hypothesen zur allgemeinen Diskussion.

Zu bedenken ist, dass der Einsatz von Spills für das AR nicht nachgewiesen ist, woran auch die oben genannte Theorie Prof. O. M. Riedls litt. Selbst auf den vielen Schiffsdarstellungen aus dem alten Ägypten hat man sie nicht gefunden. – Nicht einmal das Hochhieven eines Ankers ist belegt! Damit verliert der Gedanke der „Steilen Rampen“ seine Berechtigung, **denn:** Erzeugung großer Zugkräfte auf engem Raum, verbunden mit steilen Transportwegen unter Nutzung nie belegter Seilwinden, ist sehr unwahrscheinlich.

So erfreulich es auch ist, dass es nun mehrere Arbeiten zum Pyramidenbau gibt, so ist aber anzumerken, dass sie nicht alle wesentlichen Aspekte berücksichtigen.

Solch gewaltige Bauwerke wie die Pyramiden des Chephren und Mykerinos oder gar des Cheops konnte man mit Hilfe der vorgetragenen Techniken wohl nicht erstellen.

1.1 Zielsetzung

Nach Aussagen des griechischen Historikers Herodot wurde die Cheops-Pyramide innerhalb eines Zeitraumes von 20 Jahren gebaut. Weitere 10 Jahre waren für den Aufweg – vom Taltempel zum Totentempel – erforderlich (Abb. 14).

Geht man von dieser Prämisse aus, die auch allgemeine Lehrmeinung und Arbeitsgrundlage vieler Autoren ist, dann ergibt sich folgendes Arbeitsaufkommen:

Es waren für den Bau der großen Pyramide
innerhalb von 20 Jahren 7300 Tage à 10-12 Stunden
tägliche Arbeitszeit aufzubringen.

Da die Pyramide nach oben hin spitz zuläuft, wird auch der Arbeitsplatz nach oben hin für die Arbeiter immer geringer. Auch die Hubhöhe der Steine nimmt zu.

Die Folge:
Die Arbeitsleistung der verbauten Steine pro Tag nimmt nach oben hin rapide ab.
Zu berücksichtigen ist auch, dass sich innerhalb der zu verbauenden Steinmasse etwa 100 Monolithe befinden – teilweise über 40 Tonnen schwer.

Daraus ergibt sich die tatsächliche tägliche Arbeitsleistung, die sich für den Zeitraum von 20 Jahren mit Hilfe eines Schaubildes annähernd darstellen lässt (Abb. 19).

Aufgrund der Aufgabe, ein derart gewaltiges Werk innerhalb von 7300 Tagen zu errichten, wird in diesem Buch eine Technologie vorgestellt, die während des Pyramidenbaus möglichst **allumfassend** eingesetzt werden konnte.

Erarbeitete Ergebnisse aus meinen beiden Büchern „Cheops-Pyramide gebaut mit den eigenen Barken" und „Das Rad des Pharao" fließen in die Betrachtungen mit ein. Das geschieht insbesondere aus dem Grunde, weil das Schwerpunktthema – Bau der Pyramiden mit Hilfe von WASSERKRAFT einschließlich der bereits vorgestellten „BARKENTHEORIE" – völlig neu ist, und es deshalb nicht möglich ist, auf Werke anderer Autoren zurückzugreifen.

1.2 Fortsetzung Zielsetzung

Zu beantworten sind dazu **vier Fragen** bezogen auf **vier Hauptbereiche** zum Bau der Cheops-Pyramide:

I. Mit Hilfe welcher Methode erfolgte der Transport der Steinblöcke von den Steinbrüchen bis an die Pyramide heran?

II. Mit Hilfe welcher Technik hoben die alten Ägypter die Steinblöcke nach oben?

III. Mit Hilfe welcher Technik wurden die Steinblöcke verlegt?

IV. Wer führte die Arbeiten an der Großen Pyramide aus?

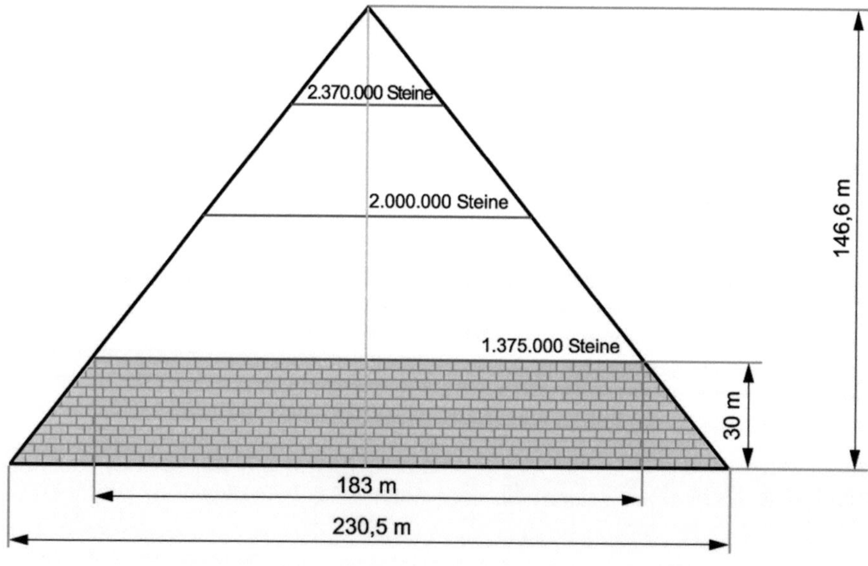

Abb. 4 Schema, Cheops-Pyramide in mehreren Stufen – bei etwa 30 Metern Höhe waren bereits über 50 % der insgesamt 2.500.000 Standardblöcke verbaut

Anmerkung: Man denkt sich einen Standardblock mit einem Volumen von 1 m³ bei 2,5 t Gewicht

2 Hypothesen

Nach Bestimmung der Ziele erfolgt eine Abgrenzung zu den Themen-Bereichen, die nicht behandelt werden. Es sind dies u. a.

- die Arbeiten in den Steinbrüchen
- die eigentliche architektonische Bauausführung, z. B. die Innenräume wie Königinnenkammer, Königskammer, Entlastungskammern, Große Galerie, Korridore, Glätten der Pyramidenaußenflächen
- Setzen des Pyramidiums
- Versorgung der Arbeiterschaft
- die Werkzeuge.

Nach Festlegung auf die Hauptthemenbereiche werden Hypothesen aufgestellt, die geeignet erscheinen, die zuvor gestellten vier Fragen zu beantworten:

Hypothese I: Der Transport der Steinblöcke erfolgt überwiegend auf dem Wasserwege

Hypothese II: Die Steinblöcke werden mit Hilfe von Maschinen gehoben

Hypothese III: Die Steinblöcke werden mit Hilfe von Maschinen verlegt

Hypothese IV: 100.000 Mann bauen die Große Pyramide
– 70.000 Arbeiter sind Sklaven

3 Kenntnisse/Erkenntnisse

Der Weg bis zur Verifikation der aufgestellten Hypothesen soll über aufeinander aufbauende Wissensstufen erfolgen: ***Kenntnisse*** und ***Erkenntnisse mit Beweisführung***.

3.1 Kenntnisse zum Pyramidenbau – bekannte Themenbereiche

Nach heutigem Kenntnisstand zum ägyptischen Pyramidenbau liegen die folgenden Themenbereiche vor, die geeignet erscheinen, für die Thematik zum Bau der Cheops-Pyramide herangezogen zu werden:

Die Bauwerke

Abb. 5 Die drei Pyramiden von Giza der Pharaonen Mykerinos, Chephren und Cheops (von links nach rechts). Im Vordergrund die drei Nebenpyramiden des Mykerinos.

Abb. 6 Pyramidenförmige Stufenmastaba in Sakkara-Nord
Höhe: 61 m
Erbauer: Djoser und sein Baumeister Imhotep (ca. 2700-2680 v. Chr.)

Abb. 7 Pyramide von Meidum
Erste echte Pyramide mit quadratischem Grundriss
Höhe: 93 m
Erbauer: wahrscheinlich Huni und Snofru (nach K. Schüssler)

Abb. 8 Knick-Pyramide in Dahschur
Höhe: 104 m, Erbauer: Snofru (ca. 2620-2580 v. Chr.)

Abb. 9 Rote-Pyramide in Dahschur
Höhe: 109 m, Erbauer: Snofru

Große Pyramide – Pharao Cheops – die Baumeister

Abb. 10 Cheops-Pyramide
Höhe: 146,6 m, Grundfläche: 230,4 x 230,4 m² (ursprüngliche Maße)
rechts: Bootsmuseum mit Königsbarke

Abb. 11 Imhotep
Wesir und Baumeister des Pharao Djoser

Abb. 12 Pharao Cheops
(um 2550-2520 v. Chr.)

Abb. 13 Hemiunu
Wesir des Cheops, möglicherweise Baumeister der Großen Pyramide

Fortsetzung Große Pyramide ...

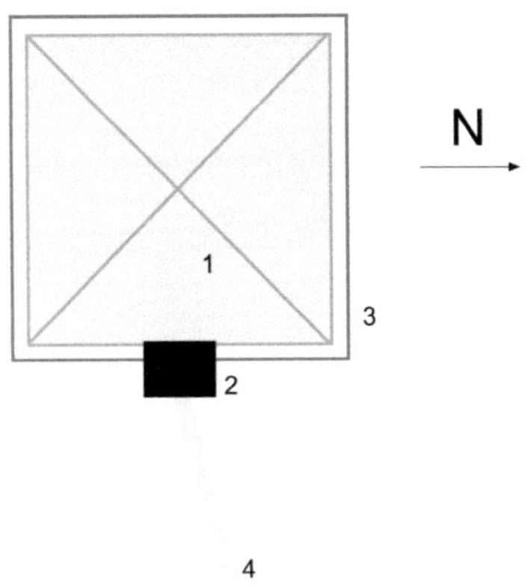

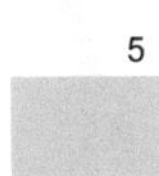

Abb. 14 Schema, Pyramidengrabanlage zu Zeiten des Alten Reiches

1 Pyramide
2 Totentempel
3 Umfassungsmauer
4 Aufweg
5 Taltempel

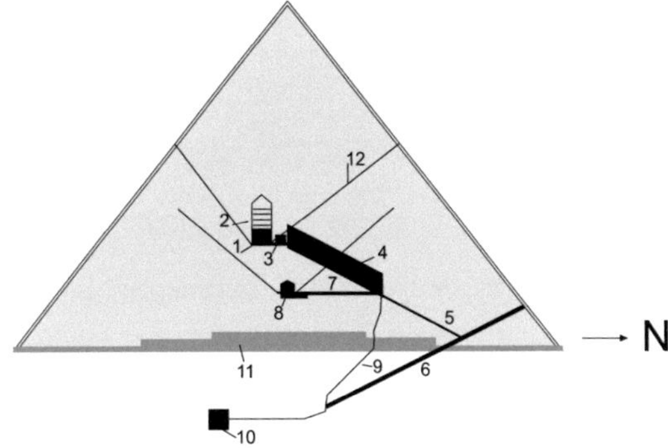

Abb. 15 Schema, Kammer- und Gangsystem der Cheops-Pyramide

1 Königskammer
2 Entlastungskammern
3 Fallsteinkammer
4 Große Galerie
5 Aufsteigender Gang
6 Absteigender Gang
7 horizontaler Gang
8 Königinnenkammer
9 Flucht- und Luftschacht
10 Felsenkammer
11 Pyramidensockel
12 Luftschächte

Höhe	146,6 m
Basislänge im Quadrat	230,4 m x 230,4 m
Böschungswinkel	51° 50' 34''
Steinlagen übereinander	210
Volumen eines Durchschnitts-Steinquaders (1 x 1 x 1 m)	1 m^3
Gewicht eines Durchschnitts-Steinquaders	2,5 t
Anzahl der verbauten Steine	2.500.000 Stück
Verbautes Gesamtvolumen	2.500.000 m^3
Verbautes Gesamtgewicht an der Pyramide	6.250.000 t

Abb. 16 ***Maßtabelle*** *der Cheops Pyramide (ursprüngliches Bauwerk)*

in Jahren	20
in Tagen (365 Tage x 20)	7300
pro Tag in Stunden	10-12
in Stunden (7300 x 10 h)	73.000
Bauzeit pro Tag in Minuten (10 x 60 min)	600

Abb. 17 ***Zeittabelle*** *zur Bauzeit der Cheops Pyramid*

Theoretische Arbeitsleistung an der Cheops-Pyramide bei konstanter Baugeschwindigkeit
Bauzeit 20 Jahre (ganzjährig)

In den ersten	5 Jahren:	625.000 Steine
In den zweiten	5 Jahren:	625.000 Steine
In den dritten	5 Jahren:	625.000 Steine
In den vierten	5 Jahren:	625.000 Steine

Das ergibt dann innerhalb von 20 Jahren 2.500.000 Steine.

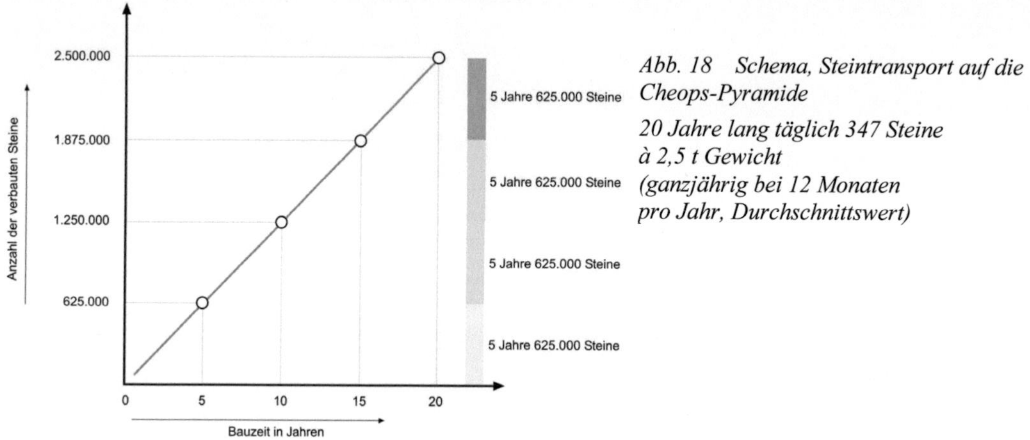

Abb. 18 Schema, Steintransport auf die Cheops-Pyramide

20 Jahre lang täglich 347 Steine à 2,5 t Gewicht (ganzjährig bei 12 Monaten pro Jahr, Durchschnittswert)

Tatsächliche Arbeitsleistung an der Cheops-Pyramide; Bauzeit 20 Jahre (ganzjährig)
Die Tagesleistung im 5-Jahresrhythmus

In den ersten	5 Jahren	1800 Tage	x **764**	Steine pro Tag	≈	1.375.000 Steine
In den zweiten	5 Jahren	1800 Tage	x **347**	″	≈	625.000 Steine
In den dritten	5 Jahren	1800 Tage	x **208**	″	≈	375.000 Steine
In den vierten	5 Jahren	1800 Tage	x **69**	″	≈	125.000 Steine
Gesamt:	**20 Jahre = 7.200 Tage**				=	**2.500.000 Steine**

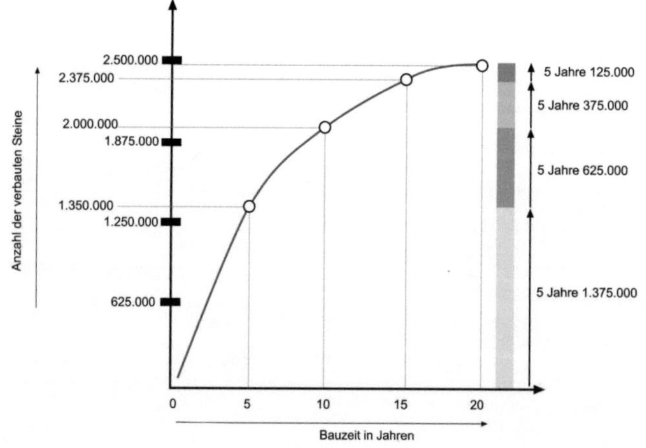

Abb. 19 Schema, STEINTRANSPORT auf die CHEOPS-PYRAMIDE

4 x 5 Jahre = 20 Jahre lang, täglich 8-9 Stunden (hier angenommen), Arbeitsleistung nimmt im oberen Bereich ***rapide*** *ab!*

Diagramm ist ein Näherungswert

Lage	*Höhe (cm)*	*Lage*	*Höhe (cm)*	*Lage*	*Höhe (cm)*	*Lage*	*Höhe (cm)*	*Lage*	*Höhe (cm)*
Bodenpflaster	60	41	83	82	60	123	66	164	56
1	150	42	79	83	59	124	63	165	53
2	122	43	83	84	68 Sprung	125	60	166	53
3	125	44	105 Sprung	85	61	126	60	167	53
4	101	45	97	86	65	127	60	168	53
5	100	46	73	87	65	128	60	169	53
6	98	47	90	88	59	129	71 Sprung	170	54
7	110 Sprung	48	89	89	59	130	64	171	53
8	93	49	86	90	98 Sprung	131	59	172	53
9	93	50	70	91	90	132	56	173	50
10	90	51	71	92	84	133	55	174	52
11	85	52	63	93	78	134	55	175	52
12	78	53	68	94	68	135	62 Sprung	176	52
13	77	54	64	95	63	136	60	177	52
14	74	55	66	96	59	137	67	178	52
15	65	56	55	97	60	138	66	179	68 Sprung
16	75 Sprung	57	70 Sprung	98	101 Sprung	139	60	180	65
17	76	58	65	99	98	140	55	181	61
18	71	59	70	100	89	141	55	182	58
19	73	60	68	101	85	142	56	183	57
20	82	61	66	102	74	143	75 Sprung	184	55
21	95 Sprung	62	64	103	74	144	68	185	55
22	86	63	65	104	67	145	60	186	54
23	82	64	66	105	67	146	60	187	53
24	80	65	66	106	63	147	56	188	53
25	80	66	60	107	63	148	56	189	53
26	77	67	86 Sprung	108	74 Sprung	149	70 Sprung	190	53
27	78	68	82	109	68	150	62	191	52
28	69	69	78	110	60	151	60	192	52
29	64	70	64	111	60	152	60	193	52
30	62	71	72	112	60	153	55	194	52
31	76 Sprung	72	67	113	60	154	55	195	58 Sprung
32	71	73	64	114	57	155	53	196	58
33	56	74	81 Sprung	115	57	156	53	197	55
34	65	75	76	116	60	157	53	198	55
35	125 Sprung	76	62	117	58	158	52	199	57
36	101	77	64	118	90 Sprung	159	53	200	57 Plattform
37	96	78	60	119	83	160	52	201	112 Sprung
38	95	79	60	120	75	161	60 Sprung		138,67 m
39	86	80	61	121	74	162	60		
40	84	81	61	122	67	163	62		

Abb. 20 Tabelle zu den Höhenangaben der einzelnen Steinschichten der Cheops-Pyramide, gemessen an der Südost-Kante von den Hobby-Ägyptologen

Bemerkenswert: *immer wieder Anstieg der Steinhöhen – „Sprung" einzelner Steinlagen*

Abb. 21 Cheops-Pyramide auf dem Giza-Plateau

Blick auf die Ostseite (rechts), Südseite, Westseite, Plateaukante und tiefe Senke auf der Nord-Ostseite – Foto 2001

Lage der Bootsgruben:

Auf der Ostseite:	*Nr. 1*	*Nördlich des Totentempels (dunkler Steinboden)*
	Nr. 2	*Östlich der Basaltsteine des Totentempels*
	Nr. 3	*Südlich des Totentempels*
	Nr. 6	*Südlich der nördlichen Königinnenpyramide*
	Nr. 7	*Südwestlich der mittleren Königinnenpyramide*
Auf der Südseite:	*Nr. 4*	*Unter dem Bootsmuseum*
	Nr. 5	*Westlich des Bootsmuseums (noch nicht geöffnet)*
Straße:	*Nr. 8*	*Unmittelbar westlich der Königinnenpyramiden, beginnend etwa an Bootsgrube Nr. 7, Verlauf in Richtung Aufweg des Chephren*

Abb. 22 Das Giza-Plateau mit den Pyramiden der Pharaonen Cheops, Chephren und Mykerinos (von rechts nach links), Luftaufnahme aus dem Jahr 2001 aus Nord-Ost mit der Kante des Felsenplateaus und tiefer Senke davor (Farbe Grün)

Abb. 22a (Bild oben rechts) Überschwemmung am Giza-Plateau vor dem Bau des Nasser-Staudamms in den späten 1920er Jahren

Die Schiffsgruben des Cheops

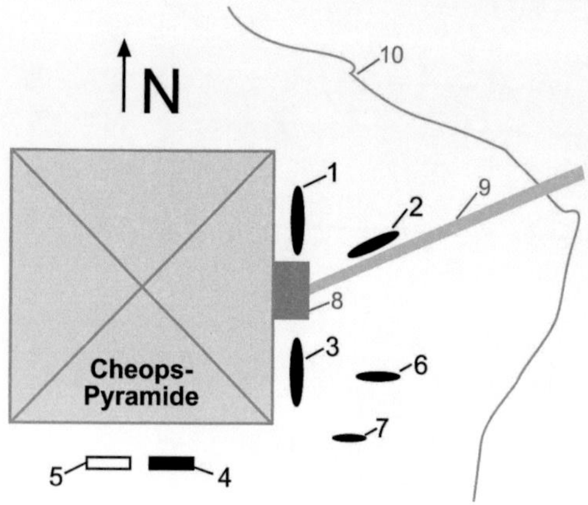

Abb. 23 Schema, Lage der 7 Bootsgruben des Cheops auf dem Giza-Plateau

1 *Pyramiden-Ostseite, nördlich des Totentempels (kein Boot)*

2 *Östlich des Totentempels, nördlich des Aufwegs (kein Boot)*

3 *Pyramiden-Ostseite, südlich des Totentempels (kein Boot)*

4 *Pyramiden-Südseite, Fundstelle der Cheops-Barke in 407 Einzelteilen*

5 *Pyramiden-Südseite, noch nicht geöffnet (Boot vorhanden, Nachweis durch Spezialkamera)*

6 *Südlich der nördlichen Königinnenpyramide G1a*

7 *Südwestlich der mittleren Königinnenpyramide G1b*

8 *Totentempel*

9 *Aufweg*

10 *Kante des Giza-Plateaus*

Abb. 24 Bootsgrube Nr. 3

ungefähre Maße: Länge: 53 m, Breite: 7 m, Tiefe: 6 m, Restmauerwerk am Boden

Abb. 25 Bootsgrube Nr. 2

ungefähre Maße: Länge: 43,0 m mit Treppe
Breite: 4,2 m
Tiefe: 7,5 m

Abb. 26 Bootsgrube Nr. 1

ungefähre Maße: Länge: 54,0 m
Breite: 7,0 m
Tiefe: 6,0 m

Abb. 27 Bootsgrube Nr. 6

ungefähre Maße: Länge: 22,50 m
Breite: 4,30 m
Tiefe: 4,65 m

Abb. 28 Detail Bootsgrube Nr. 6

runder Durchbruch mit Rezess über dem Bug, (siehe Pfeil in Abb. 27)

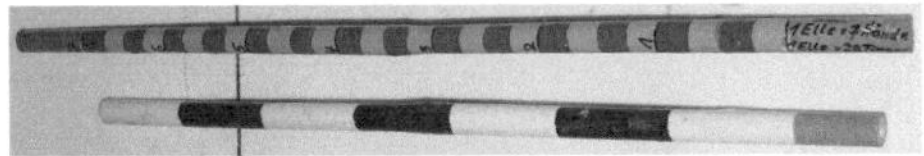

Abb. 29 Messstab aus dem Alten Reich (Nachbau), gesehen in Vitrinen des Ägyptischen Museums, Kairo

1 Elle = 53,5 cm = 7 Hände = 28 Finger
Oberer Stab: Zahlen 1 – 7 bezeichnen die Hände
hell/dunkel- Einteilung = Finger

Abb. 30 Bootsgrube Nr. 7

ungefähre Maße: Länge: 16,0 m
Breite: 2,0 m
Tiefe: 3,5 m

Abb. 31 Bootsgrube Nr. 4

Fundstelle der Barke des Cheops
Entdeckung 1954

ungefähre Maße: Länge: 31,60 m
Breite: 2,60 m
Tiefe: 5,35 m

Abb. 32 Bootsgrube Nr. 4
im Bootsmuseum mit Abdecksteinen

Abb. 33 Weitere Abdecksteine
der Bootsgrube Nr. 4 neben dem Museum
(im Hintergrund die Chephren-Pyramide)

Abb. 34 u. 35 Abdrücke auf Seitenkanten der Bootsgrube Nr. 4 ***aufgrund großer Balkendrücke?***

Abb. 36 Bootsmuseum mit der Barke des Cheops

auf der Südseite der Cheops Pyramide

unter dem Museum liegt Bootsgrube Nr. 4 (im Hintergrund die Pyramide des Chephren)

Abb. 37 Löcher am Boden der Unas-Schiffsgruben

Abb. 38 Doppelschiffsgrube (zwei Gruben) des Pharao Unas in Sakkara Länge ca. 44 m, Material: Kalkstein

Fortsetzung Schiffsgruben ...

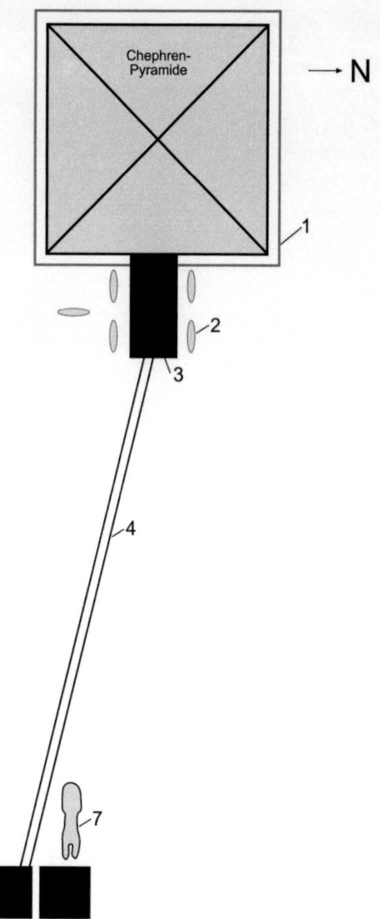

Abb. 39 Schema, die 5 Bootsgruben am Totentempel des Pharao Chephren (nach M. Lehner)

1 *Umfassungsmauer*
2 *5 Bootsgruben*
3 *Totentempel*
4 *Aufweg*
5 *Taltempel*
6 *Sphinxtempel*
7 *Sphinx*

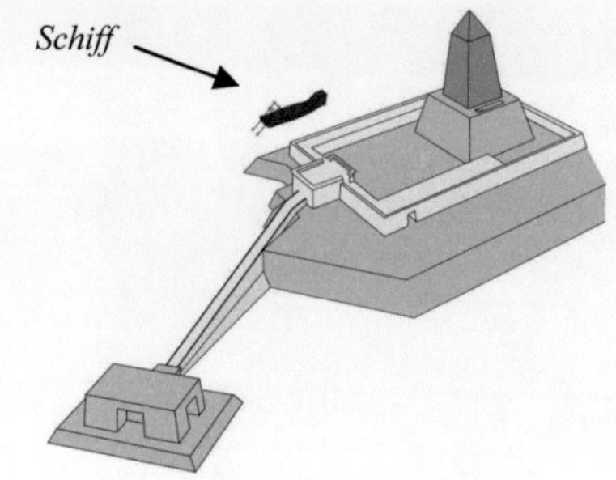

Abb. 40 Rekonstruktion, Sonnenheiligtum des Pharao Niusserre (AR) in Abu Gurob – aufgemauertes Schiff aus luftgetrockneten Ziegeln (Länge etwa 30 m)

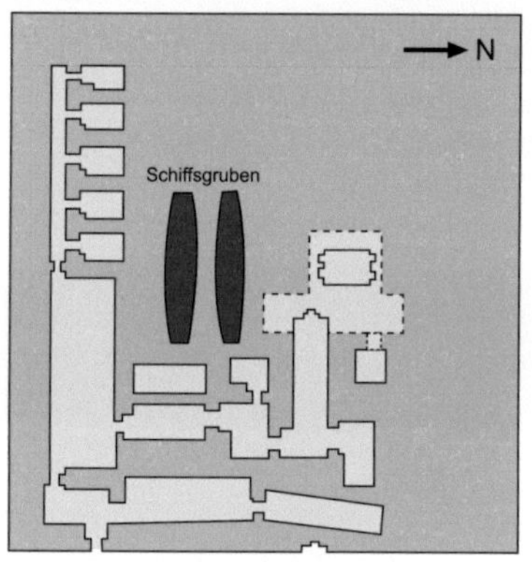

Abb. 41 Zwei Bootsgruben in der Mastaba des Pharao Kagemni (6. Dynastie)

Abb. 42 Bootsgrube des Pharao Djedefre in Abu Roasch, Länge ca. 35 m

Die Schiffe der alten Ägypter

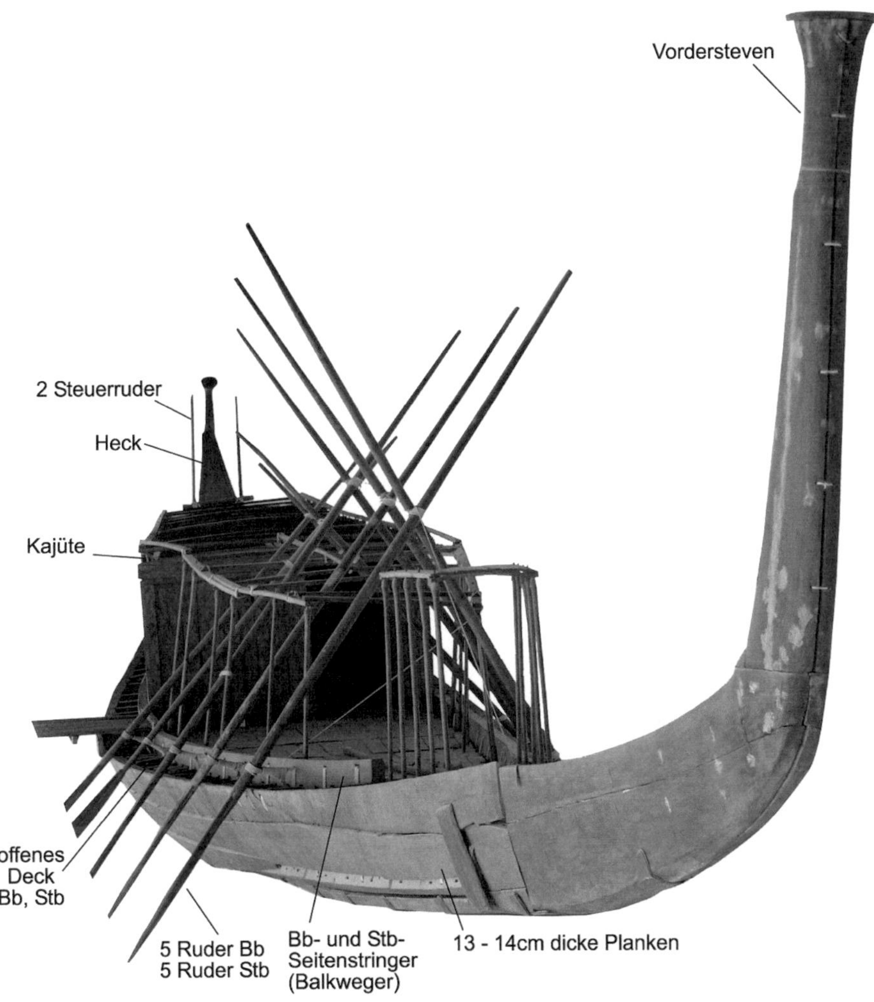

Abb. 43 ***Die Barke des Cheops – Das Königsschiff***

1954 in einer abgedeckten Felsengrube (Nr. 4) auf der Südseite der Cheops-Pyramide gefunden demontiert in 407 Einzelteile, aufgestapelt in 13 Schichten

nach der Restaurierung hatte das Schiff die folgenden Maße:
– Länge: 43,4 m
– Breite: 5,9 m
– Gewicht (Wasserverdrängung): ca. 40-45 t
– Tiefgang: ca. 1,48 m
– Freibord: ca. 28 cm

(Alle Angaben nach B. Landström und N. Jenkins)

Am Schiffsboden		**8 Planken**
An der Steuerbordseite	(Stb – rechts)	**11 Planken**
An der Backbordseite	(Bb – links)	**11 Planken**

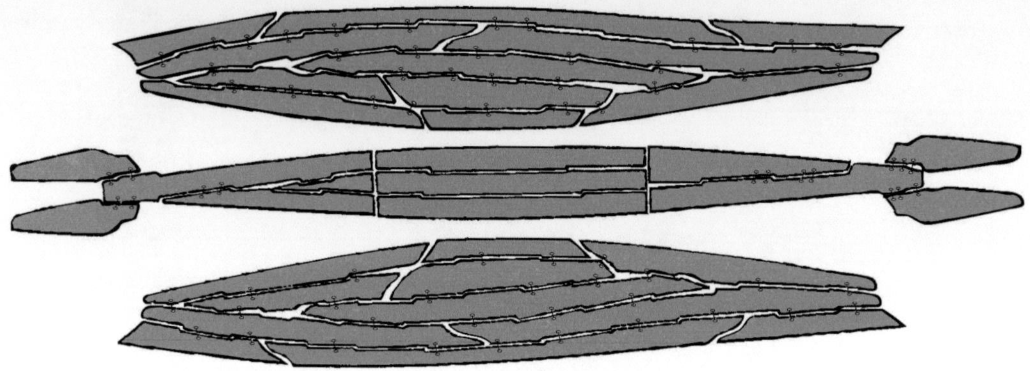

Abb. 44 Skizze, Plankenplan der Barke des Cheops – Bug rechts

Dreißig bis zu 14 cm dicke Planken, ***untereinander verzahnt, verhakt und durch Bindeseile miteinander verbunden*** *– in der Skizze Seilbindungen nur teilweise eingezeichnet*

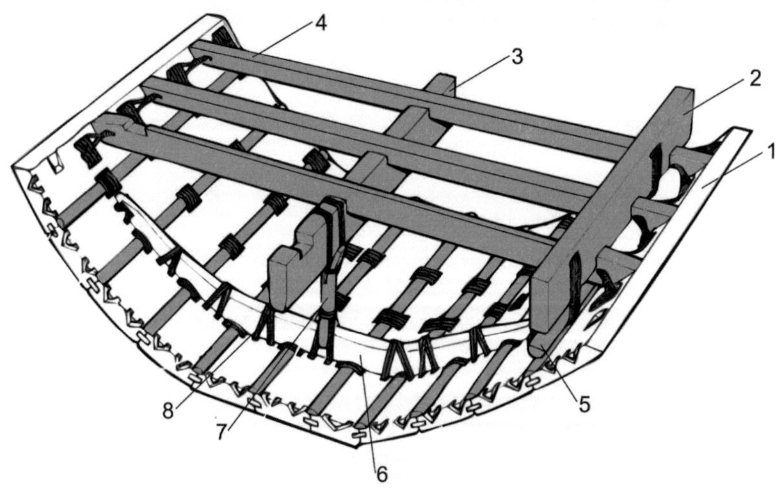

Abb. 45 Schema, Barke des Cheops – Blick in das Innere

1 Planken
2 Längsstringer (Längsverstärkungen) – Backbord und Steuerbord (nach B. Landström auch Dwarsbalken genannt)
3 Längsstringer, Mitte
4 Decksbalken
5 Unterer Balken (Weger) für die Befestigung des Längsstringers
6 Kleiner Spant
7 Stütze für Mittelstringer
8 Seilbindungen

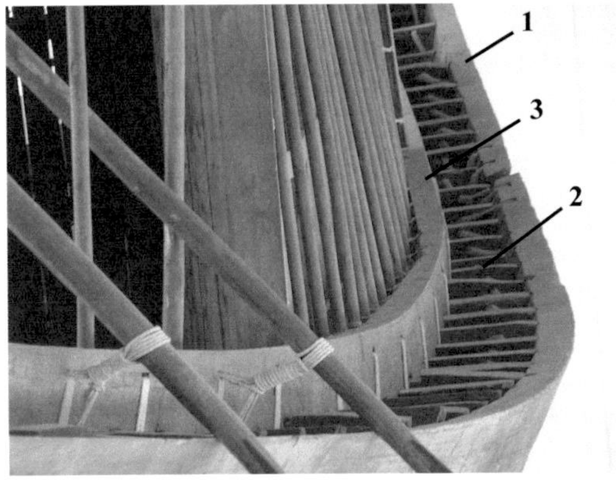

Abb. 46 Barke des Cheops
Blick auf die bis zu ***14 cm dicken Planken*** *(1), Decksbalken (2) und Längsstringer (3)*

Abb. 47 Verwerfungen am Bootskörper des Königsschiffes

Abb. 48 Fundzustand der Barke des Cheops 1954 in der Grube Nr. 4
hier: – einige der 407 gefundenen Einzelteile

Abb. 49 Bindeseile der Barke des Cheops gefunden 1954 in Grube Nr. 4

- *Seile in gebrauchtem Zustand*
- *für Wiederaufbau des Schiffes nicht mehr verwendbar*

Abb. 50 Das im Wiederaufbau befindliche Königsschiff des Cheops
Blick auf die Planken, Decksbalken und Längsstringer

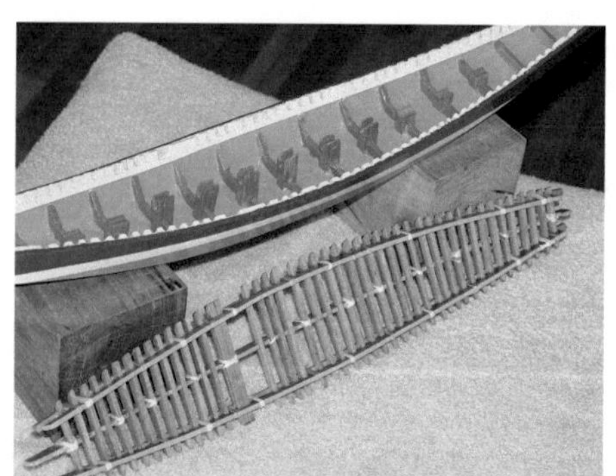

Abb. 51, 52 und 53 zeigen die 46 Decksbalken (1) mit drei Längsstringern (2) und einigen Seilbindungen (3) des Königsschiffes im Modell

hier:
- *im Gegensatz zum Königsschiff alle genannten Teile im Ganzen herausnehmbar*
- *Schwarz/Weiß-Fotos vom Schiffsmodell (Abb. 54 und 55)*

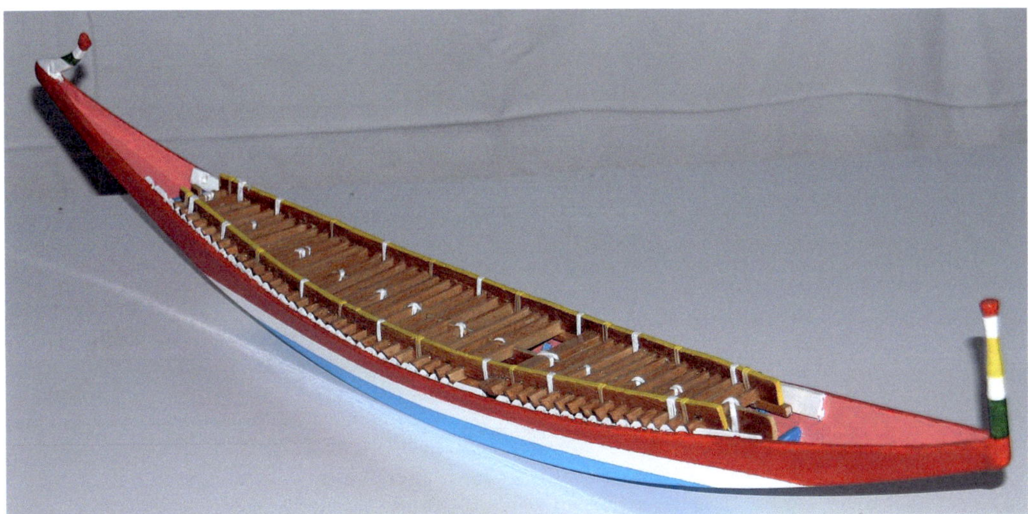

Abb. 54 Modell der Barke des Cheops
Blick auf die Decksbalken und Längsstringer
Maßstab 1:58, Länge: ca. 75 cm

hier: – Knickspant im Gegensatz zum Rundspant des Originals
– ohne Deck, Aufbauten und Ruderriemen (vgl. Abb. 43)

Abb. 55 Decksbalken und Längsstringer, Blick von oben auf das Modell der Königsbarke

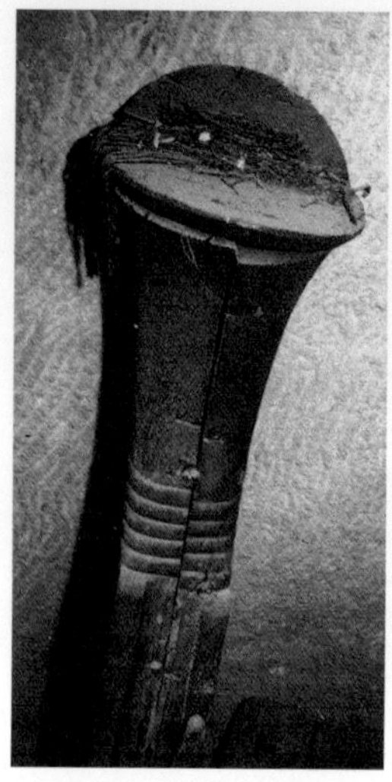

Abb. 56 (oben links) Schiffsbug des Königsschiffes des Cheops „[...] dessen Schnitzwerk die Seilwindungen eines Papyrusfloßes darstellt [...]“ [3]

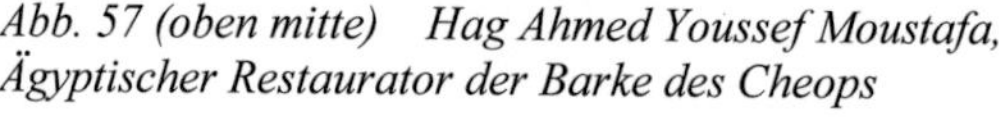

Abb. 57 (oben mitte) Hag Ahmed Youssef Moustafa, Ägyptischer Restaurator der Barke des Cheops

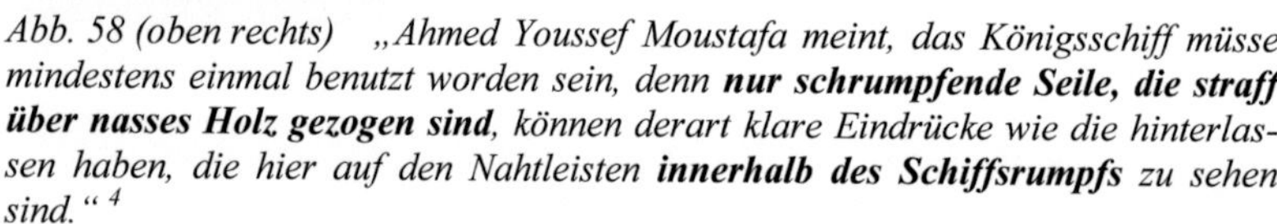

Abb. 58 (oben rechts) „Ahmed Youssef Moustafa meint, das Königsschiff müsse mindestens einmal benutzt worden sein, denn ***nur schrumpfende Seile, die straff über nasses Holz gezogen sind****, können derart klare Eindrücke wie die hinterlassen haben, die hier auf den Nahtleisten* ***innerhalb des Schiffsrumpfs*** *zu sehen sind.“* [4]

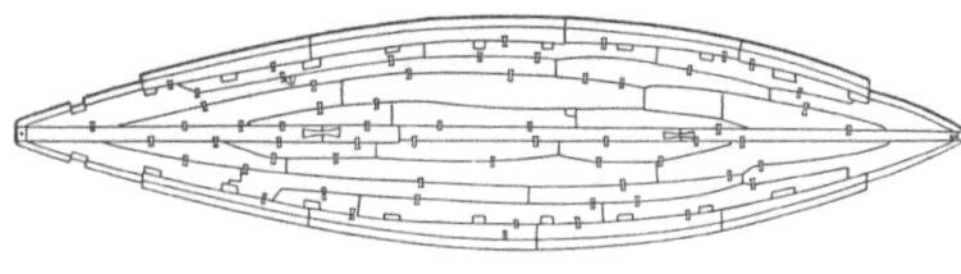

Abb. 59 (links) Die „Dahschur-Boote“

Sechs 1893 von Jacques de Morgan gefundene Boote in der Nähe Pharao Sesostris III [1878-1841 v. Chr. – Mittleres Reich (2040-1650 v. Chr., nach Prof. D. Arnold)]

Oben:
Plankenplan von 2 Booten, Ägyptisches Museum, Kairo

	Boot 1	*Boot 2*
Länge:	*10,2*	*9,9 m*
Breite:	*2,24*	*2,28 m*
Höhe:	*0,85*	*0,74 m (mittschiffs)*

Angaben nach N. Jenkins und B. Landström

Unten:
Ein Boot, Field Museum of Natural History, Chicago (siehe auch Abb. 194)

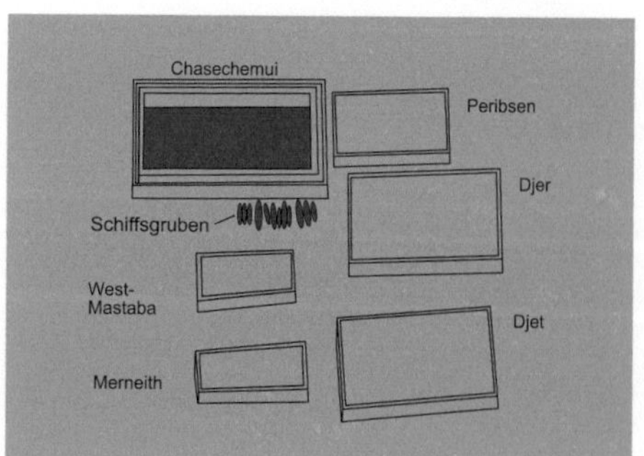

Abb. 60 (links) Die „Geisterflotte“ von Abydos

2. Dynastie (2885-2700 v. Chr. nach Prof. D. Arnold)

hier:
- *12 vergrabene Holzschiffe, Länge 19-20 m*
- *östlich des Chasechemui-Komplexes*
- *jedes Boot liegt in einer lehmverputzten, geweißelten Lehmziegeleinfassung (nach M. Lehner)*

Die Steine des Cheops

Abb. 61 Blick auf die Ostseite der Cheops-Pyramide – Foto 2006
Größenvergleich zwischen Mensch und Pyramidensteinen – siehe auch Pfeil

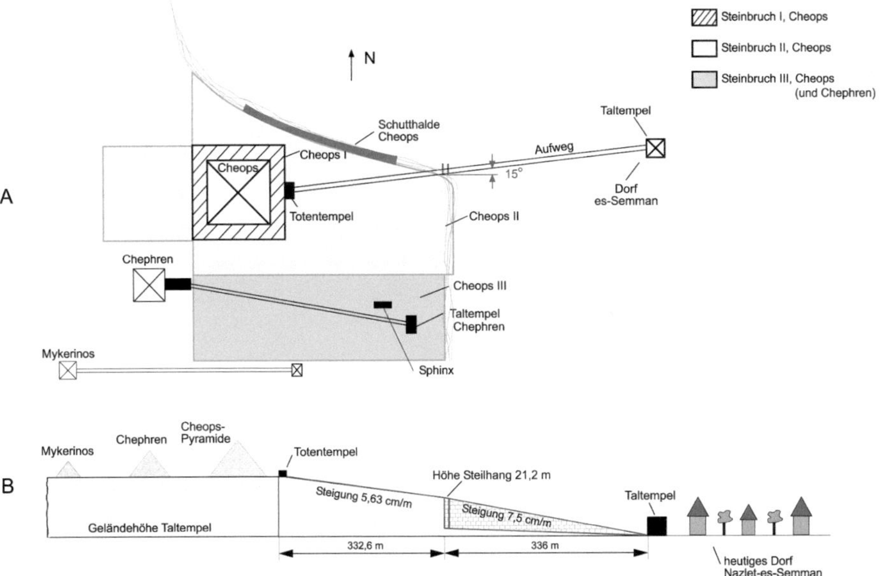

Abb. 62 Schema, Lage der Steinbrüche des Cheops und des Chephren in Pyramidennähe auf Giza – vor Baubeginn

Die Hebezeuge des Cheops

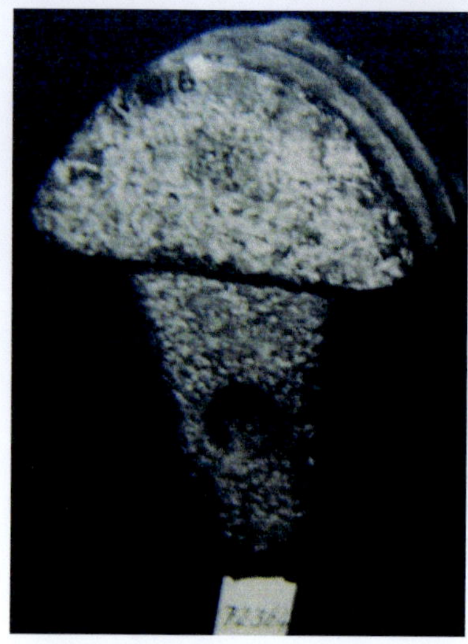

Abb. 63 Steinerner Umlenkblock aus dem AR (Scan vom Foto)

Ausstellungsort: 2006 Luxor
(lt. Auskunft des Ägyptischen Museums)

Abb. 64 Hanfseil aus dem AR – hinter Glas

Durchmesser: 5-6 cm (persönliche Schätzung)

Anmerkung zu Abb. 66:
Die Idee für die Konstruktion eines Doppelbalkens verdanke ich meinem ägyptischen Fremdenführer MACHMUT – nach seinem Hinweis auf gleiche Position der Löcher in beiden Balken.

Abb. 65(Bild links) „Holzschlitten"?

Zwei zusammengefügte Balken aus Zedernholz – Länge: 4,20 m

Abb. 66 (Bild rechts) Zwei Zedernholzbalken

Längen:
linker Balken 5,15 m
rechter Balken 5,10 m

Beachte: Balkenfüße konnten wegen Schränken an den Seiten nicht abgebildet werden.

Besonderheit:
Beide Balken weisen an ihren Außenseiten Löcher in gleicher Höhe auf, die eine Verbindung durch Seile ermöglichen.

Ergebnis:
Auf Grund dieser genialen Anordnung der alten Baumeister konnte ein sehr belastbarer **Doppelbalken** entstehen.

Vergleiche dazu auch Abb. 242 – Modell.

Abb. 64, 65, 66
Ägyptisches Museum, Kairo, 1. Etage

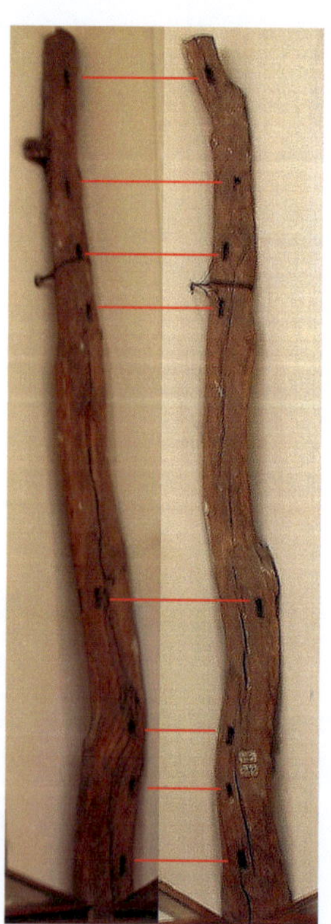

Der Nil und seine Wasser

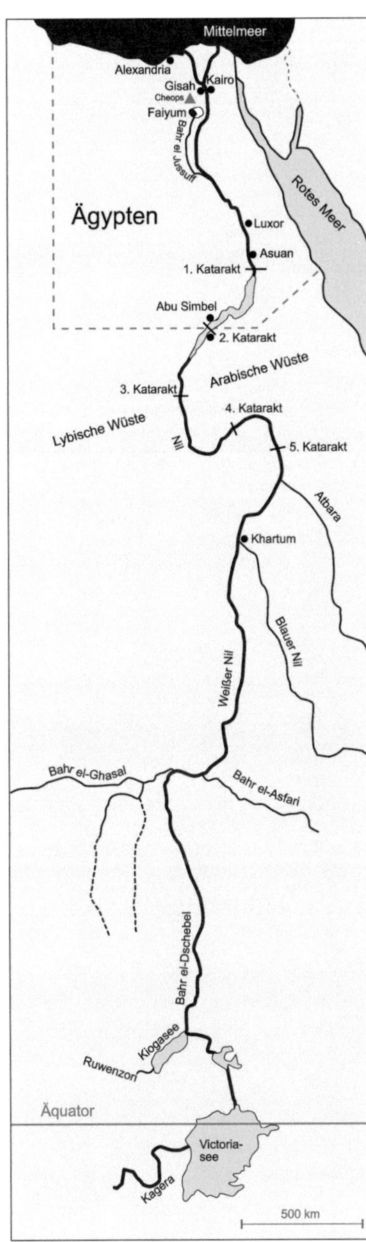

Abb. 67 Schema, Verlauf des Nils von der Quelle bis zur Mündung (ca. 6671 km)

Abb. 68 Jährliche Nilüberschwemmung bis an die Pyramiden heran – vor dem Bau des Nasser-Staudamms

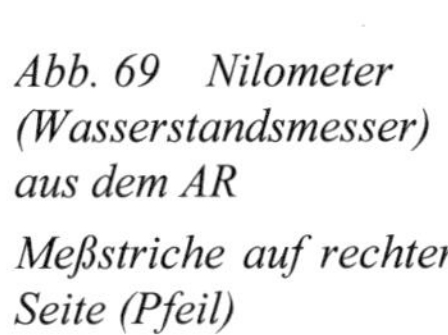

Abb. 69 Nilometer (Wasserstandsmesser) aus dem AR

Meßstriche auf rechter Seite (Pfeil)

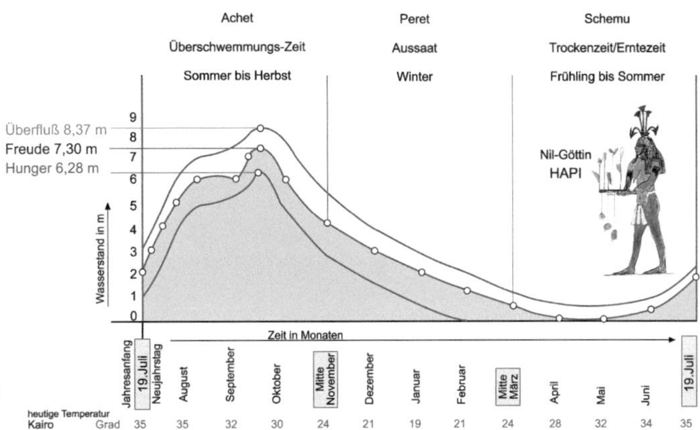

Abb. 70 Schema, Höhe der jährlichen Nilschwemme im AR rechts oben: Nilgott Hapi (oft auch als Göttin dargestellt)

Lageplan der ägyptischen Pyramiden

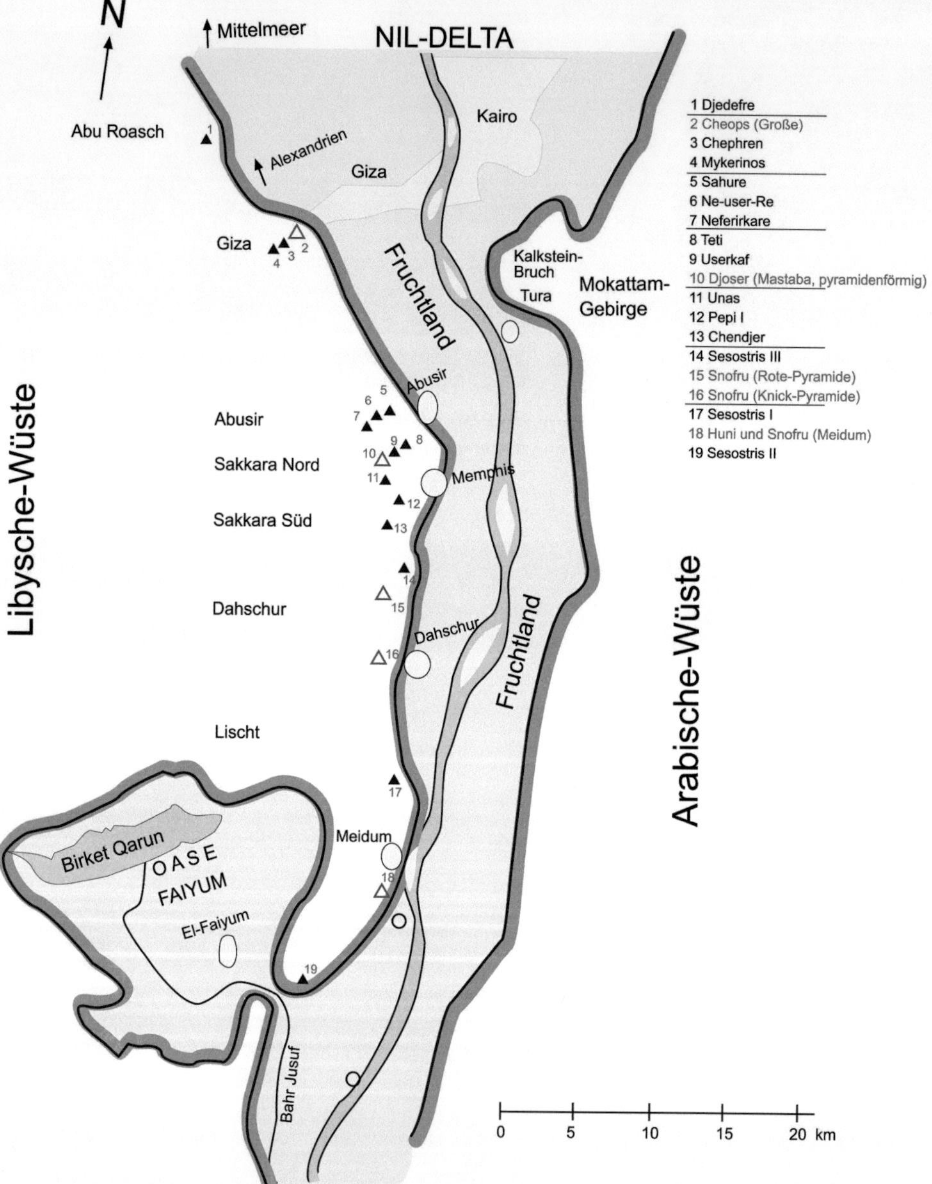

Abb. 71 Schema, Lageplan der bekanntesten Pyramiden – alle gelegen auf der Westseite des Nils

Hervorgehoben:

2 Cheops (Große Pyramide)
10 Djoser (Mastaba in Pyramidenform)
15 Snofru (Rote Pyramide)
16 Snofru (Knick-Pyramide)
18 Huni und Snofru (Pyramide von Meidum), lt. K. Schüssler

3.2 Erkenntnisse zum Pyramidenbau – Methode der Technik für den Transport der Bausteine

Anmerkung:
Zu den Themen 3.2 Transport der Bausteine und
3.3 Methode der Technik zur Verrichtung der Hubarbeit

wurden die Einzelbereiche bereits ausführlich in meinem zweiten Buch „Das Rad des Pharao" behandelt. Da es sich bei meinen insgesamt drei Büchern nicht um aufeinander aufbauende Fortsetzungen handelt, ist es in diesem Buch ausnahmsweise erforderlich, die Themenbereiche 3.2 und 3.3 der Vollständigkeit halber in verkürzter Form erneut aufzugreifen.

Nach den Abb. 18 und 19 waren innerhalb von 20 Jahren 2.500.000 Steinblöcke mit einem Durchschnittsgewicht von 2,5 Tonnen und einem Rauminhalt von einem Kubikmeter pro Block zu verarbeiten. Daraus ergeben sich theoretisch durchschnittlich 347 Steine täglich, die an 7300 Tagen in Pyramidennähe anzulanden waren.

Für weiterführende Gedanken zum Transport dieser Steinmassen wäre es natürlich wünschenswert, genauere Angaben zu **allen** verbauten Pyramidensteinen zu haben. Leider kennen wir aber nur einen verschwindend geringen Prozentsatz. Mehrere Millionen der Schwergewichte bleiben im Verborgenen. Nicht einmal die Maße aller außen an den Pyramidenwänden freiliegenden Steine (Abb. 20, Tabelle) sind bekannt, weil die Blöcke häufig mit anderen überlappen. Trotzdem geben die heute 201 Steinschichten – ursprünglich 210 – interessante Hinweise auf die angewendete Schichtbauweise. Bemerkenswert ist dabei, dass die Steinhöhen immer wieder durch „Sprünge" voneinander abweichen. Aufgrund der damit abwechselnden Steingewichte und Überlappungsmaße wollte man sicher die Stabilität des Bauwerkes steigern.

Auch die Gewichte der sichtbaren Blöcke im Pyramideninnern (Abb. 15), einschließlich der etwa 100 heute bekannten Monolithe (besonders großer, schwerer Steinblock), können nur geschätzt werden. Man sieht zwar häufig Breite und Höhe der Steine, aber kennt nicht deren Tiefe. Selbst die Dichte könnte von Block zu Block abweichen, da es sich um Natursteine handelt.

Wir dürften aber nicht ganz falsch liegen, wenn wir unsere Transportfahrzeuge auf viele Steinblöcke um 2,5 Tonnen und wenige mit 40-60 Tonnen Gewicht auslegen.

So kontrovers Ägyptologen, Ingenieure, andere Fachleute und Hobby-Ägyptologen über die „richtige Bautheorie" streiten, so einig ist man sich hinsichtlich des allgemeinen Steintransportes: der Transport geschah auf dem Wasserweg. Zumindest gilt das für die etwa 200.000 „auswärtigen" Steinblöcke, die bis an das Giza-Plateau heran gebracht wurden.

Unterteilt man aber die Gesamtreise in drei Abschnitte – Reisebeginn im Steinbruch, „Seereise" von den Steinbrüchen zum Giza-Plateau und Schlussetappe auf dem Plateau – dann sind alle Gemeinsamkeiten der mit dieser Thematik befassten Autoren dahin!

Allgemein favorisiert wird der Transport auf Schiffen. Als Beleg dafür führt man gerne die zwei Obelisken der Königin Hatschepsut (Abb. 72) und die Säulen des Pharao Unas (Abb. 73) an. Jeder Laie sieht den abgebildeten Schiffen geradezu an, dass sie bei diesen immensen Gewichten keinerlei Stabilität hätten. Das bestätigt auch der Fachmann für Schwertransporte, J. Fitchen, für den Transport der Obelisken:

„Es besteht kein Zweifel daran, dass Obelisken auf keinen Fall auf diese Art und Weise befördert worden sein können. Denn in dieser Position hoch auf dem Deck des Schiffs, statt in seinem Bauch **unterhalb der Wasserlinie**, hätten die Obelisken das Schiff sofort kentern lassen. Außerdem wäre es schon unmöglich gewesen, derartig riesige und schwere Monolithen auf das Deck zu schaffen.“ [5]

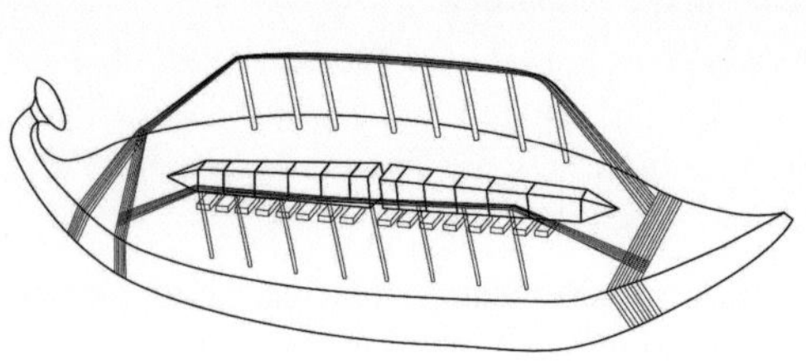

Abb. 72 Transport der Obelisken der Königin Hatschepsut (2 x 323 t Gewicht)

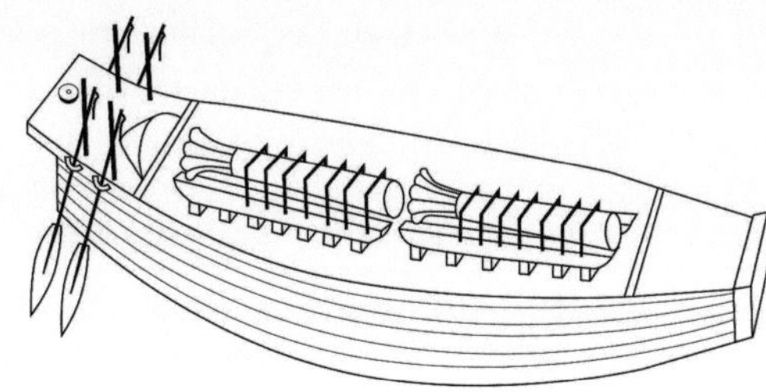

Abb. 73 Transport der Säulen des Pharao Unas (23 t Gesamtgewicht)

Anders beurteilt es die größere Zahl der Buchautoren. Stellvertretend für viele hören wir H. A. Schlögl, Professor em. für Ägyptologie: „Die Steinblöcke brach man in Steinbrüchen, lud sie dann auf Schiffe und transportierte sie bis nahe an die Baustellen heran. Von dort wurden sie auf Holzschlitten umgeladen und von Menschen und Tieren über Ziegelrampen direkt zum Bau geschleppt und präzise eingesetzt.“ [6]

Wenn das so einfach wäre, Herr Professor!

Kurze Zusammenfassung:

Mit allergrößter Wahrscheinlichkeit war es vielmehr so, dass

- weder das Aufladen in Steinbruchnähe auf Schiffe
- noch der Weitertransport auf dem Wasser
- noch das Umladen der „Übergewichte“ im Pyramidenhafen vom wackeligen Schiff auf Holzschlitten damals möglich war.

3.2.1 Methode für den Transport der Steinblöcke – Nutzung der Hydrostatik

Die alten Ägypter berichten mit Hilfe von Reliefs und Modellen offenbar voller Stolz über Schiffsbau und Schifffahrt. Ein solches Volk, dass praktisch auf dem Wasser lebte, dessen gesamtes Heimatland durch die Nilschwemme jedes Jahr für 3-4 Monate unter Wasser stand, muss nicht nochmals beweisen, dass es das Phänomen des Auftriebs kannte. Andernfalls wären wohl Reisen auf überschwemmten Äckern, Kanälen und dem oft stürmischen Mittelmeer nicht möglich gewesen. Deshalb war es auch nicht nötig, auf Archimedes zu warten. Die alten Ägypter praktizierten die beschriebene „Gesetzmäßigkeit des Auftriebs von Körpern in Wasser“ schon seit über 2300 Jahren, ehe der Grieche seine Prinzipien niederschrieb.

Archimedes soll um das Jahr 240 v. Chr. vor lauter Freude „Heureka!“ ausgerufen haben, als er während des Badens bemerkte, dass sein Körper im Wasser scheinbar leichter wurde. Sicher wird bereits 2,5 Jahrtausende vor Archimedes ein Ägypter „Oh, mein Amun!“ gerufen haben, als ihm das Gleiche widerfuhr.

Jedes Kind hat schon einmal beobachtet, dass ein Stückchen Nadelholz auf dem Wasser schwimmt, aber ein kleiner normaler Feldstein untergeht. Es wäre ja gerade zu schön, würde der kleine Stein auch schwimmen oder zumindest im Wasser „schweben“!

Übertragen auf den Pyramidenbau hätte das den Vorteil gehabt, dass auch die schwergewichtigen Bausteine sehr einfach auf dem Wasserwege zu befördern gewesen wären. Es wäre dann sogar möglich gewesen, sie auf lange Reisen zu schicken, ohne gezwungen zu sein, sie vorher auf wackelige Schiffe zu verladen.

Besonders geeignet scheint der Werkstoff Holz zu sein, an dem sich die damaligen Schiffsbauer drei Zustände von Körpern in Wasser verdeutlichen konnten:

- Schwimmen
- Untergehen
- Schweben

Für drei vergleichende Versuche wird Hartholz aus Thailand (Mai Pradu) und Zedernholz aus Brasilien gewählt (Abb. 75).

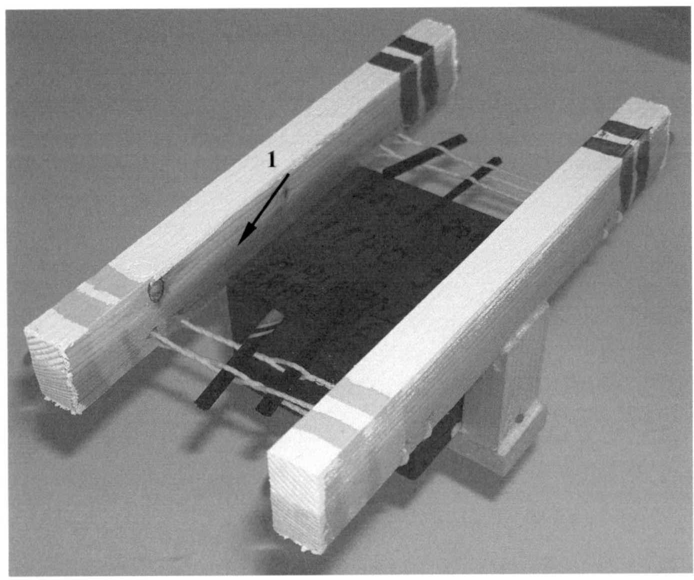

Abb. 74 Transport eines Zedernholzquaders untergetaucht in Wasser [Wasserlinie (1)] mittels zwei Schiffchen – „Tandemaufhängung“ (vgl. dazu Abb. 75, rechts)

hier: – Maße des Quaders: V = 1 dm³, Gewicht: 1140 g
– 140 g tragen die Schiffchen, 1000 g trägt der Auftrieb des Wassers

3 Fälle für Holzquader (V = 1 dm³) in Wasser

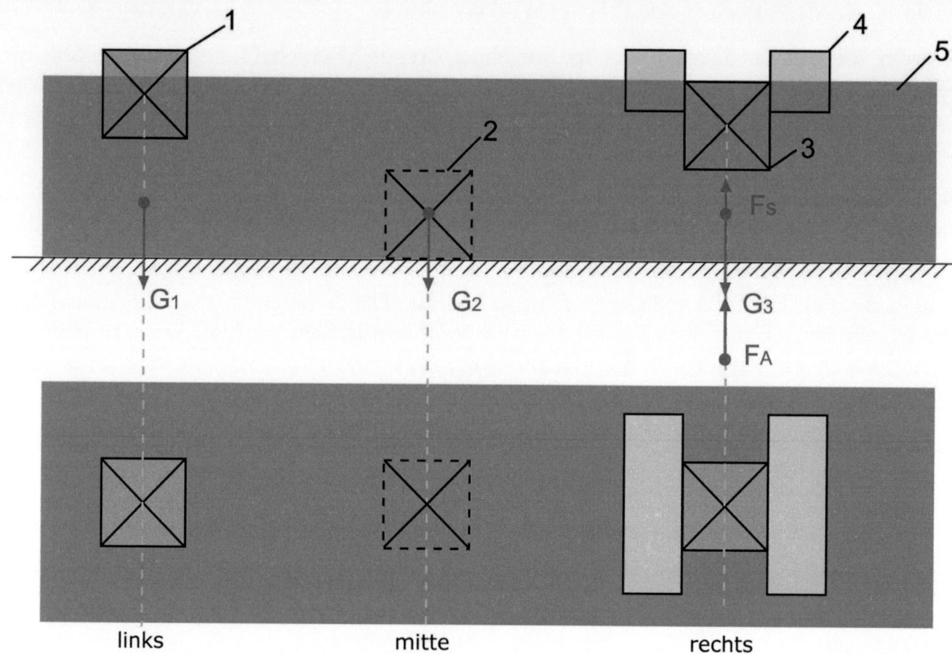

Abb. 75 Schema, Holzquader – schwimmend – untergegangen – „schwebend“

Holzquader schwimmt im Wasser (links)

Volumen (V) = 1 dm³
Hartholz aus Thailand
(Mai Pradu)
Dichte ~ 0,83 kg/dm³

Holzquader ist untergegangen *(mitte)*

Volumen (V) = 1 dm³
Zedernholz aus Brasilien
Dichte ~ 1,14 kg/dm³

Zedernholz schwimmt nicht!
– es geht unter

Holzquader in der „Schwebe“ unter der Wasseroberfläche schwimmend, (rechts)

Volumen (V) = 1 dm³
Holzquader aus Zedernholz mit zwei seitlichen Weichhölzern

1 *Holzquader, Mai Pradu (schwimmend)*
2 *Zedernholzquader (untergegangen)*
3 *Zedernholzquader (getragen vom Auftrieb und 2 Holzschiffchen)*
4 *2 Holzschiffchen*
5 *Wasser*

$G_1 = 8{,}3\ N$

$G_2 = 11{,}4\ N$

$G_3 = 11{,}4\ N$

$F_A = 10{,}0\ N$

$F_S = 1{,}4\ N$

Zur Erläuterung. G = *Gewichtskraft in Newton*
F_A = *Auftriebskraft in Newton*
F_S = *Auftriebskraft des Schiffchens in Newton*

Ergebnis:
In Abb. 75, rechts, ist der Holzquader zwischen zwei Weichhölzern (Schiffchen) pontonartig aufgehängt:

- **1000 Gramm des Gesamtgewichtes werden durch die Auftriebskraft des Wassers übernommen.**
- Die beiden Holztransportschiffe müssen lediglich 140 Gramm tragen!

Erkenntnis:
Durch den „Schwebezustand“ tritt bei der Bewältigung des gesamten Gewichts von 1140 Gramm eine Ersparnis von 1000 Gramm ein, die dem Gewicht des verdrängten Wassers entspricht.

Ein Schiff, auf dem der Holzquader läge, hätte dagegen insgesamt 1140 Gramm zu tragen.

Diese an Zedernholz gewonnene Erkenntnis konnten die alten Baumeister leicht mit Hilfe einer sehr einfachen Versuchseinrichtung auch **auf alle von Ihnen verwendeten Steinmaterialien** übertragen, wie:

Poröser Kalkstein[7], Dichte	1,7 - 2,6 kg/dm³
Dichter Kalkstein[8], Dichte	2,65 - 2,85 kg/dm³
Rosengranit[9], Dichte	2,6 - 3,2 kg/dm³.

Ermittlung der Auftriebskraft von Kalksteinen des Cheops[10]

1 Qualitative Untersuchung an Luft und in Wasser

Dazu trägt man diesen 2,5-Kilogramm-Block (Abb. 76) in der Hand –zunächst an Luft, dann eingetaucht in Wasser.

Beobachtung:
Es ist ganz deutlich zu spüren, dass das Gewicht des Steines die Hand im Wasser weniger stark nach unten drückt als an der Luft.

Dieser an sich einfache Versuch qualitativer Art, lässt sich mit Hilfe eines einfachen Hebelmodells bestätigen.

Erkenntnis:
Man spart bei der Bewältigung aller Steingewichte die Gewichtskraft des verdrängten Wassers!

Abb. 76 Modellstein

Länge = 1,35 dm
Breite = 1,1 dm
Höhe = 0,7 dm
Volumen (V) = 1,35 · 1,1 · 0,7
V ≈ 1,0 dm³
Masse (m) = 2,5 kg
Gewichtskraft (G) = 25 N
Dichte = 2,5 kg/ dm³

2 Quantitative Untersuchung an Luft und in Wasser mit 2,5 Kilogramm-Stein

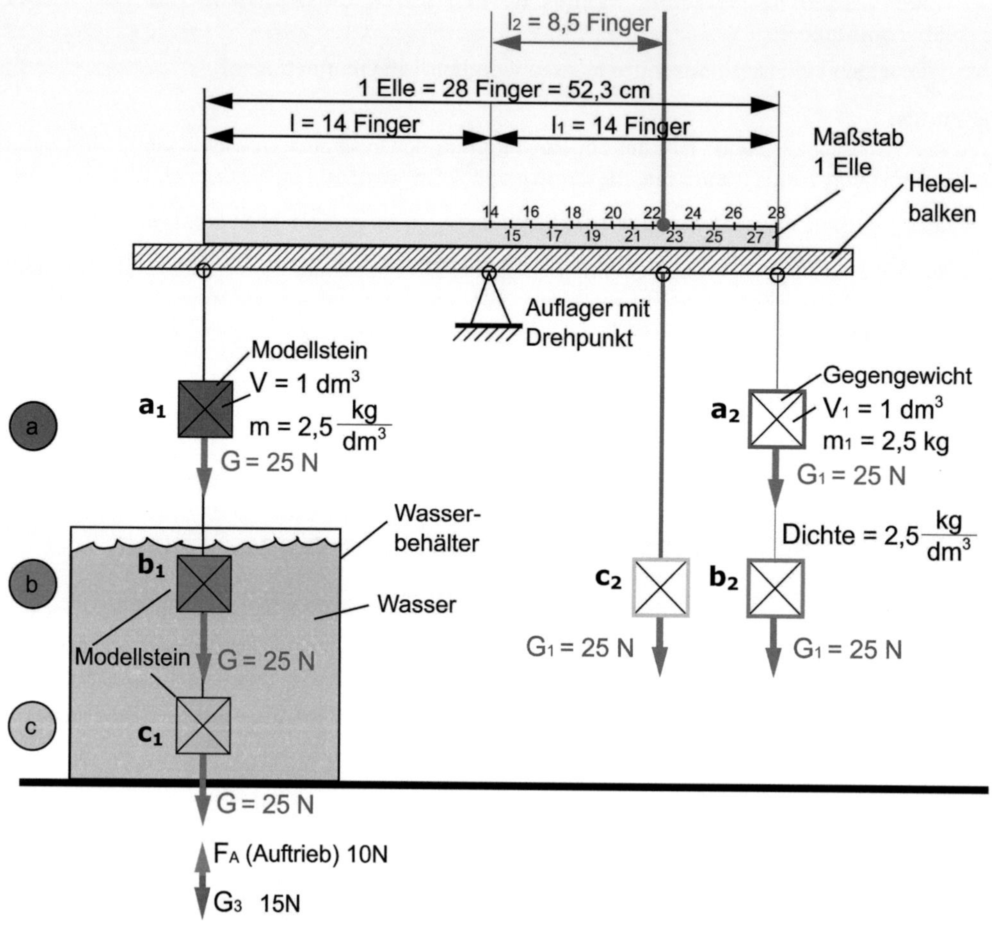

Abb. 77 Schema, ***Hebelmodell für die Ermittlung des Auftriebs für Steingewichte*** *– nach der Idee des Autors*

hier: *Modellstein m = 2,5 kg*

Versuchsanordnung (a)

Bedingung:
Der Modellstein (a_1) und ein Gegengewicht (a_2) mit gleicher Masse hängen an gleich langen Hebelarmen eines drehbar gelagerten Hebelbalkens an der Luft.

Erkenntnis:
Es herrscht Gleichgewicht. Der Hebelbalken befindet sich in der Waagerechten.

Versuchsanordnung (b)

Bedingung:
Der Modellstein (b_1) und ein Gegengewicht (b_2) mit gleicher Masse hängen an gleich langen Hebelarmen. Der Modellstein ist in Wasser untergetaucht, während sich das Gegengewicht in der Luft befindet.

Erkenntnis:
Es herrscht Ungleichgewicht. Solange sich der Modellstein im Wasser befindet dreht sich der Hebelbalken rechts herum. Der Modellstein wird angehoben, während sich das Gegengewicht nach unten bewegt. Dieser einfache Versuch bestätigt das Gefühl im Arm während des Vorversuchs.

Versuchsanordnung (c)

Bedingung:
Der Modellstein (c_1) und ein Gegengewicht (c_2) mit gleicher Masse hängen zunächst an gleich langen Hebelarmen. Der Modellstein ist in Wasser untergetaucht, während sich das Gegengewicht in der Luft befindet. Nun wird das Gegengewicht stufenlos nach links in Richtung Drehpunkt verschoben, und zwar so lange, bis sich der Hebelbalken in der Waagerechten befindet.

Erkenntnis:
Es herrscht Gleichgewicht. Der gefundene neue Aufhängepunkt des Gegengewichtes liegt bei 22,5 Fingern. Damit beträgt die Länge l_2 = 8,5 Finger.

Es gilt:

$$G_3 \cdot 14 \text{ Finger} = G_1 \cdot 8{,}5 \text{ Finger}$$

$$G_3 = \frac{25\ N \cdot 8{,}5\ Finger}{14\ Finger}$$

$$G_3 \approx 15 \text{ N}$$

Die Gewichtskraft G = 25 N teilt sich im Wasser hängend auf in die ermittelte Gewichtskraft $G_3 \approx 15$ N (vertikal nach unten gerichtet) und die bisher größenmäßig unbekannte Auftriebskraft F_A (vertikal nach oben gerichtet).

Die Auftriebskraft F_A ergibt sich aus:

$G_3 = G - F_A$

$G_3 = 25\text{ N} - F_A$

$F_A = 25\text{ N} - G_3$

$F_A = 25\text{ N} - 15\text{ N}$ $\quad$ $\boxed{F_A = 10\text{ N}}$

Ergebnis:
Ein Steinquader mit V = 1 dm^3, m = 2,5 kg, G = 25 N wird in Wasser untergetaucht hängend scheinbar leichter. Es wirkt eine Gegenkraft F_A, die der Gewichtskraft des verdrängten Wassers G_{Wasser} = 10 N entspricht.

Diese Gesetzmäßigkeit bestätigten Versuche mit allen im Pyramidenbau verarbeiteten Steinarten – vom porösen Kalkstein, Dichte 1,7 t/m³ bis hin zu Rosengranit, Dichte 3,2 t/m³.

Besonders eindrucksvoll mag für die alten Ägypter die Erkenntnis gewesen sein, dass bei einem Steinquader mit V = 1 m³ und einer Dichte von 2,0 t/m³ die nötige Tragekraft des Schiffes nur noch eine Tonne betrug, denn 50 % des Gesamtgewichtes wurden vom Wasser getragen.

Wie wir sehen, war es den alten Baumeistern mit Hilfe eines einfachen Hebelbalkens möglich, dieses Phänomen zu erkennen und die Auftriebskräfte bei Bedarf auch quantitativ zu ermitteln. Es war nicht nötig, über 2000 Jahre auf das „archimedische Prinzip" zu warten – nein, die alten Ägypter kannten es längst und praktizierten es täglich.

Bezogen auf den Transport des 2,5-Kilogramm-Modellsteines (Abb. 76) bedeutete diese Erkenntnis als Konsequenz folgendes:
Es war ein Doppelschiff zu bauen, das imstande war, die verbleibende Gewichtskraft G_3 = 15 N sicher zu tragen. Dazu fertigte man zwei Schwimmkörper an und hängte den Stein wie bei einem Ponton dazwischen. Zu beachten war, dass sich der Stein unter der Wasseroberfläche befand. Schon Prof. Riedl favorisierte diese Möglichkeit des Steintransportes [11] genauso wie J. Fitchen.[12]

3.2.2 Transport des Chephren-Blocks mit 425 Tonnen Gewicht

„Wer das Schwere kann, der kann auch das Leichte" [13], hat einmal der Ägyptologe G. Goyon gesagt. Diesen Satz können wir im Grunde als Gesetzmäßigkeit auf alle im AR zu transportierenden Bausteine übertragen, falls es gelingt, eine Transportmöglichkeit für einen gar unheimlichen Zeugen von damals nachzuweisen. Wir finden ihn noch heute im Totentempel des Chephren, auf den sich auch der Ägyptologe K. Schüssler bezieht: „Da dieser Tempel durch alle Zeiten hindurch als Steinbruch gedient hat, ist von ihm freilich nicht viel übrig geblieben. Lediglich einige grobe Blöcke des Kernmauerwerks liegen noch an Ort und Stelle. Allerdings hat man sie wohl weniger wegen ihrer schlechten Qualität, sondern vielmehr ihres ungeheuren Gewichtes wegen zurückgelassen. Einige zählen zu den größten Blöcken, die jemals in Ägypten verbaut worden sind. Einer dieser Quader misst 13,40 m in der Länge und dürfte einen Rauminhalt von 72 m³ haben; sein Gewicht wird auf 180.000 kg geschätzt. Ein anderer etwas würfelförmiger Block mit den ungefähren Maßen von 6,20 · 6,80 · 4 m hat einen Rauminhalt von etwa 170 m³ und wiegt ungefähr 425 Tonnen. Damit übertrifft er den 29,50 m hohen Obelisken der Königin Hatschepsut im Tempel zu Karnak bei weitem; jener wiegt »nur« 323 Tonnen." [14]

Dazu sei als Ergänzung noch die Aussage von A. Siliotti angefügt, der sich auch zu dem Riesenblock an der Chephren-Pyramide äußert: „An der östlichen Seite der Pyramide befindet sich der Totentempel, der deutlich größer ist als der des Cheops (einer seiner Steinblöcke wird auf ein Gewicht von 400 Tonnen geschätzt); er wurde im Jahr 1910 durch die Ernst-von-Sieglin-Expedition unter der Leitung von Uvo Hölscher ausgegraben. Da er leider über die Jahrhunderte hinweg als Steinbruch benutzt wurde, sind von diesem großartigen Tempel nur noch Überreste ohne Säulen und Granitverkleidungen erhalten." [15]

Aus 425 Tonnen Gewicht mit 170 Kubikmetern Volumen ergibt sich die Dichte mit 2,5 Tonnen pro Kubikmeter. Es handelt sich demnach um einen Kalkstein, den man wohl in allernächster Nähe brach, um den Transportweg kurz zu halten. – Doch wie machten es die Baumeister des Chephren? Dass sie in der Lage waren, diesen Stein zu bewegen, zeigt seine heutige Lage. Ziehen auf Holzschlitten? **4250 Mann à 12 Kilogramm (120 Newton) Zugkraft laut G. Goyon – mit Schmierung vielleicht nur 2000 Schlepper – wohl kaum möglich!**

Unter Berücksichtigung der damaligen Gegebenheiten sehe ich nur eine Transportmöglichkeit für diesen Giganten:

- verpacken in Holz
- an 2 Schiffskörpern **pontonartig** aufhängen
- das Gesamtgefährt behandeln wie einen Ozeanriesen in einem Trockendock
- den Riesenstein im „Schwebezustand" – untergetaucht in Wasser – befördern.

Die oben von G. Goyon getroffene Aussage fände hier ihre weitreichende Bestätigung, denn:

Konnte man den 425 Tonnen-Block auf die zuvor beschriebene Art transportieren, hätte das auch Gültigkeit für alle übrigen Bausteine des AR gehabt – von 20 Kilogramm bis hin zu 60 Tonnen Gewicht.

3.2.3 Transport der 2.300.000 einheimischen Blöcke aus den umliegenden Steinbrüchen

Es ist allgemeine Lehrmeinung und aufgrund vergleichender Untersuchungen weitgehend belegt, dass etwa 2.300.000 Blöcke à 2,5 Tonnen Durchschnittsgewicht aus den umliegenden Steinbrüchen der Cheops-Pyramide stammen (Abb. 62).

Die Baumeister hatten das Giza-Plateau als Pyramidenstandort gewählt, weil es selbst aus Kalkstein bestand. Zudem ergaben sich kurze Transportwege und das begehrte Baumaterial war in solchen Mengen vorrätig, dass es gleich für drei Pyramiden reichte (Abb. 5).

Somit bestand die Große Pyramide bei Fertigstellung nahezu aus dem gleichen Material, auf dem sie errichtet war. Es ist auch nachgewiesen, dass das Bauwerk auf einem ca. 3 Meter hohen, etwa der Pyramidengrundfläche entsprechenden Felsensockel steht, den man während des Steinabbaus einfach stehen ließ (Abb. 15 Nr. 11).

Als weiterer Vorteil ergab sich daraus ein besonders stabiler Untergrund und geschätzte 200.000 Kubikmeter gewonnene Baumasse.[16]

Von den Steinbrüchen in Richtung Pyramidennähe wurden die Baublöcke wohl mit Hilfe von Holzschlitten geschleift, sofern es die Gewichte zuließen.

Für schwergewichtige Steine dürfte man mit Wasser gefüllte Transportkanäle gebaut haben, um sie mit Hilfe von großen Doppelschiffen (Idee Abb. 78) – pontonartig aufgehängt – zu transportieren.

Abb. 78 ***Doppelschiff für den Transport von Standardblöcken mit 2,5 Tonnen Gewicht***

hier: *– Modell im Maßstab 1:10*
– Steinblock unter Nutzung der Auftriebskräfte untergetaucht in Wasser [Wasserlinie (1)]
– Hebevorrichtung (gestreift) mit zwei Klemmbalken bereits am Steinblock angeschlagen
– zwei „Besatzungsmitglieder“ (Puppenarbeiter) zum Größenvergleich zwischen Mensch und Transportschiff

3.2.4 Transport der 200.000 auswärtigen Steinblöcke – die Wasserstraßen im Alten Reich

3.2.4.1 Der Nil

Der Nil ist neben dem Amazonas der längste Fluss der Erde (Abb. 67). 6671 Kilometer wälzen sich seine Wassermassen vom Quellfluss Karanga, in Äquatornähe, bis ins Mittelmeer. Auf seinem Weg von Süden nach Norden durchfließt der große Strom viele Länder, bis er dann an der südlichen Grenze des Sudan Ägypten erreicht.

Das Merkwürdige:
Das Territorium dieses Landes umfasst etwa eine Million Quadratkilometer – doch das eigentliche Ägypten liegt auf einem schmalen, nur bis zu etwa 27 Kilometer breiten Streifen – links und rechts des Flusses. Hier drängt sich, ausgenommen einiger Oasen, der überwiegende Teil der heute über 83 Millionen Einwohner (Stand 2009).

Verglichen mit seiner geringen Breite ist das Land mit über 1100 Kilometern sehr lang. Stellt man sich diesen Landstrich übertragen auf die Form eines Rechtecks vor, so ergäbe das immerhin ein Längenbreiten-Verhältnis von etwa 41:1.

Auch die Begrenzung dieses Landstreifens ist geradezu außergewöhnlich: Westlich ist es die libysche und östlich die arabische Wüste, die sich ohne Übergang an fruchtbares Ackerland anschließen.

Heute ist der früher einmal reißende Nilstrom weitgehend gebändigt. Ein Staudamm durchtrennt ihn bei Assuan und speichert sein Wasser auf die unglaubliche Menge von zeitweise 130 Milliarden Kubikmeter. Von dort wird es nunmehr künstlich über das Land verteilt, um den unbändigen Durst riesiger Agrarflächen zu stillen und die Bevölkerung zu versorgen.

Abb. 79 Jährliche Nilüberschwemmung bis an die Pyramiden heran
hier: – Giza-Plateau mit den Pyramiden der Pharaonen Cheops, Chephren und Mykerinos (von rechts nach links)
Der Beweis: viel Wasser auch an der NO-Seite des Plateaus (Pfeil)
– siehe auch Abb. 22a

Mittlerweile leitet auch der Sudan den Nil in einen riesigen Stausee und ich hoffe sehr, dass das keine negativen Auswirkungen für die Versorgung der Ägypter haben wird.

Früher war das anders. Alljährlich konnten die Menschen im AR ein für unsere Augen ganz ungewöhnliches Phänomen beobachten. Alte Fotos sind heute wichtige Zeitzeugen von damals (Foto links):
Etwa Mitte Juli beginnend, in der Regel mit Sichtbarwerden des Fixsterns Sirius

strömten gewaltige Wassermassen aus dem Süden in Richtung Norden – hervorgerufen durch den Monsun in Zentralafrika. **Nilometer** (Abb. 69), meist in Fels geschlagene Wasserstandsanzeiger, registrierten zunächst den Pegelanstieg im Süden des Landes. Täglich nahm der Wasserstand zu, bis der Nilstrom auf seiner ganzen Länge über die Ufer trat.

Wie müssen das die alten Ägypter vor 4600 Jahren empfunden haben, wenn alljährlich ihr gesamtes Heimatland unter Wasser stand? Für die etwa 1,6 Millionen Menschen war das natürlich nichts Außergewöhnliches, weil sich die Nilüberschwemmung von ihrer Geburt an bis zu ihrem Tode alljährlich wiederholte. Trotzdem muss es für Jung und Alt jedes Mal ein ungemein spannender Moment gewesen sein, wenn das Wasser durch erste Sickerbäche Wohnorte erreichte, um dann alsbald in unbeschreiblichen Mengen und ungeheurer Gewalt heranzuströmen.

Das ganze Land verwandelte sich in kurzer Zeit in ein Meer, nur überragt von den Wohnsiedlungen der Menschen, die zu Inseln wurden. Mit ähnlichen Worten beschreibt auch Herodot diesen Zustand, wobei er die ägäischen Inseln aus seiner Heimat als Vergleich heranzieht. [17]

Auch Pharao Cheops wird die Überschwemmungszeit genutzt haben, um sein Land zu inspizieren; dieser Gedanke ist auch für uns leicht nachvollziehbar bei diesen herrlichen Wasserwegen.

Ähnliches bestätigt auch Herodot, als er 2000 Jahre nach Cheops per Boot mitten über die Felder gefahren ist – nicht nur in Längsrichtung, sondern auch quer.[18] Daraus kann man auf tiefes Fahrwasser von Wüste zu Wüste schließen, zumindest für einen gewissen Zeitraum – vielleicht 2,5-3 Monate.

Man bedenke:
Die Menschen konnten danach zwei Ernten einfahren, denn die gespeicherten Wasservorräte reichten bis zur nächsten Flut (Abb. 70). Ein Leben unter diesen Bedingungen müssen die alten Ägypter wahrlich als einen Segen der Götter empfunden haben. So kann man auch Herodot verstehen, der **Ägypten als ein Geschenk des Nils** bezeichnet hat.

Lebte vor 4600 Jahren links und rechts des großen Stroms, in der größten Flussoase der Erde ein glückliches Volk? Der Nilpegel musste für die Sicherstellung ungetrübten Glücks etwa 6,28-8,38 Meter erreichen – dies war die Marge zwischen Hunger und Überfluss.

Für die „richtige Höhe" riefen die Ägypter den Nilgott Hapi an (Abb. 70) – häufig dargestellt auch mit weiblichen Zügen. Eine konkrete Vorstellung, worauf das jährliche Wunder der Nilflut zurückzuführen war, hatte man damals nicht. Das war auch noch 2000 Jahre später so: Herodot teilt uns mit, dass auch er sich dazu Gedanken machte, ohne eine rechte Antwort zu finden.

3.2.4.2 Das Kanal-System im Alten Reich

War schon der Nil eine hervorragende Wasserstraße, so kann man für die Zeit der Überschwemmungsmonate von einer geradezu idealen Situation sprechen, denn alle Landesteile konnte man nun auf dem Wasserwege erreichen. Besonders in diesen Zeiten mag es geradezu ein „Meer von Booten" gegeben haben. Man hatte wichtige Reisen und Transporte verschoben, bis Strömungsverhältnisse und Strudel eine sichere Fahrt zuließen. In Nordrichtung mag man unter Zuhilfenahme von Rudern und begünstigt durch die Strömung gut vorangekommen sein, obwohl man einen fast ständig blasenden Wind von vorn hatte.

In Richtung Süden unterstützte der aus Nord wehende Wind das Vorankommen. Dies war wohl insbesondere dann der Fall, falls man zu Cheops Zeiten schon unter Segel fuhr. Fahrtmindernd war wohl die mehr oder weniger starke Strömung in Richtung Mittelmeer. Unterstützendes Rudern wird auch bei den Reisen gen Süden notwendig gewesen sein.

Noch im Jahre 1961 war der Nil geradezu überzogen von Segeln. Ich kann mich noch gut daran erinnern, wie große und kleine Boote unterwegs waren. 2002 wurde ich sehr enttäuscht, als ich dieses wunderschöne Bild von damals wiederzufinden suchte. Die Frachtkähne mit ihren großen Dreieck-Segeln waren nicht mehr auszumachen – zumindest nicht im Bereich vor Kairo.

Mit ein wenig Wehmut wende ich meine Gedanken von heute zurück in die Zeit des AR und speziell zur vorgegebenen Thematik. Die drei- bis viermonatige Überschwemmungszeit hatte natürlich auch direkte Auswirkungen auf den Pyramidenbau.

Die Wiederkehr der „großen Flut“ war geradezu eine wesentliche Voraussetzung für die Arbeiten an den Großbaustellen – alle gelegen auf der Westseite des Nils, auf einer kurzen Strecke von weniger als 30 Kilometern (Abb. 71).

Die Transportmöglichkeiten für Menschen, Bausteine und alle benötigten Güter waren für zwei bis drei Monate hervorragend. Aber auch für die überschwemmungsfreie Zeit waren Steinnachschub und die Versorgung der vielen Arbeiter gesichert. Das zeigte sich bereits zum Ende jeder Flut, wenn der Überschwemmungswasserstand sank. Dann wurden vorhandene Kanäle direkt angesteuert. Das galt insbesondere für Transportfahrzeuge mit „Schwergewichten“, die entsprechende Wassertiefe unter dem Kiel benötigten.

Der Ägyptologe M. Lehner zeigt in Abb. 80 sehr anschaulich, dass die Transportwege zu den Pyramiden nicht nur in den Monaten der Überschwemmung gesichert waren. Auch zu den übrigen Jahreszeiten hatten die Pyramidenbauer offenbar Wasser im Überfluss und schiffbare „Straßen“ sowohl in Richtung Süden als auch nach Norden. Die Seen von Sakkara, der Unas-See und der Abusir-See waren mit Anbindung an den Bahr-el-Lebeini-Kanal nicht nur vorzügliche Wasserwege und Häfen, sondern auch hervorragende Wasserdepots für die restlichen acht Monate der überschwemmungsfreien Zeit.

Das bestätigen auch Prof. O. Riedl und G. Goyon. Sollte das Nilbett während des Pyramidenzeitalters tatsächlich derart weit westlich gelegen haben, wie es M. Lehner angibt, könnten der Nilstrom und der Bahr-el-Lebeini-Kanal möglicherweise über weite Strecken gemeinsam eine große Wasserstraße gebildet haben.

M. Lehner weist darauf hin, dass auch Cheops mehr Wasser zur Verfügung gestanden haben könnte als bisher allgemein angenommen. „Durch Erosion und Ablagerungen schuf der Fluss eine konvexe Überschwemmungsebene: Das höchste Land liegt dem Fluss am nächsten, das tiefere – entgegen unserer Erwartung – näher an der Wüste“ [19], weiß M. Lehner weiter zu berichten. „In der nördlichen Pyramidenzone von Dahschur bis Gise und vor allem im Bereich von Memphis verlief der Nil in der frühägyptischen Geschichte näher am Westufer. Am Wüstenrand entlang befanden sich immer wieder Seen, die nach Abfluss der Flut Wasser zurückhielten, so wahrscheinlich vor größeren Pyramidenstätten wie Abusir, Saqqara, Dahschur, **vielleicht auch Gise**. Wo dauerhaft bewässerte Seen fehlten, könnten die Pyramidenbauer sie durch **Erweiterung und Vertiefung** der natürlichen Flutbecken geschaffen haben, die ihnen dann als Häfen dienten, wie sie jeder normale Pyramidenkomplex benötigte.“ [20]

Der Nil und seine Flutbecken

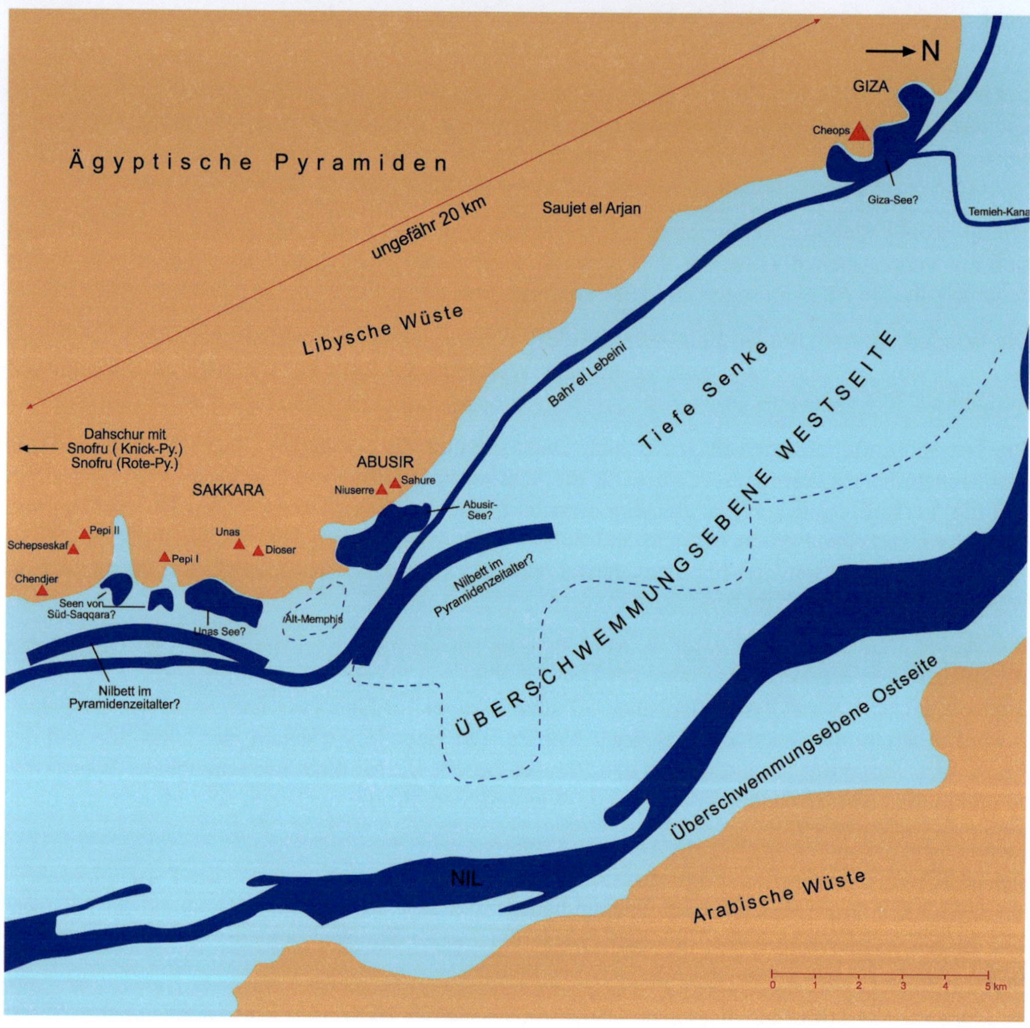

Abb. 80 Schema, ***Flutbecken in Dahschur, Sakkara, Abusir und Verlauf des Nil-Bettes im Pyramidenzeitalter*** *nach M. Lehner*

– Ergänzung um einen See am Giza-Plateau durch den Autor

Der Gedanke von M. Lehner, dass vielleicht auch Giza einen See hatte, wird weitergeführt, indem der **„Giza-See“** vom Autor als Ergänzung zu den anderen Seen hinzugefügt wird (Abb. 80).

Die Wahrscheinlichkeit, dass diese Annahme richtig ist, wird durch M. Lehner weiter bestärkt dadurch, dass er die Ansicht vertritt, Cheops hätte über ein ausgedehntes Kanalsystem in der Nähe des Giza-Plateaus verfügt (Abb. 81).

Die Fülle der angedeuteten Wasserstraßen lässt den Schluss zu, dass für den Bau der Cheops-Pyramide ganzjährig genügend Transportwege, aber auch Nutzwasser zur Verfügung stand – geradezu **in unbegrenzten Mengen.**

Besonders gestützt wird diese Annahme auch durch die weitgehend nachgewiesenen Häfen des Cheops, Chephren und Mykerinos. Auch der noch aus den 1930er Jahren bekannte Mansuria-Kanal mag eine geradezu ideale Wasserstraße ganz in Pyramidennähe gewesen sein (Abb. 81 Nr. 6). Gelegentliche Wasserzufuhrschübe könnte das Kanalsystem bei Bedarf aus dem Nil und anderen Wasserreservoirs erfahren haben. Auch Prof. O. Riedl und G. Goyon weisen ganz eindeutig darauf hin.

3.2.4.3 Der Tiefwasserhafen auf der Nordost-Seite des Giza-Plateaus

Ein ganz besonderes Indiz dafür, dass es den Giza-See tatsächlich gegeben haben könnte, ist die **„große Senke"** an der Nordost-Seite des Plateaus. Noch heute, nach 4600 Jahren, erkennen wir sie sehr gut: **die grüne Fläche auf der Fotografie** (Abb. 22).

Stellt man sich eine Verbindung vom Hafen des Chephren/Mykerinos über den Hafen des Cheops zu der Senke vor, dann ergibt sich als Summe aus den Einzelwasserflächen der Giza-See (Abb. 80 und 81). Damit mag ein weiterer wichtiger Hinweis gegeben sein, der dazu beiträgt, das Puzzle um den Bau der Cheops-Pyramide zusammenzusetzen.

Demnach ist die Wahrscheinlichkeit sehr groß, dass es tatsächlich einen dritten großen Hafen gab, der eigentlich nur den folgenden Schluss zulässt:

In der „großen Senke", unterhalb der Nordost-Kante des Giza-Plateaus (Abb. 81), hatte man einen großen Tiefwasserhafen, in dem die Granitblöcke aus dem fernen Assuan und die Verkleidungsblöcke aus Tura anlanden konnten. So war es möglich, 200.000 Steinblöcke bei Bedarf zwischenzulagern, ehe sie auf die letzten Meter einer langen Reise gingen.

3.2.4.4 Die Schleusen auf der Nordost-Seite des Giza-Plateaus

Nun war es nur noch erforderlich, die in einer horizontalen Ebene durchgeführte „Seereise" der begehrten Bausteine in eine vertikale Fahrtrichtung nach oben umzuleiten. Dazu bot sich als einfaches Hilfsmittel der Bau von Schleusen an.

Es darf angemerkt werden, dass Schleusen für die damaligen Baumeister nichts Neues waren. Alljährlich benötigte man derartige Vorrichtungen, um die Wassermassen während der Überschwemmung zu bändigen, aber auch zum Zwecke einer sinnvollen Wasserwirtschaft während der übrigen Zeit – denn Regen gab es selten.

Schleusen waren wohl zu tausenden über das ganze Land, u. a. zum Zwecke der Feldbewässerung, verteilt.

So ist es dann nicht verwunderlich, dass man zur Überwindung des Höhenunterschiedes zwischen dem Tiefwasserhafen und der über 20 Meter hohen Plateau-Kante Schleusen einsetzte. Als Baumaterial eigneten sich in ganz hervorragender Weise ägyptische Nilschlammziegel. Das belegt auch die Aussage von Prof. D. Arnold, in der er sehr eindrucksvoll den hohen Standard ägyptischer Schlammziegel beschreibt.[21] Sie waren sicherlich sehr gut geeignet, um mit ihnen feste und wasserdichte Mauern herzustellen – möglicherweise auch Kanäle außerhalb des Giza-Geländes.

Aber auch die etwa 44 Meter langen Schiffsgruben des Pharao Unas (Abb. 37 und 38), nur wenige Jahre nach Cheops, zeigen, dass auch Kalkstein ein sehr geeigneter Baustoff für Schleusen gewesen sein könnte.

Auf dem Wasserwege schipperten die 200.000 auswärtigen Blöcke von nah und fern heran. Sie alle schwammen unter Wasser, aufgehängt an Schwimmkörpern und Schiffen (Abb. 78).
Die alten Baumeister nutzten die einzig sinnvolle Transportmethodik:
Sie fuhren mit den Steinblöcken unter Nutzung der Hydrostatik auf das Giza-Plateau hinauf. Durch die gewonnene Gewichtseinsparung benötigte man wesentlich kleinere Schiffseinheiten, was auch der kleineren Dimensionierung der Schleusen zu Gute kam.

Zur Erinnerung:
Für einen Standardblock mit einem Volumen von 1 Kubikmeter und dem Gewicht von 2,5 Tonnen benötigte man nur noch eine Schiffstragekraft von 1,5 Tonnen!

Auch das bereits besprochene gefährliche und wohl auch unmögliche Umladen vom schwankenden Schiff auf Zugschlitten entfiel. Deshalb war es auch nicht erforderlich, die Schwergewichte mit Hilfe von Mensch und Tier über stumpfe Rampen zu schleppen.

Welch genialer Schachzug der alten Baumeister!

Hier an der Nordost-Wand befindet sich nach meiner Meinung so eine Art „Scheideweg".
War es **Hemiunu** (Abb. 13), der Wesir und Oberbauleiter des Cheops, der die Idee hatte, den Weg der Steine von der Horizontalen in die Vertikale zu überführen?

Erst diese Idee und seine Umsetzung in die Praxis unter Nutzung der Kraft des Wassers, machten den Bau der Cheops-Pyramide innerhalb von zwanzig Jahren möglich. Diese Nordost-Wand ist damit auch ein ganz besonderer Ort, denn es ist der Punkt, an dem Menschen und Material die „**lebendige Welt**" verließen und mit Erreichen der oberen Plateaukante in die „**Welt des Todes**" eintraten.

So darf man wohl annehmen, dass der Transport des 1. Steines mit Überschreiten der Plateauoberkante im AR als ein geradezu historischer Augenblick betrachtet wurde. Aus berufenem Munde erfolgt hier die Bestätigung der getroffenen Aussage, in Form einer sehr detaillierten Erklärung mit der Überschrift „Der **ra-sche**" durch den bekannten Ägyptologen M. Lehner:

„Unser Wissen über Leben, Gesellschaft und Wirtschaft einer lebenden Pyramide verdanken wir hauptsächlich den Abusir-Papyri. Unter anderem erwähnen sie einen offenbar hochwichtigen Bestandteil des Pyramidenkomplexes namens ra-sche. Geschrieben wird er mit dem Zeichen für **Mund** und dem alphabetischen Zeichen für ein **Becken**, was wörtlich etwa »**Mund [Eingang] des Beckens**« heißt. Die Papyri schildern ihn als **Anlieferungs-, Lagerungs- und Produktionsort**." [22]

„Woher der Name? Und wo lag er?", so fragt M. Lehner und gibt auch die Antwort: „Aus dem Studium des Begriffs sche – wie in chentiu sche und sche en per a'aa (sche des Pharao) schloss

Stadelmann auf die Bedeutung »königlicher Bezirk«. Inschriften erwähnen die Planung, Vermessung und Öffnung von sches mit Namen wie »Thron der Götter«, »Libation der Götter« und »Amme der Götter«, die Stadelmann mit archaischen Höfen um Königsgräber in Abydos und Saqqara verbindet. **Es könnte sich allerdings auch um Eigennamen bestimmter Landbaubecken handeln, welche das Wasser der alljährlichen Überschwemmung zurückhielten, wie etwa die benannten Becken Oberägyptens im 19. Jahrhundert n. Chr. Hatte jeder Pyramidenkomplex sein eigenes Becken, wäre der ra-sche das Bindeglied zwischen der Welt der Toten und der der Lebenden, zwischen dem Pyramidenbezirk und dem Flutbecken, gewesen, […].“** [23]

Die von M. Lehner vorgetragenen und von Prof. R. Stadelmann gedeuteten Abusir-Texte weisen nach meiner Meinung in geradezu übergroßer Deutlichkeit auf ein Bauwerk hin, welches mit großer Wahrscheinlichkeit der ra-sche des Cheops gewesen sein kann. – **Es handelt sich offenbar um Schleusen aus Lehmziegeln oder Kalksteinen, die die alten Baumeister an der Nordost-Wand des Giza-Plateaus platziert hatten.**

Der Zweck des Einsatzes von Schleusen besteht heute wie auch damals u. a. darin, ein Wasserfahrzeug von einem niedrigen Niveau auf ein höheres zu verbringen oder umgekehrt.

Hinsichtlich der Funktion betrachten wir einen Schleusenvorgang an der Nordost-Wand in sehr vereinfachter Form:

- Das Tor der unteren Kammer wird geöffnet.
- Das Fahrzeug mit seinem Stein verlässt den Hafen und fährt in die erste Schleusenkammer hinein.
- Nach Schließen des Tores schwimmt das Fahrzeug mit Steigen des Wasserspiegels von Kammer zu Kammer nach oben.
- Nach Öffnen der obersten Schleusenkammer fahren Fahrzeug und Stein heraus. Damit befindet sich der Stein zusammen mit der zum „Schiff“ gehörenden Mannschaft auf dem Plateau.

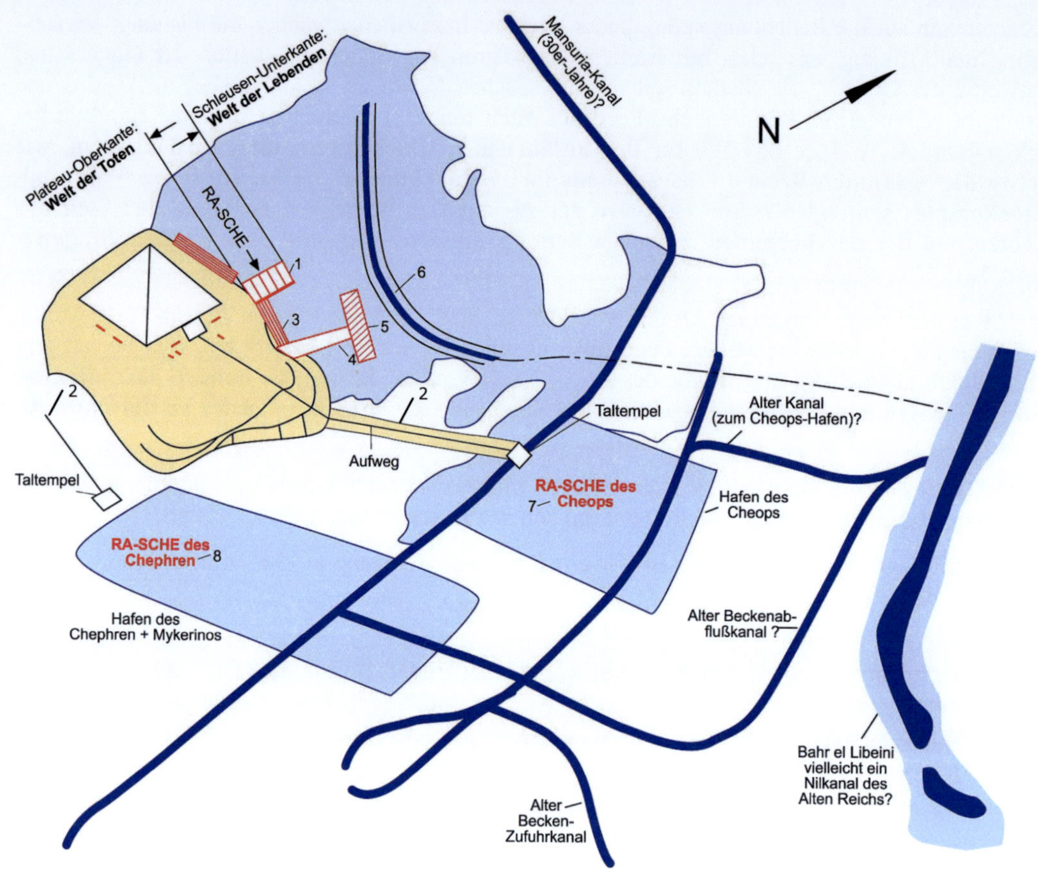

Abb. 81 Schema, ***Welt der Lebenden und Welt der Toten***

Kanalnetz nach M. Lehner mit wesentlichen Ergänzungen durch den Autor

Schleusen, Rampen und Treppen auf der Nord-Ostseite des Giza Plateaus

1 Schleusen

2 Aufwege des Cheops und des Chephren

3 Treppe

4 Rampe

5 Schiffsanleger

6 Wasserzufuhrkanal

7 RA-SCHE des Cheops nach M. Lehner

8 RA-SCHE des Chephren nach M. Lehner

Vergleicht man obigen Text mit den von M. Lehner vorgetragenen Abusir-Texten, fällt bezüglich der Inhalte eine verblüffende Übereinstimmung auf. Es darf deshalb vermutet werden, dass sich **die Texte der Abusir-Papyri in Wahrheit auf Schiffsschleusen beziehen**.

Ist es in diesem Falle möglicherweise so, dass wir die alten Ägypter wiederum nicht verstehen?

Es ist unstrittig, dass die alten Baumeister mit den Abusir-Papyri sehr detaillierte Informationen geben. Das dürfen wir sehr erfreut zur Kenntnis nehmen, nachdem Prof. R. Stadelmann die ägyptischen Hieroglyphen in unsere Sprache übersetzt hat.

Wir müssen attestieren und anerkennen, dass der Professor die Texte lesen kann und uns zugänglich gemacht hat. Ist der Professor auch in der Lage, sie ganz unvoreingenommen zu deuten? Es ist bekannt, dass insbesondere M. Lehner und Prof. R. Stadelmann geradezu unbeugsame Verfechter der Rampentheorie sind. **So ist es dann auch nicht verwunderlich, dass M. Lehner den „ra-sche“ (Bindeglied zwischen der „Welt der Toten“ und der „Welt der Lebenden“) an einen Ort setzt, der am Beginn der Transportrampen (Aufwege) liegt,** überdeutlich belegt durch seine folgende Aussage:

„Dann wäre der »ra-sche« der Eingang zum Talganzen von Taltempel, Hafen, Kanal und Pyramidenstadt.“ [24]

Abb. 81 zeigt die Übersicht des Kanalsystems zu Cheops Zeiten in der Nähe des Giza-Plateaus mit Ergänzung um das Flutbecken einschließlich eines Kanals auf der Nordost-Seite durch den Autor.

Dieses, mehrfach mit dem Nil verbundene Kanalnetz – insbesondere der immer Wasser führende Bahr-el-Lebeini – speisten nach meiner Meinung ganzjährig das Auffangbecken an der Nordost-Seite. Die Nutzung eines Schleusensystems bot sich deshalb an der dortigen Plateauflanke geradezu an, um den Transport der Steine auf dem Wasserwege fortzuführen. Dadurch entfiel das bereits beschriebene gefährliche und zum Teil unmögliche Umladen vom wackligen Schiff auf den Holzschlitten.

Durch die Aussagen M. Lehners werde ich geradezu bestärkt, meine Argumentation fortzuführen.

Ist es möglich, dass die alten Baumeister mit der Überlieferung der Texte auf den Abusir-Papyri sehr detailliert zum Bau der Cheops-Pyramide Stellung nahmen? Ich bin der Meinung, dass man auch heute nicht schöner und treffender als die Menschen damals **den „ra-sche“ als Übergang von der „Welt der Lebenden“ in die „Welt der Toten“ beschreiben kann**. Die folgende Wortgegenüberstellung weist noch einmal in aller Deutlichkeit darauf hin, dass die alten Baumeister wohl mit Hilfe der Abusir-Texte beabsichtigten, uns von den Schleusen an der Nordost-Wand zu berichten:

vereinfachte Beschreibung durch den Autor	**Beschreibung mit Hilfe der Abusir-Papyri nach M. Lehner** (Zitat: 22 und 23)
das untere Schleusentor öffnet	*der **Mund (Eingang) des Beckens** öffnet*
das untere Schleusentor wird geschlossen	*vergleichbar einem Mund (Eingang) dessen Lippen geschlossen werden*
„Schiff", Stein und Mannschaft befinden sich in der Schleuse	*„Schiff", Stein und Mannschaft befinden sich **im geschlossenen Mund***
Menschen haben den Stein mit Hilfe des Fahrzeugs in die Kammer hinein gefahren und verbleiben dort für die Zeit des Schleusen-Vorgangs	*der Stein ist angeliefert worden ⇒ der **Mund** selbst kann als **Anlieferungsstätte**" bezeichnet werden*
das Bindeglied zwischen der „Welt der Lebenden" und der „Welt der Toten" ist die Schleuse	*Schiff, Stein und Mannschaft haben die **Welt der Lebenden** verlassen, sie befinden sich im **Bindeglied** zwischen **Welt der Lebenden** und **Welt der Toten*** *Das **Bindeglied** ist der ra-sche*
auf dem Weg von unten nach oben durchfahren „Schiff", Stein und Mannschaft die Schleusenkammern	*in dieser Zeit ist der **ra-sche** auch **Lagerungsstätte für Schiff und Stein***
das Tor der obersten Schleuse wird geöffnet	*der **Mund** des **Bindeglieds** wird geöffnet*
„Schiff", Stein und Mannschaft verlassen die Schleuse	*„Schiff", Stein und Mannschaft verlassen das **Bindeglied**, den **ra-sche**, durch den **Mund***
sie erreichen das Plateau auf der obersten Ebene	*sie fahren über die Oberkante des Plateaus und treten damit ein in die **Welt der Toten***

Abb. 82 (Tabelle) Schleusenvorgang

Eine Fahrt von der „Welt der Lebenden" in die „Welt der Toten" [25]

3.3 Erkenntnisse zum Pyramidenbau – Methode der Technik zur Verrichtung der Hubarbeit

3.3.1 Die Barke des Cheops – Himmelsbarke und/oder Reiseschiff?

1954 war der Menschheit ein großes Glück beschieden. Nur 17 Meter von der Pyramide entfernt fanden ägyptische Wissenschaftler in der Grube Nr. 4 (Abb. 21 und 23) auf der Südseite 407 Teile eines in 13 Schichten aufgestapelten Schiffes – die Barke des Cheops (Abb. 43). Nach Zerlegen der Fundstücke in 1224 Einzelteile wurde der Ägypter **Hag Amed Youssef Moustafa** mit der Rekonstruktion und Restaurierung betraut (Abb. 57). Nach 10 Jahren unermüdlicher Schaffenskraft hatte Moustafa das Riesenpuzzle zusammengefügt. Er präsentierte das älteste intakte Schiff der Menschheitsgeschichte.

Stolze 43,5 Meter lang und 5,90 Meter breit können wir es in einem extra angefertigten Museum bewundern. Das „Königsschiff" des Cheops fällt besonders durch seine schnittige Bootsform auf – mit einem Längen-Breiten-Verhältnis von 43,5:5,9 ≈ 7:1.

Allgemein schreibt man diesem Schiff den Zweck einer Sonnenbarke zu, mit der der tote Pharao nach seinem Begräbnis die Reise zu den Göttern angetreten habe. Irgendein Historiker muss vor 150 oder gar 200 Jahren diese These aufgestellt haben.

Das Merkwürdige:
Viele Ägyptologie-Wissenschaftler, also diejenigen, die sich am intensivsten mit den Vorkommnissen im AR auseinandergesetzt haben, griffen diesen Gedanken auf. In der Regel geschah das offenbar ohne jegliches Hinterfragen der These von damals. Ein fast 50 Meter langes Schiff, ausgerüstet vielleicht 90-100 Tonnen schwer, soll mit dem toten Pharao in den Himmel gefahren sein? Haben es sich Wissenschaftler hinsichtlich dieser Frage möglicherweise zu einfach gemacht? Denn aus der Götterlehre konnte man diese These sicher nicht ableiten und schon gar nicht beweisen.

Als besonderen Beleg dafür, dass diese Behauptung geradezu absurd ist, darf als Umstand gewertet werden, dass die Barke als Bretterhaufen dem toten Pharao beigegeben wurde (Abb. 48). Ein Zusammenbau zwecks Himmelfahrt kann von den alten Baumeistern nicht beabsichtigt gewesen sein, da Seile für das Zusammenfügen der Bootsteile nicht vorhanden waren. Lediglich ein Haufen gebrauchter Bindestricke, aneinandergereiht wohl über einhundert Meter lang, hat man als Abfallstücke gefunden (Abb. 49).

Die Fügetechnik am Cheops-Boot beruhte auf dem Zusammenbinden der Einzelteile (Abb. 44 und 45). Dabei lagen die Bindelöcher an den **Kanten der Bootsteile**. Eigentlich **großartig**, denn dadurch wurde die „Seele" der Hölzer nicht verletzt. **Eine geniale Bootsbaukunst**: Nägel wurden nicht eingesetzt.

Andere Wissenschaftler schreiben dem Königsschiff die Funktion eines Fahrtenschiffes zu, insbesondere anlässlich des eigentlichen Königsbegräbnisses.

Auch dieser These möchte ich widersprechen:

Obwohl die äußerst schnittige Form jedem suggeriert, dass es sich um ein schnelles Schiff handelte, stellen sich bei näherer Betrachtung ganz wesentliche Baumerkmale heraus, die einer ehemaligen Nutzung als Reiseschiff entgegenstehen:

- 10 gefundene Ruderriemen reichten nicht aus, um das ausgerüstete Schiff mit etwa 100 Tonnen Gesamtgewicht voranzutreiben, 10.000 Kilogramm pro Ruderer konnte man wohl nicht bewegen. Hinzu kam, dass in Nordrichtung häufig Starkwind die Fahrt bremste und in Südrichtung die Strömung entgegenstand.
- Das herrliche Schiff zeigt die besondere Schiffsbaukunst der alten Schiffsbauer. Bezüglich der Öffnung des „Bootsgrabes" schrieb der verstorbene Dr. Abel Moneim Abubakr 1971: „Die Holzteile des Boots waren so fest und neu, als wären sie erst vor einem Jahr dort untergebracht worden. Bei der Öffnung der Grube 1954 sei die ursprüngliche Farbe des Holzes warm und hell gewesen und das Material sei so glatt poliert, dass ich bisweilen mein eigenes Spiegelbild in einem Stück Seitenplanke sehen konnte." [26]

  In Thailand haben wir mit Hilfe von Kerzenwachs und Polieren versucht, ein Zedernholzstück zum Glänzen zu bringen – mit gutem Erfolg. War das Königsschiff möglicherweise auch mit Kerzenwachs poliert und gleichzeitig konserviert?
- Heute zeigt das Schiff leider starke Verwerfungen (Abb. 47) – auch die einst glänzende Farbe ist einem stumpfen Braun gewichen.
- Das moderne Museum, in dem das Königsschiff heute liegt (Abb. 10 und 36), kann leider mit den alten Ägyptern nicht mithalten. Sie hatten die Grube, in der die Bootsteile lagen mit 41 riesigen Kalksteinen (etwa 4 Tonnen pro Stein) abgedeckt (Abb. 32 und 33). „In dem luftdichten Grab hatte das Holz sogar die richtige Feuchtigkeit behalten. Die Beplankung enthielt 10 % Wasser; luftgetrockenes Holz, dass heute in Ägypten für den Bootsbau verwandt wird, enthält normalerweise 12 % Wasser. [...]" [27], weiß B. Landström zu berichten.

  Eigentlich unfassbar:
  Feuchtigkeitskonservierung über 4600 Jahre in der Sonnenglut einer Wüste!

An dieser Stelle folgen einige auffällige, geradezu hervorstechende Konstruktionsmerkmale des Königsschiffes:

- Der Hauptbootskörper besteht aus nur 30! Holzteilen – Backbord-Seite 11, Steuerbord-Seite 11 und Schiffsboden 8 (Abb. 44).
- Die Planken sind bis zu 14! Zentimeter dick (Abb. 46).
- Die Planken sind untereinander **verhakt und verzahnt (Abb. 44).**
- 46 Decksbalken bilden eine übergroße Querversteifung (Abb. 50-55).
- 2 riesige Längsstringer (Dwarsbalken), je einer auf Backbord- und Steuerbordseite **auf** den Decksbalken und ein Längsstringer entlang der Schiffsmitte **unter** den Decksbalken liegend, versteiften das Schiff zusätzlich in Längs- und in Querrichtung (Abb. 50-55).
- Der Schiffsinnenraum ist wegen seiner geringen Kopffreiheit von nur etwa 100-113 Zentimetern und den freiliegenden Seilbindungen nicht nutzbar (Abb. 45).

Zusammenfassung:
Das Königsschiff fällt auf durch extreme Festigkeit. Extreme Festigkeit hat aber auch ihren Preis: Sie führt zu einem insgesamt sehr schweren Bootskörper, bedingt auch durch das Baumaterial Zedernholz (Dichte > 1).

Daraus folgen aufgrund von Schätzungen der Fachautoren B. Landström/N. Jenkins für das leere Schiff, so wie es im Museum zu sehen ist, nachstehende Angaben:

Länge über alles:	43,50 m
Breite:	5,90 m
Tiefgang:	1,42 m
Bordhöhe in etwa Schiffsmitte:	1,72 m

Die Folge:
Dieses Schiff hat nur etwa 30 Zentimeter Freibord!
– Je nach Beladung vielleicht nur 10-15 Zentimeter.

Jedem Leser, der schon einmal auf bewegter See war, wird klar, dass man mit diesem Schiff weder auf das raue Mittelmeer noch auf den Nil und seine Überschwemmungsgebiete hinaus durfte.

Ergebnis:

∆ **Für den gottähnlichen Pharao ein völlig ungeeignetes Reiseschiff!** [28]

Die eingangs gestellte Frage kann demnach wie folgt beantwortet werden:

Für das dem Pharao in 407 Einzelteilen beigegebene Schiff war von den damaligen Baumeistern weder die Nutzung als **Himmelsbarke** noch als **Reiseschiff** beabsichtigt.

3.3.2 Die Barken und die Gruben – das „Neue Gesicht von Giza"

Spaziert der Ägyptenbesucher an der Cheops-Pyramide vorbei, dann kann er sechs der sieben Bootsgruben (Abb. 21 und 23) gar nicht übersehen. Die Gruben Nr. 1 und Nr. 3 sind mit ihren über 53 Meter Länge, 7 Meter Breite und 6 Meter Tiefe derart gewaltig, dass sie den Ägyptologen seit ihrer Entdeckung in den 1920er Jahren Rätsel aufgeben. Grube Nr. 2 liegt am Cheops-Aufweg, Gruben Nr. 6 und Nr. 7 befinden sich an den Königinnen-Pyramiden und Grube Nr. 4 liegt unter dem Bootsmuseum an der Südseite. Eine weitere Grube, Grube Nr. 5, findet man westlich neben dem Museum. Sie ist noch nicht geöffnet. Auf einem speziellen fotografischen Wege hat man aber auch hier ein Boot festgestellt. Einige Autoren gehen schon so weit, ein Segelboot zu vermuten – ein Segelboot, 3100 Jahre vor den Wikingern? Diese Frage sei mir erlaubt.

Ich kann mir das eigentlich nicht denken, bin aber hinsichtlich weiterer Informationen sehr gespannt.

Nun eine Merkwürdigkeit:
Keiner der vielen Autoren, die sich mit der Barke des Cheops und seinen Gruben beschäftigt haben, ist auf die Idee gekommen, dass in die sieben Gruben des Cheops eigentlich auch sieben passende Schiffe gehören.

Musste erst ein Seefahrer kommen, um einen Zusammenhang zwischen Barken und Schiffsgruben herzustellen?

Das Königsschiff im Bootsmuseum liegt nahezu über der Grube Nr. 4, in der es gefunden wurde. – Aber es ist zu bedenken, dass Cheops' Schiff in zusammengebautem Zustand in diese Grube nicht hineingepasst hätte – es wäre viel zu lang und auch zu breit gewesen.

Doch weshalb soll dieses Schiff nicht im ruhigen Wasser der Grube Nr. 3 geschwommen sein? Mit seinen Maßen hätte es dort ausreichend Platz gefunden (Abb. 24). Das gleiche gilt auch für die übrigen sechs Boote des Cheops.

Stellen Sie sich einmal vor, lieber Leser, sieben Schiffsgruben mit sieben in ihnen schwimmenden Barken.

Δ Sieben Barken recken ihre überlangen Hälse in den ägyptischen Sonnenhimmel.

Sie vermitteln ein ganz ungewöhnliches Bild:

DAS NEUE GESICHT VON GIZA

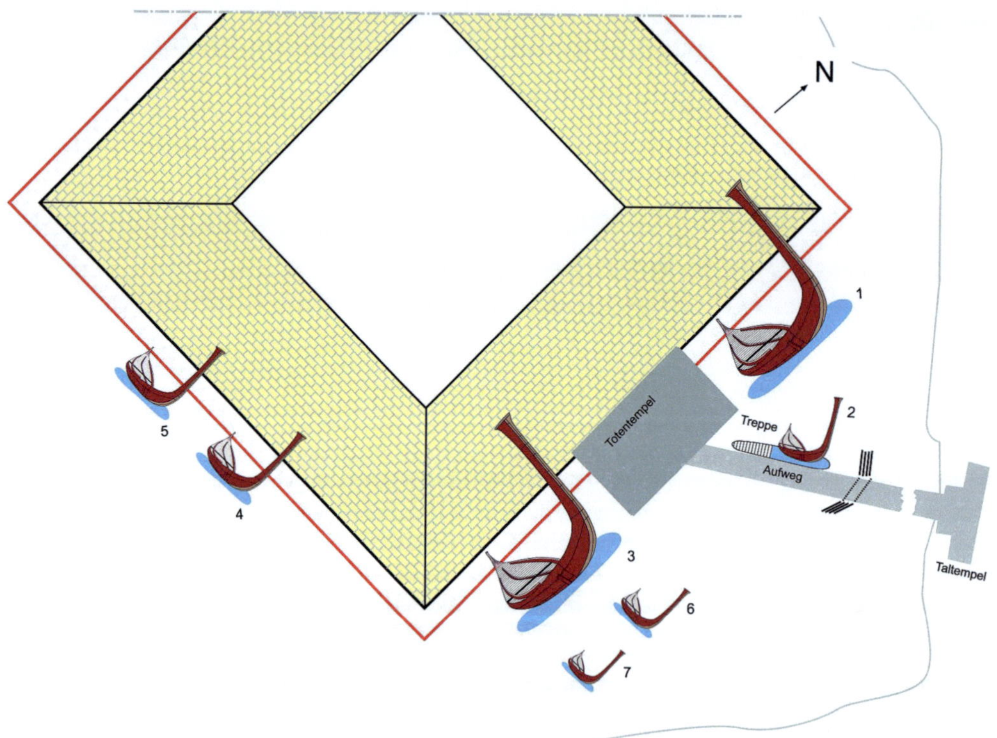

Abb. 83 Schema, ***7 SCHIFFE SCHWIMMEND IN 7 SCHIFFSGRUBEN***
– nach der Idee des Autors

– die 5 Schiffsgruben des Cheops (Nr. 1, 2, 3, 4 und 5)
– einschließlich der 2 Schiffsgruben an den Königinnen-Pyramiden (Nr. 6 und 7)

3.3.3 Die „Barkentheorie" – Hubarbeit durch Wasserkraft und „Schiffsgewicht"

Geht man über das Giza-Gelände, vorbei an den Schiffsgruben Nr. 1, 2, 3, 6, 7 und weiter zu Nr. 4 und 5 (Abb. 21 und 23), so gehört nur ein wenig Fantasie dazu, sich in den Gruben auch die passenden Schiffe vorzustellen (Abb. 83 und 86). Beispielhaft für alle sieben Boote sei die Barke des Cheops, die wir aus dem Bootsmuseum in die Grube Nr. 3 verlegen und dort schwimmen lassen. Natürlich gehört zu diesem Gedankenspiel auch die Reparatur der zurzeit aufgequollenen Planken, denn im jetzigen Zustand wäre die Barke natürlich nicht schwimmfähig (Abb. 47).

Die zunächst etwas abstrakte Idee, das Königsschiff in die Grube Nr. 3 zu verbringen, erscheint in diesem Moment mehr als realistisch zu sein. So wäre es auch heute, im Jahre 2010 durchaus möglich, die schwimmfähige Barke in das Wasser der Grube Nr. 3 zu verlegen

– ein unerhört spannender Gedanke!

Zudem wäre die praktische Durchführung dieses Schrittes auch gleichzeitig eine Bestätigung für das Tun der alten Baumeister vor nunmehr 4600 Jahren.

Hier, an der Grube Nr. 3 war aufgrund der Möglichkeiten, das Königsschiff vertikal nach oben aufschwimmen zu lassen und auch wieder abzusenken, ein für die damaligen Verhältnisse übergroßes

SCHIFFSHEBEWERK entstanden.

Um aus dem Schiffshebewerk eine **MASCHINE** – ein **STEINHEBEWERK** – zu bauen, sind noch einige wesentliche Ergänzungen zu installieren (Abb. 84):

- der Hebebalken (Längsbalken) entlang der Schiffsmitte (10), getragen von Hebebalken-Stützen (12 b)
- 12 Hebelbalken (7, 15), drehbar gelagert auf einer Stützmauer (3, 14)
- 20-30 dicke Zugseile (8), durchgezogen unter dem Bootskörper (1), weitergeführt über den Hebebalken und leicht vorgespannt.

Das **Befüllen** der Schiffsgrube geschah damals sehr einfach über Wasserventile (Abb. 85 Nr. 20) direkt aus einem Kanal heraus, der unmittelbar neben der Grube verlief (Abb. 85 Nr. 6). Das entnommene Wasser wurde durch Wasserträger problemlos ersetzt.

Das **Leeren** der Grube gestaltete sich dagegen schwieriger. Dazu war der Einsatz von vielen Arbeitern erforderlich, die das Wasser ausschöpften. Die Geschwindigkeit des Absenkens des Königsschiffes zum Zwecke des Hebens von Monolithen war abhängig von der Anzahl der Arbeiter, die am Grubenrand Platz fanden. Hilfreich mag auch die von den Schiffsbaumeistern vorgesehene Möglichkeit des Entfernens von Bug- und Heckteil der Barke gewesen sein.[29] So fanden Arbeiter mit ihren an Seilen hängenden Schöpfeimern weitere Arbeitsflächen am Grubenrand vorn und hinten. Zusätzliche Schöpfkräfte mögen erhöht auf Stellagen über dem vorderen und hinteren Grubenbereich platziert worden sein.

In Abb. 85 wird die Anordnung der wesentlichen Bauteile des Hebewerkes Nr. 3 zum besseren Verständnis noch einmal mit Hilfe eines Modell-Schiffes dargestellt – hier: Knickspant im Gegensatz zum „Rundspant" des Cheops-Schiffes.

Das Zusammenfügen von Hebebalken (10), Hebelbalken (15) und Zugseilen (13) mit dem Königsschiff führt zu einer **mechanischen Vorrichtung,** nach der Pyramidenfachleute vieler Nationen seit Jahrhunderten suchen – die Suche hat nunmehr ein Ende, denn hier ist sie:

Die STEINHEBEMASCHINE für die Monolithe des Cheops!

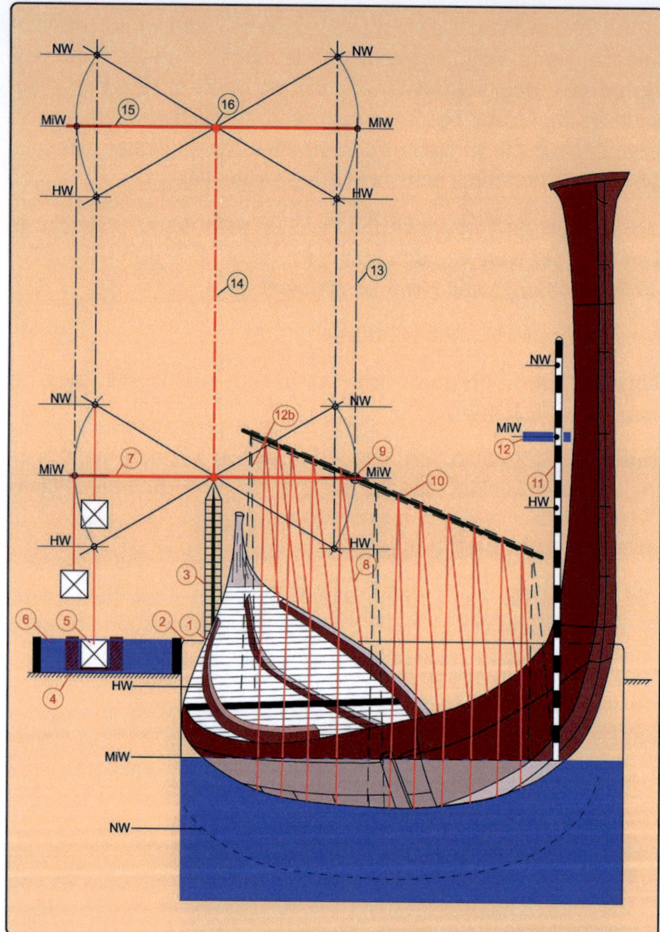

Bildunterteil

1	*„Hebeschiff“*
2	*Schiffsgrube*
3	*Stützmauer mit Auflager*
4	*Steintransportschiff*
5	*Steinquader (Monolith)*
6	*Kanal*
7	*Hebelbalken*
8	*Zugseile*
9	*Lager zwischen Längsbalken und Hebelbalken*
10	*Hebebalken (Längsbalken)*
11	*Messstab mit Fuß-, Hand-, und Fingermaßen (Längen maße AR)*
12	*Niveaumesspunkt (vgl. Abb. 29)*
12b	*Hebebalken-Stütze*

Bildoberteil

Hebelbalken 20, 30 oder gar 40 m über dem Hebeschiff angeordnet

13	*Zugseile*
14	*Stützmauer mit Auflager*
15	*Hebelbalken*
16	*Drehpunkt des Hebelbalkens*

HW	*Höchster Wasserstand*
MiW	*Mittlerer Wasserstand*
NW	*Niedrigster Wasserstand*

Abb. 84 Schema, ***BARKE DES CHEOPS*** *und* ***SCHIFFSGRUBE NR. 3*** *als* ***STEINHEBEWERK*** *für* ***MONOLITHE***

hier: – von 12 Hebelbalken ist zugunsten der Übersichtlichkeit nur einer eingezeichnet, Kraftarm : Lastarm = 1:1

– Nummern dieser Bildbeschreibung gelten auch für Abb. 85

Abflusslöcher, wie in den Schiffsgruben des Pharao Unas in Sakkara (Abb. 37 und 38) hätten natürlich den Vorgang des Schiffabsenkens und damit des Steinehebens beschleunigt. In den Gruben des Cheops waren aber nach Überprüfung per Augenschein in Bodennähe keine Wasserablässe zu erkennen. – **Oder sind vorhandene Wasserablässe im Laufe der Jahrhunderte zugemauert worden und deshalb heute unbekannt?** (In der Fachliteratur keine Hinweise gefunden)

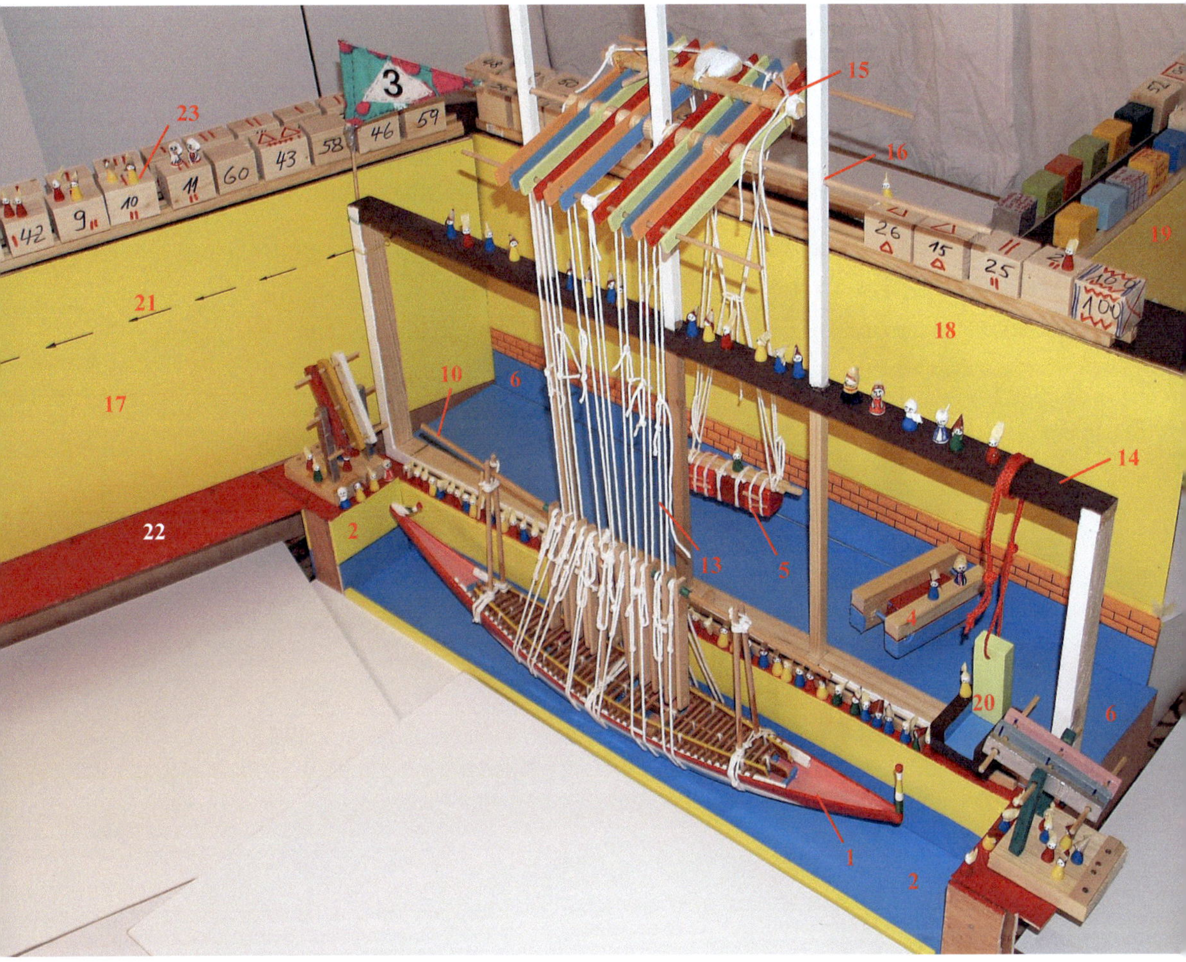

Abb. 85 Modell im Maßstab 1:58 (nach Abb. 84), ***BARKE DES CHEOPS*** *und* ***SCHIFFSGRUBE NR. 3*** *als* ***STEINHEBEWERK*** *für* ***MONOLITHE***

Angaben bezogen auf die Wirklichkeit des Pyramidenbaus:

- *Barke des Cheops hebt einen Granit-Monolithen mit 53 t Gewicht*
- *Gewicht des „Hebeschiffes" ≈ 100-120 t, Ballast ist Wasser*
- *12 Hebelbalken – Kraftarm : Lastarm = 1:1*
- *60 von insgesamt 120 Pyramidenarbeitern (Puppen, zum Größenvergleich zwischen Mensch und Maschine) auf der Backbord-Schiffsseite und zwei Maschinen des Cheops, platziert an den Grubenenden, zum Ausschöpfen des Grubenwassers*

- *17, 18 und 19 — 20 m hohe Transportdämme (Lage nach Abb. 118) mit leichter Neigung zur Pyramide hin für Transport und Zwischenlagerung der Monolithe*
  - *Heben auf Dammhöhe in Stufen (siehe Abb. 180)*
- *20 — Wasserzulaufventil vom Kanal zur Schiffsgrube*
- *21 — Transportrichtung für die Monolithe in die Pyramide hinein*
- *22 — Niveauhöhe des Giza-Plateaus (Rot)*
- *23 — Zwischengelagerte Monolithe*

- *Anmerkung zum Modell: Bootsgrube (2), Stützmauer für Hebelbalken (14) und Kanal (6) vorn offen zur Darstellung der Gesamtfunktion des Steinhebewerkes*

War die Technik des Ausschöpfens von Wasser einerseits mühsam, so war sie andererseits wiederum auch **genial**: **Ausschöpfen vieler kleiner Wassermengen – vielleicht 8-10 Liter pro Mann und Eimerhub – bewirkten das Heben der heute bekannten - 100 Megasteine mit bis zu 60 Tonnen Gewicht.**

Zusätzlich hatte man an den Enden der Schiffsgruben je eine Steinhebemaschine (Abb. 193) platziert. Mit ihnen schöpfte man etwa 5,4 Tonnen Wasser pro Hub. Dazu hatte man „Hebeschiffe" (Abb. 187 und 188) zu Wasserbehältern – versehen mit großen Ventilen für Wassereintritt und Wasseraustritt – umfunktioniert. Das entnommene Grubenwasser floss den Häfen des Cheops/Chephren zu.

Nach **Überschlagsrechnung,** ohne Berücksichtigung der Zugseildehnung, ergibt sich folgende

a) Wassermenge pro Hebewerk in Litern für einen **1-Meter-Megalithenhub pro Tag**
b) Gesamtarbeitszeit in Tagen für zwei Hebewerke, die insgesamt 100 Megalithe auf die Dammhöhe von 20 Metern heben:

zu a)	**Grubenvolumen:**	530 dm · 70 dm · 10 dm	=	371.000 l
	120 Arbeiter:	120 · 10 l/Hub · 20 Eimer/Std. · 12 Std./Tag	=	288.000 l/Tag
	2 Hebemaschinen:	2 · 5400 l/Std. · 12 Std./Tag	=	129.600 l/Tag
zu b)	**2 Hebewerke:**	50 Monolithe/Hebewerk · 20 Tage	=	1000 Tage

Anmerkung:
Die eigentliche Hebezeit für die 100 Monolithe betrug demnach insgesamt etwa 3 Jahre – wobei die Arbeiter das Wasser im Akkord ausschöpften und regelmäßig abgelöst wurden. Während die ersten Riesensteine verbaut wurden, konnten parallel dazu die übrigen gehoben werden. Eine Zwischenlagerung der Schwergewichte war außerhalb der Pyramide auf den Transportdämmen (Abb. 85 Nr. 17, 18 und 19) möglich, ohne den Baubetrieb im Inneren der Pyramide zu stören.

Ergänzend ein Überblick über die **sieben Hebewerke des Cheops** – Lage nach Abb. 23.

Bootsgruben	**Name der Barken**	**Größe der Barken** Länge x Breite in Metern
Grube Nr. 1	Barke Nr. 1 Schwesternschiff der „Königsbarke"	43,40 x 5,90 (Vermutung des Autors: gleiche Größe wie die „Königsbarke")
Grube Nr. 2	Barke Nr. 2	20,0 x 3,70
Grube Nr. 3	Barke Nr. 3 „Königsschiff des Cheops"	43,40 x 5,90
Grube Nr. 4	Barke Nr. 4	28,0 x 2,30 oder 2 Schiffe à 13 x 2,30
Grube Nr. 5	Barke Nr. 5	28,0 x 2,30 (vermutlich gleiche Größe wie Nr. 4)
Grube Nr. 6	Barke Nr. 6	18,0 x 3,80
Grube Nr. 7	Barke Nr. 7	14,0 x 1,60

Abb. 86 (Tabelle) Lage und Größe der Barken in den sieben Schiffsgruben des Cheops (Abb. 21, 23 und 83) [30]

3.3.4 Die Maschinen des Herodot – wiedergefunden in seinen Historien

In meinen folgenden Ausführungen werde ich zum Thema Herodot-Maschinen folgende Schwerpunkte setzen:

- Umsetzung einfacher Ideen für Steinhebewerke
- Gleichgewichtsbedingungen für Hebelwirkungen
- Das Hebeprinzip des ägyptischen Schaduf-Wasserschöpfwerkes
- Hebewerk und Hydrostatik.

Wie sahen die Maschinen des Herodot aus? Dies ist eine der millionenfach gestellten Frage zum ägyptischen Pyramidenbau. Die Antwort wurde eigentlich bereits in ganz wesentlichen Teilen bei der Beschreibung des Steinhebe-Werkes für die Monolithe mit Hilfe des Königsschiffes gegeben (Abb. 84 und 85). Es ist nur noch erforderlich, wiederum auf die Stimme von G. Goyon zu hören und seinen uns bereits bekannten „Pyramidensatz" zu wiederholen:

„Wer das Schwere kann, der kann auch das Leichte."

Daraus ergibt sich als Konsequenz:
Behält man das bereits beschriebene Hebeprinzip für 60 Tonnen-Blöcke bei, so ist in Anlehnung an die Aussage G. Goyons lediglich eine Transferleistung vom **Großen** auf das **Kleine** zu vollbringen. Es handelt sich in diesem Falle wiederum nicht einmal um eine herausragende geistige Leistung. – Denn wer eine riesige Steinhebemaschine für 60 Tonnen-Gewichte bauen kann, ist auch ganz sicher in der Lage, eine „kleine" für 2,5 Tonnen-Blöcke zu erstellen.

Sollten wir modernen computerverwöhnten Menschen von heute damit Probleme haben – die alten Baumeister hatten sie gewiss nicht!

Einen ganz eindeutigen Beleg für die Richtigkeit dieser Annahme liefert der griechische Historiker Herodot. Es ist zwar zutreffend, dass seine Aufzeichnungen aus einer Zeit stammen, die bereits über 2000 Jahre nach dem Bau der Cheops-Pyramide liegt und aus diesem Grund auch nur bedingt als Beweis herangezogen werden können. Allerdings ist Herodot 2500 Jahre vor uns heutigen Menschen an der Großen Pyramide gewesen. Er hat noch die intakte Außenverkleidung, möglicherweise sogar das verlorengegangene Pyramidium gesehen. Es ist anzunehmen, dass er die fein geschliffenen Kalkstein-Blöcke am Pyramidenmantel mit seinen Händen berührt hat, genau so wie die herrlichen Reliefs im Aufweg zwischen Taltempel und Pyramide – hiervon hat er selbst berichtet. Vielleicht ist Herodot sogar in der Königskammer auf 43 Meter Pyramidenhöhe gewesen.

Stellen Sie sich einmal vor, lieber Leser, Sie spüren beim Besuch der Grabkammer nicht nur die „Gegenwart" von Napoleon aus dem Jahre 1798, sondern auch die des berühmten Griechen aus einer Zeit, die 2,5 Jahrtausende vor unserer heutigen Zeit liegt. Im Gegensatz zu Herodot ist es überliefert, dass der französische Kaiser während seines Ägyptenfeldzuges tatsächlich in der Grabkammer des Cheops war.

Mich persönlich erfasst regelmäßig ein sehr erhebendes Gefühl, sobald ich mich in der Kammer befinde – trotz der Ungewissheit, ob Herodot tatsächlich jemals diesen Raum durchschritten hat.

Cheops

Chufu

„Er beschützt mich"

Chephren

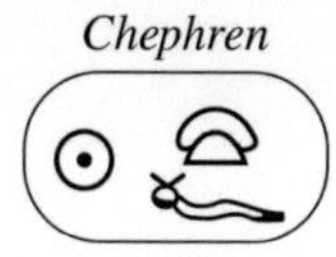

Chafre

„Er erscheint wie Re"

Mykerinos

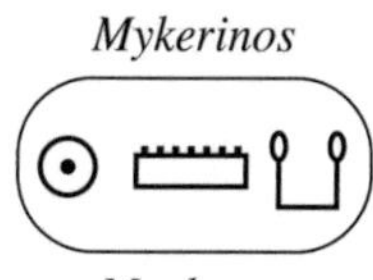

Menkaure

„Mit bleibenden Ka-Kräften, ein Re"

Abb. 87 Schema, Namensbezeichnungen der Pharaonen durch die Griechen: Cheops, Chephren und Mykerinos

ägyptisch durch bildhafte „Kartuschen": Chufu, Chafre und Menkaure

Bei dem Gedanken an Napoleon empfinde ich natürlich nicht das gleiche. In diesem Falle beschleicht mich jedes Mal ein Gefühl von Traurigkeit – eigentlich ganz passend zum Raum des Todes. Jemand der Millionen Müttern die Söhne entriss, um sie in einen völlig sinnlosen Tod zu hetzen, steht für mich nicht auf einer erhöhten Stufe, so wie der Geschichten- und Geschichtsschreiber Herodot. Nicht einmal der Titel „Kaiser" vermag es, mich in diesem Falle umzustimmen.

Herodot hat uns aus seiner Zeit – etwa 450 v. Chr. – viel interessantes, aber auch allgemeines Wissen hinterlassen. Bezogen auf seinen Besuch an den Pyramiden äußert er sich aber sehr speziell, wobei er seine Informationen wohl überwiegend von den damaligen Priestern erhielt.

Zunächst ordnet er die drei Pyramiden auf Giza (Abb. 5) den Pharaonen Cheops, Chephren und Mykerinos zu (Abb. 87). Danach nimmt er Stellung zum eigentlichen Pyramidenbau. Als einziger Mensch aus der Antike teilt er uns mit, wie es die alten Baumeister machten.

Einerseits ist seine Baubeschreibung nicht sehr umfassend, andererseits macht er speziell zur Methodik des „Bewegens" der Steinblöcke innerhalb der Pyramide erstaunlich detaillierte Angaben: „**125** (1) Gebaut wurde diese Pyramide so: In der Art von Treppen oder wie das, was manche Absätze, andere Altarstufen nennen, (2) in dieser Art also machten sie diese dann zuerst, hoben die weiteren Steine mit Hebewerken hinauf, die aus kurzen Balken gemacht waren, wobei sie sie vom Boden auf den ersten Absatz der Stufen hoben. (3) Wenn dann ein Stein hochgehoben war, wurde er auf ein anderes Hebewerk gelegt, das auf der ersten Stufe stand, und von dieser Stufe wurde der Stein auf die zweite Stufe mit dem weiteren Hebewerk gehoben. (4) Wie viele Stufen der Absätze es waren, so viele Hebewerke waren es auch; oder aber es war immer dasselbe Hebewerk – ein einziges, gut transportables –, das sie auf jede Stufe hoben, nachdem sie den Stein weggenommen hatten; […] (5) Fertig gestellt wurde zuerst das Oberste, dann führten sie das jeweils Anschließende aus, zuletzt führten sie das am Boden und das Unterste aus." [31]

Nunmehr haben wir Menschen des 21. Jahrhunderts aufgrund der 2500 Jahre alten Beschreibung des Historikers eine gewisse Vorstellung davon, wie die Pharaonen vor nunmehr 4600 Jahren ihre Pyramiden bauten:

DEMNACH ERRICHTETE CHEOPS DIE GROSSE PYRAMIDE MIT HILFE VON HEBEWERKEN.

Die Beförderung der Steinblöcke in Richtung Pyramidenspitze erfolgte laut Herodot im Wesentlichen mit Hilfe von Maschinen und nicht über Rampen.

In Anlehnung an das Arbeitsprinzip der Steinhebemaschinen bis 60 Tonnen Gewicht darf auch für die **„Maschine des Herodot“** das Heben über Hebelbalken angenommen werden. Gleicher Meinung sind auch viele Autoren, die sich mit dem Pyramidenbau befassen.

Man hat zwar den Gedanken des Baus über Stufen oder Treppen in Anlehnung an Herodot weiterverfolgt, **doch überall fehlt bei den vorgestellten „Maschinen“ der geeignete Antrieb.** Ein Maschinengestell mit einem gelagerten beweglichen Hebel ist eigentlich ein „toter Gegenstand“. Eine „lebendige Maschine“ entsteht erst in dem Moment, in dem eine Kraft den Hebel an der einen Seite nach unten bewegt (Kraftarm) und damit an der anderen Seite ein Gewicht vertikal nach oben gehoben werden kann (Lastarm).

Dass die alten Baumeister die Hebelgesetze kannten, darüber ist man sich allgemein einig. Denjenigen, die den alten Ägyptern dieses Wissen dennoch absprechen oder es anzweifeln, sei das „Spiel der Kinder“ vor Augen geführt:

Beispiel a)

4 Kinder mit jeweils 20 Kilogramm Körpergewicht (G_1 - G_4) vergnügen sich auf einer Wippe.

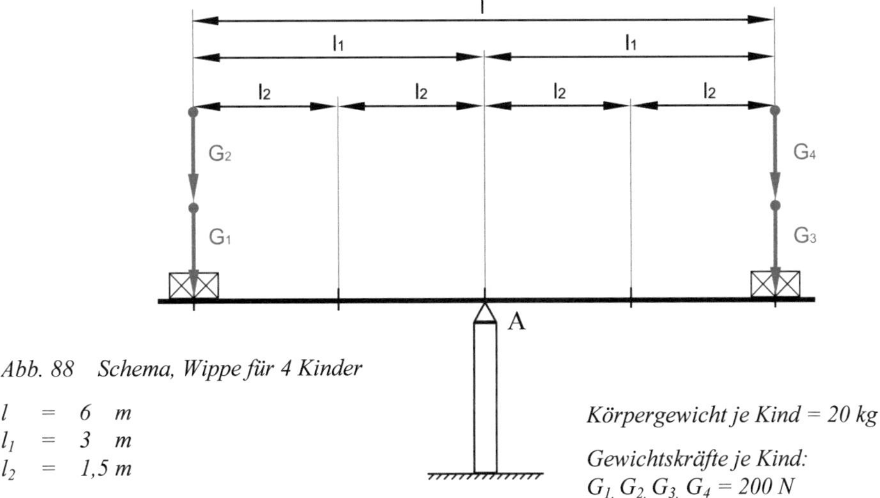

Abb. 88 Schema, Wippe für 4 Kinder

$l = 6\ m$
$l_1 = 3\ m$
$l_2 = 1{,}5\ m$

Körpergewicht je Kind = 20 kg

Gewichtskräfte je Kind:
$G_1, G_2, G_3, G_4 = 200\ N$

(Die Steinquader auf der Wippe sollen das Gewicht der Kinder andeuten)

Auf einem Balken (Wippe) mit gleichlangen Hebelarmen wippen

- 4 Kinder
- 2 Kinder (40 kg) sitzen links
- 2 Kinder (40 kg) sitzen rechts.

Ergebnis:

Es lässt sich hervorragend wippen, weil links und rechts vom Drehpunkt wegen gleich langer Hebelarme und gleicher Kräfte gleiche Drehmomente vorliegen – es herrscht Gleichgewicht:

$$\Sigma M_A = 0 \quad \text{(Summe aller Momente gleich Null)}$$

Beispiel b)

Auf derselben Wippe sitzt 1 Kind links (20 kg) auf einem doppelt so langen Hebelarm (2 l_2) wie 2 Kinder rechts (40 kg) auf dem Hebelarm (l_2).

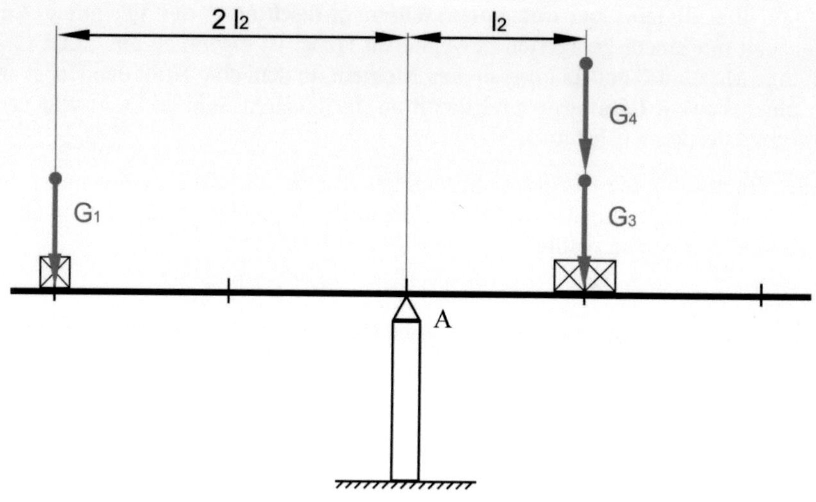

Abb. 89 Schema, Wippe für 3 Kinder
rechter Hebelarm (l_2) = 1,5 m
linker Hebelarm ($2l_2$) = 3,0 m

Ergebnis:
Man kann auch hier unbeschwert wippen, denn auch in diesem Falle herrscht Gleichgewicht:

$\sum M_A = 0$ (Gewicht des Hebelbalkens und Reibung im Auflager sind nicht berücksichtigt)

Entsprechend dem Wunsch, schwere Steine zu heben, konnten die alten Baumeister die Erkenntnisse aus dem „Spiel der Kinder" für den Pyramidenbau nutzen!

Als Leser werden Sie vielleicht anmerken, dass das simple „Beispiel der Kinderwippe" eigentlich nichts Besonderes ist. Doch übertragen von heute auf die Zeit des Cheops vor nunmehr 4600 Jahren, mag dieser Gedanke ein ganz anderes Gewicht gehabt haben. – Hat möglicherweise das „Spiel der Kinder" eine geradezu revolutionäre Entwicklung für den damaligen Pyramidenbau eingeleitet? Revolutionär, wie auch die Erfindung des Feuers der Steinzeitmenschen für die weitere Entwicklung der gesamten Menschheit.

War es eventuell der geniale Baumeister Imhotep (Abb. 11), der zu Zeiten von Pharao Djoser im Rahmen des Baus eines Grabmales für seinen Herrn, ausgehend vom Prinzip der Kinderwippe, eine Technologie entwickelte, die erst den Pyramidenbau möglich machte?

Hat vielleicht Imhotep durch das Absenken eines 3,5 Tonnen schweren Granitpfropfens (Abb. 90) zum Zwecke des Verschließens von Djosers Grabkammer den Pyramidenbau eingeleitet?

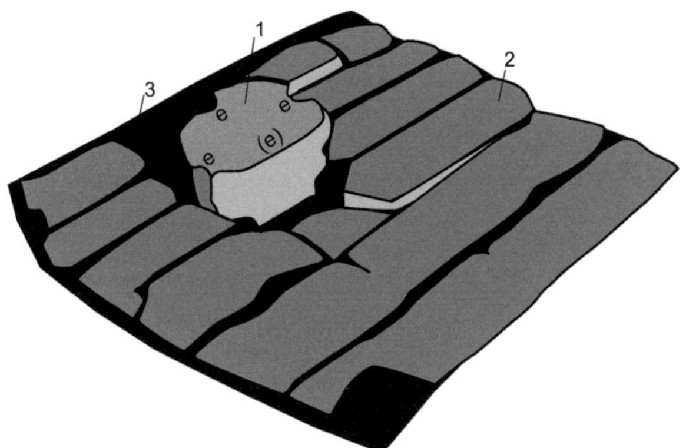

Abb. 90 Schema, Verschlusspropfen aus Stein (ca. 3,5 t Gewicht) für das Grab von Djosers Stufenmastaba in Sakkara (Abb. 6)
– nach Prof. R. Stadelmann

1 Granitpfropfen e Aussparungen für Zugseile
2 Steinplatten (e) Aussparung nicht mehr vorhanden
3 Grabraum

Prof. R. Stadelmann spricht in diesem Zusammenhang davon, dass möglicherweise so etwas wie ein Flaschenzug im Einsatz gewesen sein könnte oder zumindest etwas Ähnliches.[32]

Es ist durchaus denkbar, dass Imhotep bereits zu Djosers Zeiten eine der Kinderwippe nachempfundene einfache Maschine benutzt hat. Einen echten Flaschenzug kannte man wohl nicht, zumindest ist bis zum heutigen Tage kein Exemplar nachgewiesen.

Aber ein Absenken über einen Umlenkstein (Abb. 63) mit Hilfe von Stricken dürfte durchaus angenommen werden. Sollten am anderen Seilende z. B. Arbeiter gezogen haben, um das Steingewicht langsam herabzulassen, so gäbe man uns als Konsequenz eine erste **Pyramidenbau-Maschine** zur Kenntnis – in diesem Fall eine **Steinabsenk-Maschine.**

Bei den etwa 150 Pyramidenbau-Vorschlägen, die bisher von Autoren vorgelegt wurden, ging es aber in der Regel um das Heben der Bausteine – niemals um das Absenken oder Absetzen. Demnach ist es auch nicht verwunderlich, dass man bei den vorgestellten „Maschinen" das Hebelprinzip einsetzt. So sieht man auch bei namhaften Autoren vielfach „Trauben" von Arbeitern an der einen Seite des Hebelbalkens hängen, um auf der gegenüberliegenden Seite den gewünschten Steinhub zu erzeugen (Abb. 93 und 94).

Als Hilfsmittel wird immer wieder der ägyptische Schaduf herangezogen, obwohl eigentlich allen Beteiligten bekannt ist, dass der Schaduf erst seit etwa 1550 v. Chr. (Neues Reich)[33] nachgewiesen ist.

Die Problematik des Schaduf-Prinzips bei Cheops verhält sich wohl ganz ähnlich wie die Nutzung des pythagoräischen Lehrsatzes und der Gesetze der Hydrostatik (Auftrieb):

- Der Schaduf ist ein Wasserhebegerät, das erstmals etwa 1000 Jahre nach Cheops als solches auftaucht ~ $G_1 \cdot l_1 = G_2 \cdot l_2$ (Abb. 91 und 92).
- Die Gesetzmäßigkeit am rechtwinkligen Dreieck wurde von dem Griechen Pythagoras etwa 2000 Jahre nach Cheops aufgeschrieben als „Satz des Pythagoras" – das Quadrat über der Seite, die dem rechten Winkel gegenüberliegt entspricht der Summe der beiden Quadrate über den Schenkeln, die am rechten Winkel liegen (Kathetenquadrate), allgemein: $c^2 = a^2 + b^2$.
- Die Gesetzmäßigkeit der Hydrostatik beschrieb der Grieche Archimedes etwa 2300 Jahre nach dem Bau der Cheops-Pyramide mit: Ein in Wasser schwimmender Körper wird scheinbar leichter um das Gewicht, welches er an Wasser verdrängt – das „Archimedische Prinzip".

Abb. 91 Ägyptischer Schaduf – Wasserschöpfwerk, erstmals nachgewiesen um 1550 v. Chr. hier: – Doppel-Schaduf – jedes Schöpfwerk arbeitet unabhängig vom anderem

Es ist unbestritten, dass sowohl

- das Hebelgesetz wie z. B. am Schaduf,
- die Verhältnisse am rechtwinkligen Dreieck wie beim Lehrsatz des Pythagoras und
- der Auftrieb fester Körper in Wasser wie beim Archimedischen Prinzip

aus der Zeit des Pyramidenbaus auf Giza vielfach nachgewiesen sind.

Es war deshalb nicht notwendig auf den ägyptischen Schaduf, den Lehrsatz des Pythagoras und das Archimedische Prinzip zu warten.

Die alten Baumeister kannten und beherrschten alle 3 Gesetzmäßigkeiten und verwendeten sie vielfach.

An dieser Stelle bedarf es einiger Anmerkungen zur Funktion des Schadufs, weil gerade diese hebelartige Apparatur in ganz erheblichem Umfang von Fachautoren für den Nachweis ihrer Theorien zum ägyptischen Pyramidenbau herangezogen wird:

- Der Schaduf gilt allgemein als ägyptische Erfindung. Er wird damals wie auch heute eingesetzt, um Wasser von einem niedrigeren Niveau auf ein höheres zu verbringen.
- Der dargestellte Schaduf (Abb. 91) ist für mich das schönste Exemplar, das ich jemals sah. Sehr einfach, geradezu ärmlich gebaut, präsentiert sich dieser Apparat zunächst gar nicht als das von mir mit **genial** bezeichnete Wasserhebegerät.

  Nach Auskunft von Frau Prof. Dr. Karen Carr (Portland State University) ist das Foto bereits über 83 Jahre alt. Wir dürfen uns deshalb glücklich schätzen, damit ein historisches Beweisstück für uralte ägyptische Hebetechnik mit den dazugehörenden Menschen, den Bedienungskräften, zu sehen.
- Das Foto ist damit ein Zeitzeuge von damals, vergleichbar den Fotografien, die die Nilüberschwemmung bis an die Pyramiden heran zeigen.

Nunmehr einige Anmerkungen zu der Darstellung auf dem schönen Bild:

- Man hat den Eindruck, als müssten die beiden „Facharbeiter“ im jeweiligen Einklang tätig sein. Bei dieser Betrachtungsweise unterliegt man aber einer optischen Täuschung. Obwohl es sich in diesem Falle um einen Doppel-Schaduf handelt, sind beide Hebelbalken einzeln aufgehängt und können somit auch unabhängig voneinander betätigt werden.
- Ob nun einzeln oder als Mehrfach-Schaduf gebaut, hatten sie neben ihrer beschriebenen Funktion eine weitere Gemeinsamkeit – die Geräusche, die sie unverkennbar als Schöpfwerke von sich gaben. Ächzend und knackend soll man sie früher zu tausenden auf den Äckern gehört haben. Bei diesen beiden ist das aber anders, denn wegen der Lagerung in Seilen dürfte man sie akustisch wohl kaum wahrgenommen haben.

Die äußerst primitiven Einzelbauteile lassen zunächst nicht erkennen, dass man uns hier eine ganz ausgefeilte Technik zum **Heben** und **Verteilen** von Wasser präsentiert:

- Der längere Teil des Hebelbalkens besteht offenbar aus zwei zusammengesetzten Teilen, hier hängt der Schöpfeimer an einer langen Holzstange.
- Am Ende des kürzeren Hebels ist ein Lehmgewicht befestigt.
- Der Hebelbalken kann im Auflager, das aus einer Seilöse besteht, auf und ab bewegt werden.

- Der Hebelbalken lässt sich im Auflager verschieben, was zu einer Veränderung der Länge von Kraftarm und Lastarm führt.
- Die Höhe des Schaduf-Hubes lässt sich durch Anheben und Absenken des Auflagers verändern – mittels Vergrößern oder Verkleinern der Seilöse.
- Mit Hilfe der angeführten Maßnahmen könnte man das Gerät auch einem kleineren oder größeren Schöpfeimer anpassen und damit auch die Körperkraft eines stärkeren oder schwächeren, größeren oder kleineren Arbeiters berücksichtigen.

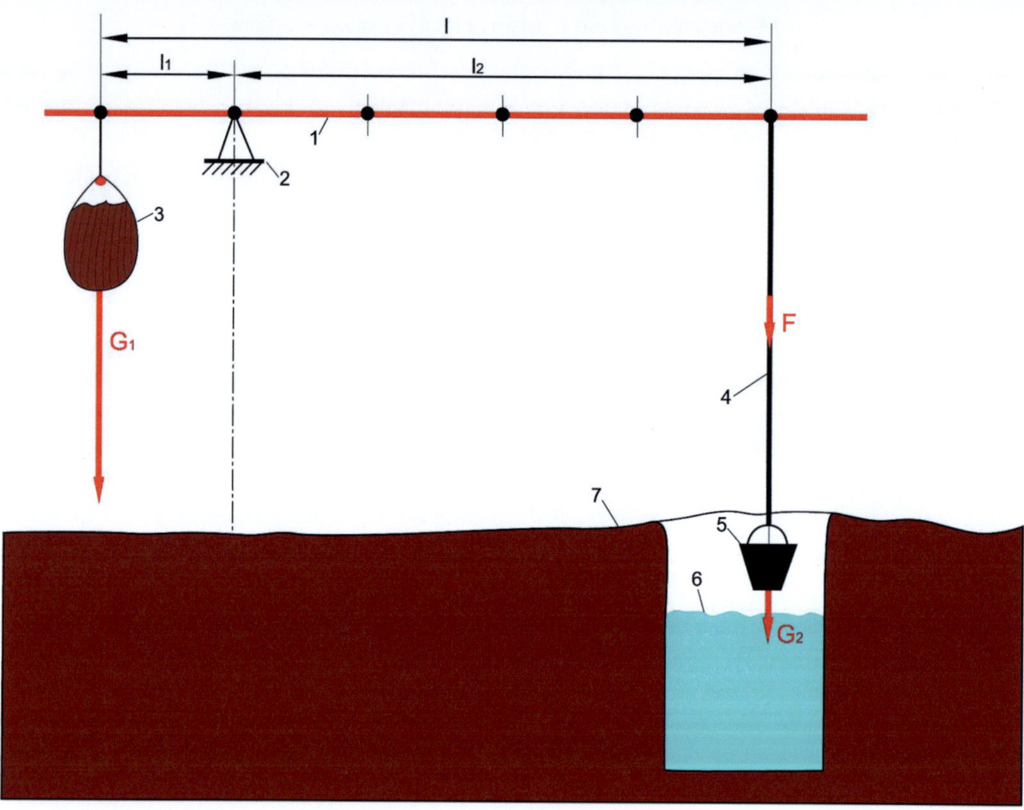

Abb. 92 Schema, ***ÄGYPTISCHER SCHADUF*** *– Umzeichnung nach Abb. 91*

1	*Hebelbalken*	G_1 = *Gewichtskraft des Lehmgewichtes (800 N)*
2	*Auflager*	G_2 = *Gewichtskraft des geschöpften Wassers (200 N)*
3	*Lehmgewicht*	m_1 = *Masse des Lehmgewichtes (80 kg)*
4	*Zugstange*	m_2 = *Masse des geschöpften Wassers (20 kg)*
5	*Wasserschöpf-Eimer*	F = *Zugkraft des Arbeiters (200 N)*
6	*Brunnenwasser*	l = *Hebelbalken des Schadufs (5 m)*
7	*Niveauoberkante*	l_1 = *Lastarm (1 m)*
		l_2 = *Kraftarm (4 m)*

Grundsätzlich kann bei der Beschreibung des Arbeitsprinzips aller Schadufe (englisch Shaduf, manchmal auch Shaduff) von folgenden Voraussetzungen ausgegangen werden:

Aufbau:

- Am längeren Teil des Hebelbalkens (l_2) hängt an einer Holstange der Schöpfeimer.
- Am kürzeren Teil des Hebelbalkens (l_1) ist in der Regel ein Lehmgewicht befestigt.

Arbeitsbedingung:

- Das Lehmgewicht hebt „im Wesentlichen“ den gefüllten Wassereimer.
- Der Arbeiter wird entlastet.

Mit Hilfe einer groben Schätzung (Augenmaß) werden die Verhältnisse aus Abb. 91 auf das Schema Abb. 92 übertragen.

Anmerkung:
Gewicht der Zugstange, des Schöpfeimers und die Reibung im „Auflager“ werden zugunsten übersichtlicher Darstellung nicht berücksichtigt.

Für den ägyptischen Schaduf gibt es zwei Belastungsfälle – Absenken und Heben.

Für die beiden möglichen Belastungsfälle gilt:

a) Absenken des leeren Schöpfeimers

$$F \cdot l_2 = G_1 \cdot l_1$$

$$F \cdot 4\,\text{m} = 800\,\text{N} \cdot 1\,\text{m}$$

$$F = 200\,\text{N}$$

Ergebnis:
Die aufzuwendende Zugkraft F am langen Hebelarm (Kraftarm) beträgt nur etwas mehr als 200 N, um den Schöpfeimer vertikal nach unten zu bewegen. Dem Arbeiter kommt dabei zugute, dass er sein Körpergewicht mit einsetzen kann – **Ziehen ist einfacher als Heben.**

b) Heben des mit Wasser gefüllten Schöpfeimers

Beachte:
An einem ägyptischen Schaduf soll bei vollem Schöpfeimer Gleichgewicht herrschen.

$$G_2 \cdot l_2 = G_1 \cdot l_1$$

$$200\,\text{N} \cdot 4\,\text{m} = 800\,\text{N} \cdot 1\,\text{m}$$

$$800\,\text{N} = 800\,\text{N}$$

Ergebnis:
Am Hebelbalken des Schadufs herrscht Gleichgewicht $\sum M = 0$.

Ein Lehmgewicht von 80 kg ist dafür verantwortlich, dass ein Wassergewicht von 20 kg vertikal nach oben befördert wird. Die Mithilfe des Arbeiters ist minimal.

Zusammenfassung:
Bezogen auf den Schaduf darf wohl davon ausgegangen werden, dass dieses Gerät erstmals um 1550 v. Chr. als Wasserschöpfwerk eingesetzt wurde. Es ist aber Lehrmeinung, dass die Anwendung von Hebeln und Hebelkräften, wie am Schaduf gesehen, bereits im AR bekannt war und auch tausendfach zum Einsatz kam.

„Im Prinzip lässt sich jede Last mit einer wesentlich kleineren anheben, wenn der Hebelarm lang genug ist. Wie aber funktionierte dieses beim Bau der Pyramiden? Welcher Kraft bedienten sich die alten Ägypter, um den Hebel in Bewegung zu setzen?"

Wo war die gesuchte Kraftquelle? Nur mit Hilfe eines Hebels auf einem Holzgestell aus kürzeren Balken konnte man natürlich keine Pyramiden bauen. Auch Menschen, wie man sie vielfach in Büchern zum Pyramidenbau herumturnen sieht, waren sicher nicht im Stande, mit Hilfe ihrer Körpergewichte den erforderlichen Maschinenantrieb dauerhaft bereitstellen.

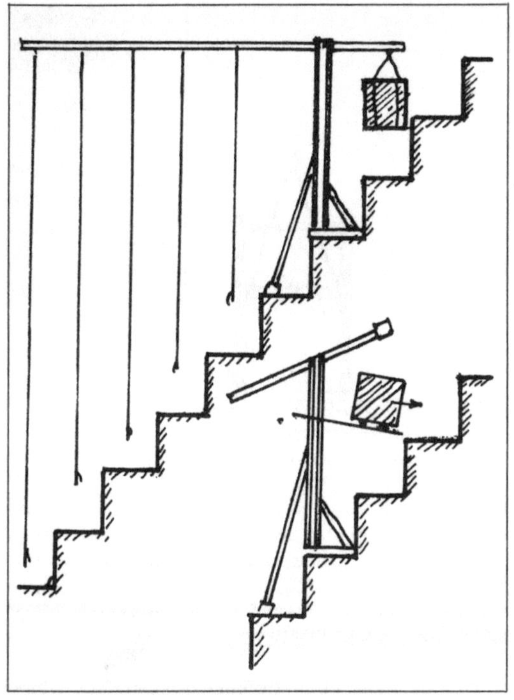

Abb. 93 Steinhebe-Gerät nach L. Croon (vgl. Lauer, Hystère, S. 277), zitiert nach G. Goyon

Für die zum Teil recht abenteuerlich anmutenden „Hebelmaschinen" fehlt vielfach ganz einfach auch die nötige Arbeitsfläche (Abb. 93).

Selbst dem deutschen Ingenieur L. Croon muss es wohl unheimlich gewesen sein, in sein eigenes Steinhebegerät die erforderlichen Arbeiter einzuzeichnen. Es baumeln lediglich fünf Zugseile vom langen Hebelbalken herab, an denen die Arbeiter an unterschiedlich langen Hebelarmen, verteilt auf Pyramidenstufen, vermutet werden können (Abb. 93).

Der deutsche Ingenieur J. Borrmann hat dagegen keine Bedenken bei einer ähnlichen, von ihm favorisierten Baumethode, an Strickleitern ziehende und hängende Menschen darzustellen (Abb. 94).

Die benötigten Kräfte an zwei Hebelbalken werden dabei mit Hilfe der Gewichts- und Zugkräfte der Arbeiter erzeugt. [34] – Doch wie geht es dann weiter, wenn der Block in 60-70 Zentimetern Höhe hängt? Immerhin sind innerhalb der ersten fünf Jahre etwa 764 Standardblöcke à 2,5 Tonnen Gewicht täglich zu **heben** und zu **verlegen** (Abb. 19).

Zu diesem Croon'schen Hebesystem, das auch von vielen anderen Autoren beispielhaft angeführt wird, sagt der sehr bekannte Ägyptologe G. Goyon: **„Dieses Verfahren würde auf dem Prinzip des »Schaduf« beruhen,** das die ägyptischen Fellachen auch heute noch zum Wasserschöpfen verwenden. Dieses bereits in pharaonischer Zeit bekannte Gerät besteht, wie man weiß, aus einem beweglichen, waagerechten Hebel, der unsymmetrisch auf einem feststehenden Mast ruht. Croon zufolge musste der Block an dem kurzen Teil des Hebels befestigt werden, während auf der langen Seite eine bestimmte Anzahl von Männern, an Stricken hängend, das Gegengewicht bildeten.

Hatte der Block das Niveau der nächsthöheren Steinlage erreicht, so ließ man den Block auf dicke Holzplanken gleiten. Von Stufe zu Stufe wurde dieses Verfahren wiederholt." [35]

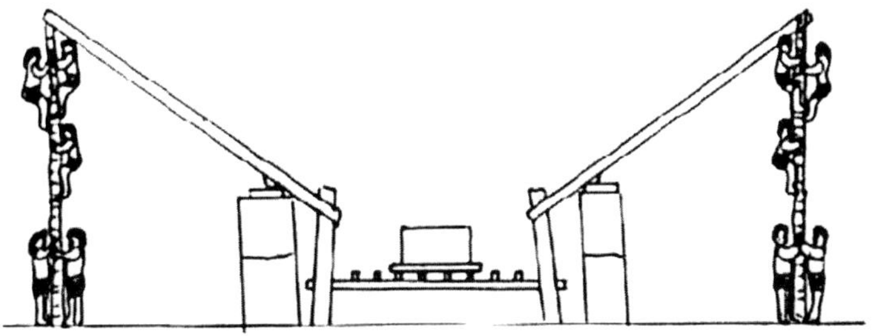

Abb. 94 Pyramidenbau nach J. Borrmann
hier: Erzeugung von Hebelwirkung durch Menschen

Hier irrt G. Goyon allerdings, denn das vorgestellte Steinhebegerät entspricht keineswegs dem Prinzip des Schadufs:

Bei einem Schaduf hängt das zu hebende Gewicht am langen Hebelarm und nicht wie hier am kurzen – wie wir inzwischen wissen (Abb. 91 und 92).

Das Hebegerät von L. Croon besteht dagegen aus einem langen Kraftarm und einem kurzen Lastarm – aufgeteilt im Verhältnis etwa 4:1. Diese Aufteilung entspricht lediglich dem Absenken des leeren Wassereimers am Schaduf. Dabei hebt der Arbeiter mit Hilfe seiner eingesetzten Körperkraft von 20 Kilogramm das Vierfache – 80 Kilogramm. Der Arbeiter ist damit in der Lage, mit Hilfe einer kleinen Kraft ein großes Gewicht zu heben, und mit Absenken des Schöpfeimers in den Brunnen, den Schaduf in seine „Ladeposition" zu bringen.

Der Einsatz der Hebelkräfte nach L. Croon ist natürlich nichts Besonderes und entspricht in keiner Weise der Gesetzmäßigkeit und Genialität des ägyptischen Schadufs – nämlich Heben des Wassergewichtes während des Hebevorganges praktisch **ohne menschliche Krafteinwirkung**.

Merke:
Die von G. Goyon und L. Croon vorgestellte Steinhebemaschine entspricht nicht dem Arbeitsprinzip eines Schadufs, sondern ist dem Wesen nach ein dem „Spiel der Kinder" nachempfundener Wippbalken (Abb. 88 und 89)

Möglicherweise war es wiederum der legendäre Imhotep, der ganz wichtige Vorarbeiten für einen geeigneten Antrieb zum Bewegen seiner Hebelbalken lieferte. Auf dem Wege zu diesem Ziel kann es sich durchaus so zugetragen haben, wie wir es von vielen wichtigen Erfindungen der Menschheitsgeschichte her kennen: **Es kam auch hier der Zufall zu Hilfe!**

Vielleicht fand dieses Ereignis aber erst zu Lebzeiten des Pharao Snofru statt, als dieser zum größten Bauherrn aller Zeiten wurde.[36] Snofru – Vater des Cheops – verbaute nahezu 10 Millionen Tonnen Stein zu den Pyramiden von Meidum (Abb. 7), der so genannten Knickpyramide (Abb. 8) und der Roten Pyramide (Abb. 9). Man ist sich aber nicht ganz sicher, inwieweit Snofrus Vater Huni am Bau der Pyramide von Meidum beteiligt war.

Es darf durchaus angenommen werden, dass bereits zu dieser Zeit mit der Planung der Cheops-Pyramide begonnen wurde. Ein solch gewaltiges Bauwerk bedurfte natürlich eines jahrelangen

Planungsvorlaufs. Ich könnte mir vorstellen, dass in dieser Zeit einer überaus aktiven Pyramidenbautätigkeit die Idee für einen praktikablen Maschinenantrieb fiel:

Man drehte die Funktion eines Wasser-Schöpfwerkes einfach um! Aus dem Schöpfeimer wurde ein mit Steinen beschwertes „Hebeschiff" und an die Stelle des Lehmgewichtes rückte der Steinquader.

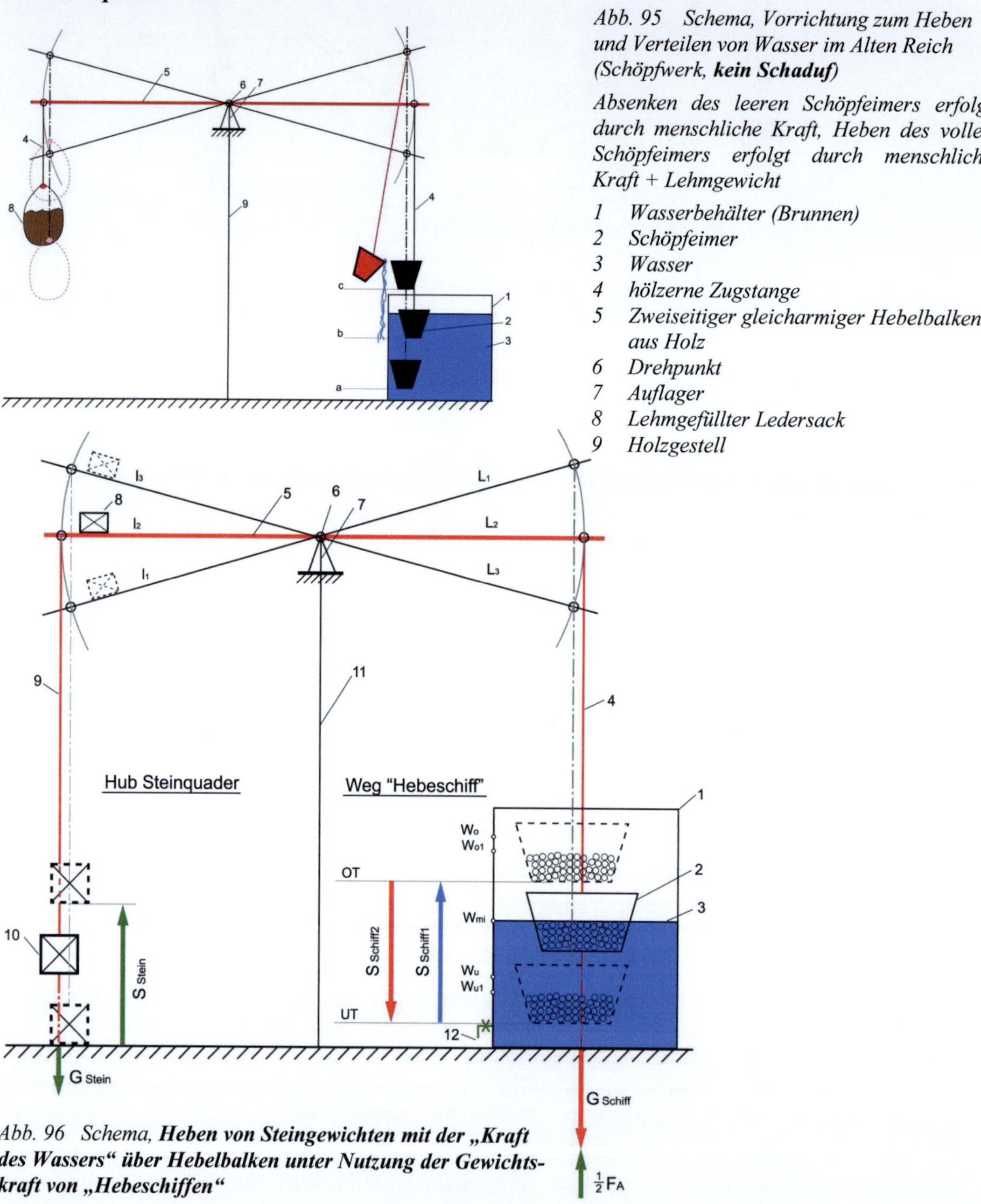

*Abb. 95 Schema, Vorrichtung zum Heben und Verteilen von Wasser im Alten Reich (Schöpfwerk, **kein Schaduf**)*

Absenken des leeren Schöpfeimers erfolgt durch menschliche Kraft, Heben des vollen Schöpfeimers erfolgt durch menschliche Kraft + Lehmgewicht

1 Wasserbehälter (Brunnen)
2 Schöpfeimer
3 Wasser
4 hölzerne Zugstange
5 Zweiseitiger gleicharmiger Hebelbalken aus Holz
6 Drehpunkt
7 Auflager
8 Lehmgefüllter Ledersack
9 Holzgestell

*Abb. 96 Schema, **Heben von Steingewichten mit der „Kraft des Wassers" über Hebelbalken unter Nutzung der Gewichtskraft von „Hebeschiffen"***

Erklärungen zu Abb. 96

G_{Schiff} – Gewichtskraft des „Hebeschiffes"
½ F_A – halbe Auftriebskraft des „Hebeschiffes"
(F_A – Auftriebskraft des „Hebeschiffes")
G_{Stein} – Gewichtskraft des Steinquaders

$s_{Schiff\ 1}$ – Weg des „Hebeschiffes" vertikal nach oben
$s_{Schiff\ 2}$ – Weg des „Hebeschiffes" vertikal nach unten
s_{Stein} – Hub des Steinquaders vertikal nach oben

1 Wasserbehälter (Holz, Ziegelstein oder in den Fels geschlagene Grube)
2 „Hebeschiff" mit Ballast
3 Wasser
4 Zugseile
5 Zweiseitiger gleicharmiger Holzhebelbalken
6 Drehpunkt (Rundbalken)
7 Auflager
8 steinernes Gewicht
9 Zugseile
10 Pyramidensteinquader
11 Maschinengestell
12 Wasserablaufventil

Bezeichnungen für Wassertank (1) und „Hebeschiff" (2)

W_o – höchster Wasserstand
W_{mi} – mittlerer Wasserstand
W_u – unterer Wasserstand
OT – höchste Schiffsposition
W_{o1} – Wasserstand ist abgesenkt
W_{u1} – niedrigster Wasserstand
UT – niedrigste Schiffsposition

Funktionsbeschreibung zu Abb. 96 – Heben eines Steinquaders in 3 Phasen

Bedingung: $G_{Schiff} = 2 \cdot G_{Stein}$

Bereitstellungsphase

- *Zugseile (9) am Steinquader (10) nicht angeschlagen (befestigt)*
- *„Hebeschiff" (2) schwimmt mittels **Wasserzulauf** im Wassertank (1) vertikal nach oben*
- *Weg des „Hebeschiffes" ($s_{Schiff\ 1}$) von UT nach OT*
- *Wasserstand wird dazu angehoben von W_u nach W_o*
- *steinernes Gewicht (8) dreht Hebelbalken (5) links herum*

Ergebnis: *Betriebszustand A (Abb. 97)*

Arbeitsphase 1

- *Zugseile (9) am Steinquader (10) angeschlagen und vorgespannt*
- *Steinhebevorgang wird mittels **Wasserablauf** über Ventil (12) eingeleitet*
- *Wasserstand sinkt von W_o nach W_{o1}, **ohne dass das „Hebeschiff" absinkt***
- *auch der Steinquader bewegt sich nicht!*

Ergebnis: *Betriebszustand B (Abb. 98)*

Arbeitsphase 2

- *mittels weiterem Wasserablauf über Ventil (12) sinkt das „Hebeschiff"*
- *Weg des „Hebeschiffes ($s_{Schiff\ 2}$) von OT nach UT*
- *Wasserstand sinkt dabei von W_{o1} nach Wu_1*
- *Hebelbalken (5) dreht im Uhrzeigersinn rechts herum*
- *Steinquader (10) bewegt sich um s_{Stein} (Hub) vertikal nach oben*

Ergebnis: *Betriebszustand C (Abb. 99)*

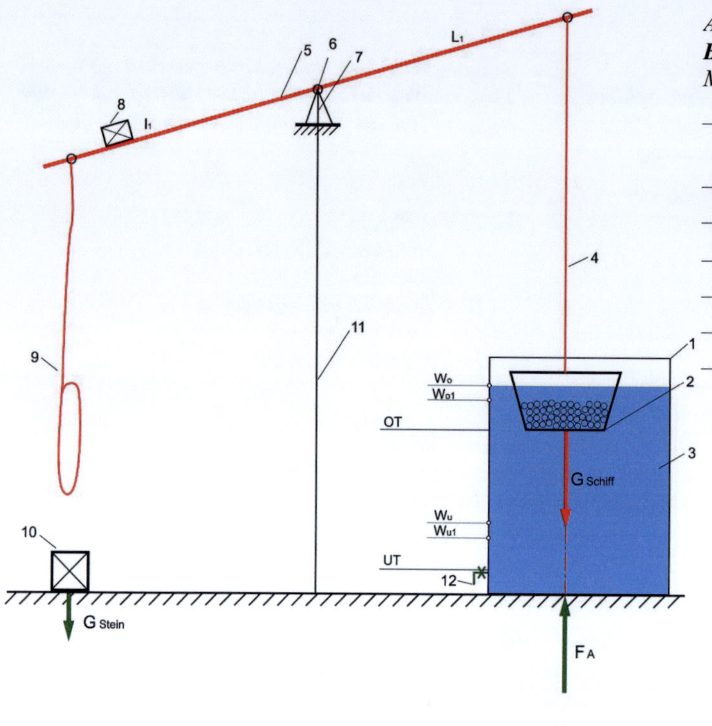

Abb. 97 Schema,
Betriebszustand A
Maschine in Bereitschaft

- *„Hebeschiff" schwimmt frei bei OT* $G_{Schiff} = F_A$
- *Kraftarm L_1 weist nach oben*
- *Lastarm l_1 weist nach unten*
- *Wasserstand steht bei W_o*
- *Zugseile (4) auf Spannung*
- *Zugseile (9)* ***nicht*** *angeschlagen*
- *Steinquader (10) am Boden*

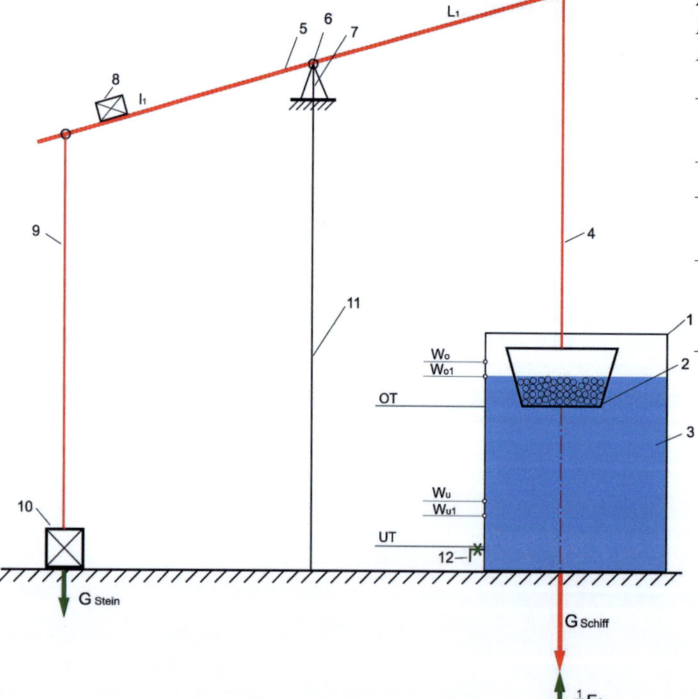

Abb. 98 Schema,
Betriebszustand B
Maschine hat teilweise gearbeitet

- *„Hebeschiff" schwimmt bei OT* $G_{Schiff} = G_{Stein} + \frac{1}{2} F_A$
- *Wasserstand steht bei W_{o1}*
- *halbes Schiffsgewicht ($\frac{1}{2}$ G_{Schiff}) hängt am Hebelbalken (5)*
- *halbes Schiffsgewicht ($\frac{1}{2}$ G_{Schiff}) wird getragen durch die Auftriebskraft ($\frac{1}{2}$ F_A)*
- *Steinquader (10) hat noch Bodenkontakt, beginnt sich aber soeben zu bewegen!*

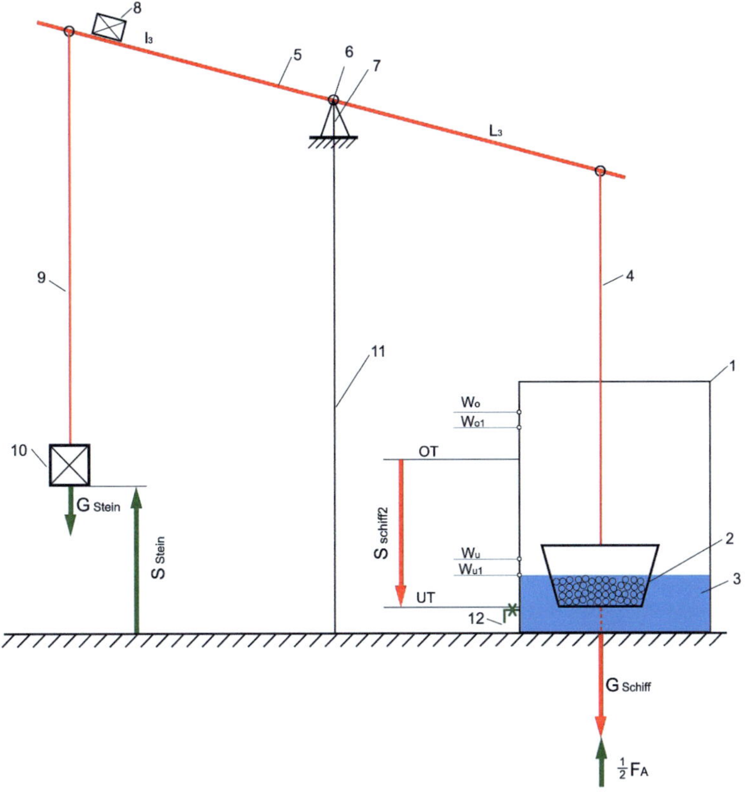

*Abb. 99 Schema, **Betriebszustand C**, Maschine hat gearbeitet*

- *Wasserventil (12) geschlossen*
- *„Hebeschiff" (2) schwimmt bei UT*
- *Wasserstand steht bei Wu_1*
- *Kraftarm L_3 weist nach unten*
- *Lastarm l_3 weist nach oben*

$G_{Schiff} = G_{Stein} + \frac{1}{2} F_A$

$G_{Schiff} - \frac{1}{2} F_A = G_{Stein}$ $\qquad G_{Stein} = \frac{1}{2} F_A$

$\frac{1}{2} G_{Schiff} = G_{Stein}$

Es herrscht Gleichgewicht!

Ergebnis: Steinquader (10) um s_{Stein} (Hub) gehoben!

Zusammenfassung:

- ***Der mit Steinen beschwerte Wassereimer wird zu einem „Hebeschiff", das durch seine Gewichtskraft den Steinquader hebt.***
- ***Es ist eine einfache Arbeitsmaschine entstanden, deren Funktion auf den Erkenntnissen des Hebelgesetzes und der Hydrostatik beruht.*** [37]

Maschinen, „gebaut aus kurzen Hölzern, leicht zu tragen und geeignet Steinblöcke von Stufe zu Stufe zu befördern“ – so wie es Herodot beschreibt, könnten durchaus ab etwa halber Pyramidenhöhe verstärkt zum Einsatz gekommen sein. Diese Meinung vertritt auch Prof. P. Jánosi: „Eine Vorrichtung, die an eine Art Wasserschöpfwerk erinnert, bestand aus horizontalen und vertikalen Balken und funktionierte ähnlich wie eine Waage. Nach der Beförderung eines Blockes auf eine höhere Stufe wurde – wie es Herodot schildert – auch der hölzerne Waagebalken nach oben geschafft und der Arbeitsvorgang dort wiederholt. Mit dieser Holzkonstruktion ließen sich allerdings nur kleinere Steinblöcke heben.“ [38], formuliert der Professor offenbar in Ermangelung eines geeigneten Antriebs für die Bewegung seines „Waagebalkens“.

Leichte, in Einzelteilen tragbare Maschine

Leichte und zierliche Maschinen boten sich geradezu an, da mit zunehmender Bauhöhe auch die zur Verfügung stehende Arbeitsfläche rasch abnahm. Haben die im oberen Pyramidenbereich eingesetzten Steinhebemaschinen so ausgesehen wie es die nebenstehende Abbildung zeigt?

Maschinengestell, Hebelbalken, Wassertank und „Hebeschiff“, hergestellt aus Weichholz, hätte man als Maschinen-Einzelteile durchaus mittels Tragen und Schleifen problemlos auf die nächste Stufe befördern können – ganz so wie es Herodot beschreibt und auch Prof. P. Jánosi oben bestätigt.

Abb. 100
MASCHINE DES HERODOT
leichte Ausführung
Modell im Maßstab 1:10, Weichholz

hier: ***Wassertank mit Glasscheibe zum Nachweis der Hebetechnik, vgl. Betriebszustand C nach Abb. 99:***
– das schwimmende „Hebeschiff“ trägt den schwebenden Steinquader nach dem Hub s_{Stein}
– „Puppenarbeiter“ zum Größenvergleich zwischen Mensch und Maschine

1 *Wassertank*
2 *„Hebeschiff“ + Wasserballast*
3 *Wasser*
4 *Wasserstand während des Hebens*
5 *Wasserstand am frei schwimmenden „Hebeschiff“, ohne Zug*
6 *Zugseile*
7 *Hebelbalken*
8 *Sprengtaue*
9 *Rückholgewicht für Hebelbalken*
10 *Stützlager: Lagerbock + Rundbalken (Marmor)*
11 *Hebelbalken-Sicherheitsbegrenzung*
12 *Maschinengestell*
13 *Transportschlitten für Hebemaschine*
14 *Transportschlitten für Wassertank*
15 *Wasserablaufventil*
16 *Klemmvorrichtung*
17 *Steinblock*
18 *Ablagevorrichtung für Steinblock (nach links und rechts verschiebbar)*

Schwere, vermutlich nicht tragbare Maschine

Eine Maschine für Standardblöcke bis etwa 2,5 Tonnen Gewicht sehen wir hier im Modell. Auch diese Maschine besteht aus kurzen „Balken". Ausdrücke bei anderen Autoren – wie „Stangen, Hölzer, Klötze – führen bei der Übersetzung von Herodots Texten nur zu überaus undeutlichen Vorstellungen beim Leser.

Wegen der erhöhten Hebeanforderungen besteht nebenstehende Maschine nicht aus Weichhölzern, sondern aus festem Zedernholz. Zu beachten ist dabei, dass die Dichte von Zedernholz größer als Wasser ist. Deshalb eignet sich diese Maschine wegen ihres großen Gewichtes auch nicht zum Tragen von Stufe zu Stufe. Über kleine Rampen zur Überwindung von Zwei- oder gar Vier-Meter-Höhen hätte man die Einzelteile aber zumindest ziehen können.

Diese Art von Maschinen passt eher zu Herodots zweiter Version „**125** (3) Wenn dann ein Stein hochgehoben war, wurde er auf ein anderes **Hebewerk** gelegt, das auf der ersten Stufe stand, und von dieser Stufe wurde der Stein auf die zweite Stufe mit dem weiteren **Hebewerk** gehoben. (4) Wie viele Stufen der Absätze es waren, so viele **Hebewerke** waren es auch; [...]" [39]

Der Vollständigkeit halber soll die Steinhebe-Vorrichtung eines weiteren Autors gezeigt werden. Sie ist repräsentativ für die meisten Maschinen, die den Anspruch erheben, sie seien der Maschine des Herodot nachempfunden:

Abb. 101 ***MASCHINE DES HERODOT****, schwere Ausführung*
– zum Heben von Steingewichten auf niedrige und hohe Pyramidenstufen
hier: – Modell im Maßstab 1:10 – alle wesentlichen Teile aus Zedernholz

rechts unten: *– Wassertank mit Ablaufventil (Kunststoff/unägyptisch)*
– „Hebeschiff" mit Ballastwasser gefüllt, im Wassertank schwimmend
– Transportschlitten für Wassertank fehlt

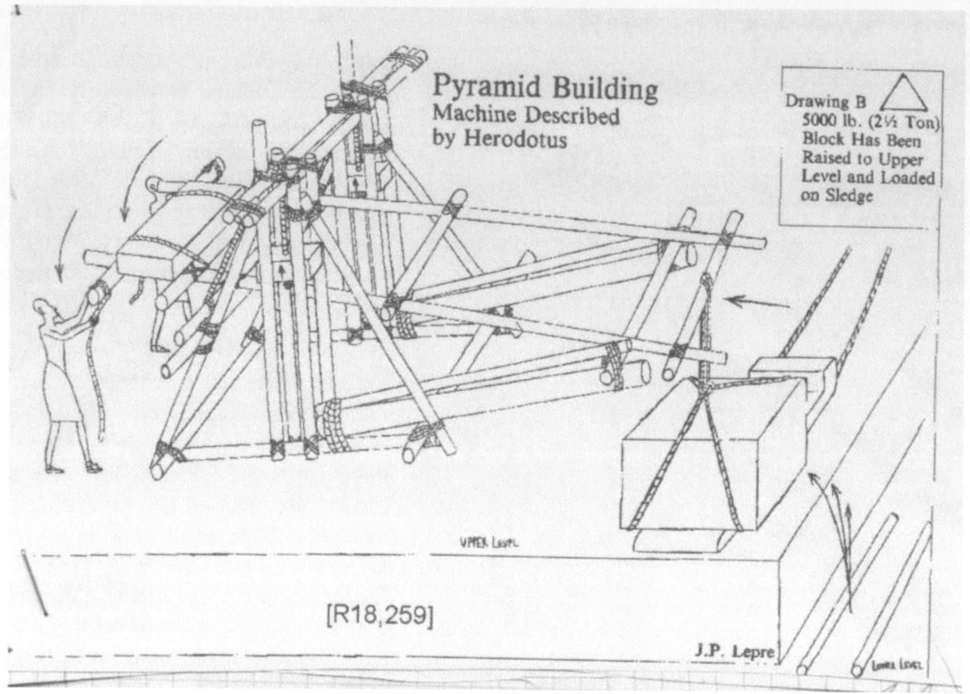

Abb. 102 Herodot-Maschine zum Bau der Pyramiden – nach www.hunkler.com

- Der Konstrukteur liefert zwar eine interessante Zeichnung und Funktionsbeschreibung, doch darf angezweifelt werden, dass er jemals mit „echten“ Steingewichten experimentierte, geschweige denn einen Standardblock des Cheops mit 2,5 Tonnen Gewicht „am Haken“ gehabt hat.
- Dieser „Maschine“ fehlt, wie bereits besprochen, auch der geeignete Antrieb.

In diesem Zusammenhang ergeben sich bezüglich Abb. 102 die beiden folgenden Fragen:

- Wie ist es möglich, dass zwei Arbeiter mit Hilfe eines sehr kleinen Steines an einem extrem kurzen Hebelarm (links) einen sehr großen Stein an einem extrem langen Hebelarm (rechts) etwa 1 Meter vertikal nach oben befördern können?
- Wie wurde der 2,5 Tonnen-Block nach dem Hub um etwa 2 Meter nach links in Richtung Pyramidenarbeiter versetzt?

Die Antwort mag sich jeder Leser selbst geben.

Auch ich hatte den Wunsch, dem Leser eine funktionsfähige Steinhebemaschine vorzustellen. Es war beabsichtigt, eine Hebevorrichtung zu entwickeln in Anlehnung an die technischen Möglichkeiten der damaligen Zeit, unter Berücksichtigung der Beschreibungen des griechischen Historikers. Allen dazu durchgeführten Aktivitäten lag der Wunsch zugrunde, eine einsatzfähige Hebevorrichtung zu bauen, die den Namen „Maschine des Herodot“ auch verdient.

Zur Information an dieser Stelle einige Stationen auf dem Weg dorthin:

Herstellung von zwei Steinquadern zu Versuchszwecken

Abb. 103 Standardblock des Cheops
2500 kg – Nachbau, Volumen = 1 m³
ca. 70 cm erhöht auf Sandkasten und Holzschlitten

Abb. 104 Steinquader des Cheops
1000 kg – Nachbau, Volumen = 0,75 m³

Überprüfen der Funktion und der Festigkeit von Maschinengestell, Hebelbalken, Auflager und Rundbalken

Abb. 105 Die Festigkeitsüberprüfung ist erfolgreich bestanden!
Der große Steinblock (rechts) hat den kleinen Steinblock (links) 20 cm angehoben.
2500 kg heben 1000 kg

Ergebnis:
Alles hält! 1000 Kilogramm Steingewicht befinden sich in der Schwebe! Nicht einmal ein Knacken ist zu hören! 4650 Kilogramm liegen auf Lager und Rundbalken – Hubhöhe 20 Zentimeter!

Kurzbeschreibung zu Abb. 105:

Der Standardblock wurde 70 Zentimeter erhöht auf einen mit Sand gefüllten Holzkasten gesetzt. Beide Steinblöcke befinden sich bereits auf ihren Holzschlitten.

Durch Entfernen des Sandes sinkt der Standardblock ab und hebt über den Hebelbalken den kleineren 1000 Kilogramm-Steinquader an.

Dieser Versuch wurde durchgeführt, um die Festigkeit der wesentlichen Bauteile zu überprüfen.[40]

Heben des 1000 Kilogramm-Steinquaders mit der Maschine des Herodot

Abb. 106 ***MASCHINE DES HERODOT IN ORIGINALGRÖSSE*** *– nach der Idee des Verfassers*

hier: – Heben eines Steinquaders mit 1000 kg Gewicht (Dichte: 2,5 t/m^3)
– Wassertank und „Hebeschiff" aus Kunststoff (im AR Werkstoff Zedernholz)
– Konstruktive Hubhöhe des Steinquaders: 60-70 cm

1 Transportschlitten
2 Länge Maschinengestell-Schlitten = 3 m
3 Breite Maschinengestell = 3 m
4 Zwei besonders starke Stützbalken
5 Höhe Auflager für den Hebelbalken (Gelb) = 2,95 m (gemessen vom Boden)
6 Verstärkungen für Wassertank

Abb. 106 zeigt das Maschinengestell mit dem Hebelbalken in Originalgröße. Die Maschine ist ausgelegt auf Steinblöcke mit 1000 Kilogramm Gewicht.[41] Für das Heben eines Standardblocks mit 2,5 Tonnen Gewicht wären die Größe des Wassertanks und des darin schwimmenden „Hebeschiffes" dem größeren Steingewicht anzupassen.

Abb. 107 Das „Hebeschiff" im Stahlkäfig für Steingewichte bis 1000 kg

hier: Zufallsfoto, Steinquader (links) mit 2500 kg Gewicht – der Stein kann mit diesem „Hebeschiff" nicht gehoben werden

Abb. 108 Das „Hebeschiff" im Wassertank – im Vordergrund meine Dolmetscherin Frau Potchanee Köster

Nunmehr erfolgt die spannende Frage:

Verfügten die „Maschinen des Herodot" tatsächlich über Antriebe, so wie sie in diesem Buch beschrieben werden? Zu diesem Themenbereich habe ich mich bereits in meinen Büchern „Cheops-Pyramide gebaut mit den eigenen Barken" und „Das Rad des Pharao" ausführlich geäußert.

Danach darf für den Antrieb durchaus angenommen werden:

- Ein „Hebeschiff" fährt mittels Zulauf von Wasser in einem Wasserbehälter vertikal nach oben.
- Verantwortlich dafür sind der steigende Wasserstand und der Auftrieb (Hydrostatik).
- Nach Erreichen des Höchstwasserstands werden „Hebeschiff" und Steinquader durch Seile mit dem Hebelbalken verbunden.
- Ein Wasserventil am Boden des Wassertanks wird geöffnet und führt zu stetem Sinken des Wasserstandes.
- Mit Sinken des Wasserstandes sinkt auch das „Hebeschiff" und hebt mit seiner Gewichtskraft den Steinquader.

Eine Bestätigung, dass diese Theorie wohl richtig ist, gibt der Historiker Herodot selbst. Dazu hören wir die Interpretation seiner Texte durch Prof. A. dos Santos, der unter der Überschrift: **Die wahre Beschaffenheit von Herodots Maschinen** wie folgt Stellung nimmt:

„Herodots Bericht bezüglich der Verwendung von Maschinen zum Hochheben der Steine ist keine reine Erfindung des berühmten Historikers, sondern basiert auf dem traditionellen Wissen, von dem die ägyptischen Priester erzählen. Diese Traditionen sind im allgemeinen sehr zuverlässig, und es scheint keinen Grund zu geben, ihnen nicht zu vertrauen. **Das Wort *mechanes* (Maschinen), das Herodot verwendet, impliziert die Idee der »Bewegung« im Griechischen ebenso wie im Englischen. Wenn wir also Herodots Zeugnis akzeptieren, sind wir eher aufgefordert, an richtige »Maschinen« zu denken als an statische Lösungen wie Rampen und Gerüste.“** [42]

„Richtige Maschinen“, um bei dem Ausdruck von Prof. A. dos Santos zu bleiben, finden wir in den Abb. 100, 101 und 106. Diese „Steinhebe-Vorrichtungen“ bezeugen, dass sie die Phase der „**Idee der Bewegung**“ längst überwunden hatten. Es war nur notwendig, „Hebeschiffe“ unter Nutzung der „Kraft des Wassers“ (Hydrostatik) einzusetzen, um mechanes (Maschinen) mit „**echter Bewegung**“ zu erhalten.

Dazu Abb. 109 – Steinhebemaschine in Hebebereitschaft (C)

Der Aufbau, das Arbeitsprinzip und die Bewegung der wesentlichen Bauteile solcher Maschinen wird nochmals hervorgehoben („Bewegung“ gekennzeichnet durch Pfeile).

Öffnen des Wasserablaufventils (12) war die einzige noch erforderliche Tätigkeit und

- das „Hebeschiff“ bewegte sich nach unten – in (B),
- der Hebelbalken (5) vollzog eine Drehbewegung rechts herum und der Steinquader (10) bewegte sich vertikal nach oben – in (A).

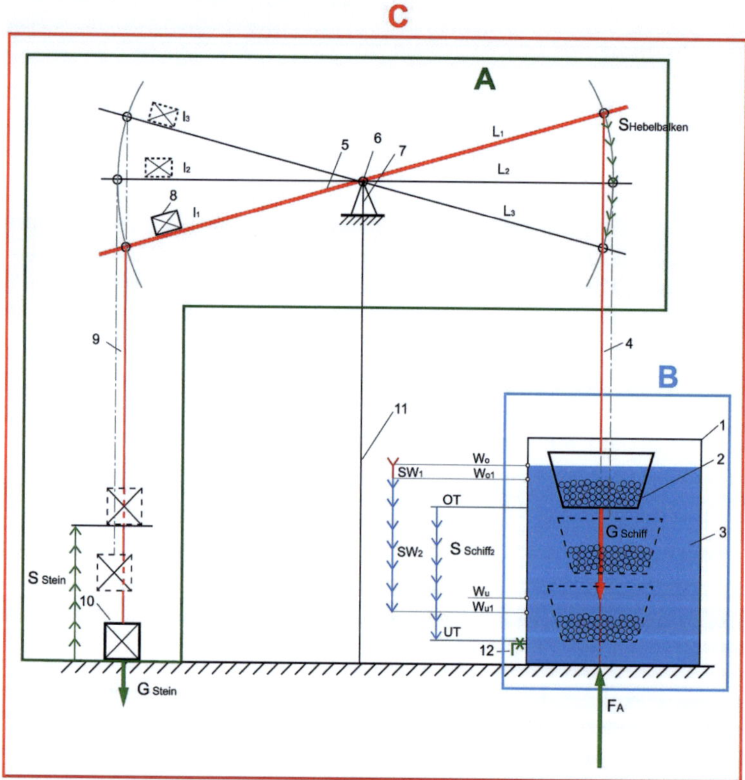

Abb. 109 Schema, Maschine des Herodot (C), hier: ***Ende Bereitschaftsphase, Beginn Arbeitsphase 1***

G_{Schiff} – Gewichtskraft des „Hebeschiffes“, G_{Stein} – Gewichtskraft des Steinquaders, F_A – Auftriebskraft
(A) – Maschinengestell + Hebelbalken, (B) – Wasserbehälter mit „Hebeschiff“ und Ablaufventil

1 Wasserbehälter
2 „Hebeschiff“ + Ballast
3 Wasser
4, 9 Zugseile
5 Hebelbalken
6 Drehpunkt
7 Auflager
8 Rückholgewicht
10 Steinquader am Boden
11 Maschinengestell
12 Wasserablaufventil

s_{W1} – Weg Wasserstand von W_o – W_{o1}
s_{W2} – Weg Wasserstand von W_{o1} – Wu_1
W_o, W_{o1}, W_u, W_{u1} – Wasserstände oben und unten

Erklärung der „Bewegung" innerhalb der Maschine (Abb. 109):

- *Bewegung des „Hebeschiffes" (2) von OT nach UT auf Schiffsweg* $s_{Schiff2}$
- *Bewegung des Wasserstandes von* W_o *nach* W_{o1} *und von* W_{o1} *nach* W_{u1} *auf den Wegen* s_{W1} *und* s_{W2}
- *Bewegung des Hebelbalkens (5) rechts herum auf dem Weg* $s_{Hebelbalken}$
- *Bewegung des Steinquaders (10) auf dem Weg* s_{Stein} *(Hub).*

Allgemein wird Herodots Maschinenbegriff „mechanes" oder manchmal auch „machana" mit dem deutschen Wort **„Hebewerk"** übersetzt. Zur Ergänzung seien noch drei ähnliche altgriechische Wörter angeführt, die Herodot nach der Übersetzung durch K. Brodersen in seinen Historien verwendet hat (Tabelle unten).[43]

Deutsches Wort	Altgriechisches Wort	Aussprache/ Lautsprache	Grundwort
Hebewerk (2)	μηχανῆσι	machanäsi	
Hebewerk (3)	μηχανῆν	mächanän	
Hebewerk (3)	μηχανῆσ	mächanäs	**HÄMÄCHANÄ**
Hebewerk (4)	μηχαναι	mächanei	
Hebewerk (4)	μηχανῆν	mächanän	

Abb. 110 (Tabelle) Übersetzung des deutschen Wortes „Hebewerk" aus dem Altgriechischen[44]

Herr Pastor Jörg Henke hat die vier bei Herodot gefundenen Wörter (Abb. 110) in die Lautsprache übertragen und mit dem übergreifenden Grundwort **HÄMÄCHANÄ** zusammengefasst.

Frage:
Ist es möglich, die Maschinen auf Abb. 100 und 101 unter Berücksichtigung der Schemata (Abb. 96, 97, 98, 99 und 109) noch treffender zu beschreiben als mit dem Begriff HEBEWERK?

So schließt sich der Kreis.
Man kann wohl davon ausgehen, dass Herodot in seinen Historien auf eine Maschine hinweist, wie sie in diesem Buch beschrieben ist.

Als Ergebnis hat diese Aussage durchaus zur Folge, dass auch das **uralte Mysterium** um die **„Maschinen des Herodot"** nunmehr **erhellender Erkenntnis** weicht.

Die aufgezeigte Hebetechnologie ist zwar einfach, aber derart ausgefeilt, dass man das Arbeitsprinzip der „Maschine des Herodot" auf alle Steinhebemaschinen im AR übertragen konnte.

Es hatte Gültigkeit für „Hebeschiffe" mit der Form und Größe eines Baueimers für 2,5 Kilogramm-Gewichte bis hin zur Barke des Cheops für 60 Tonnen-Blöcke.

3.4 Erkenntnisse zum Pyramidenbau – Methode der Technik zum Verlegen der Steinblöcke

3.4.1 Verlegen der Bausteine mit Hilfe von Maschinen

Nach der Jahrhundert-Diskussion über das **Heben** der Steinblöcke könnte nunmehr die Auseinandersetzung um ihr **Verlegen** erfolgen. Das wäre auch nötig, denn dieser Gedanke hat in den vielen Büchern zum Bau der Pyramiden bisher praktisch keine Beachtung gefunden; obwohl das **Verlegen** oder **Setzen** der Steine einen regelrechten Kernpunkt der Gesamt-Bautechnologie darstellt.

Hatte beispielsweise ein Block der 98. Steinlage (Abb. 20, Tabelle) mit etwa 2,5 Tonnen geschätztem Gewicht die Höhe seines Einbauortes erreicht, so war er noch keineswegs endgültig verlegt. Solche Riesengewichte beliebig hin- und herzuschieben war sicherlich nicht möglich.

Auch ein endgültiges Anpassen der Steinform war allein aus Zeitgründen undenkbar. Abschlagen der Bossen – Steinüberstände als Transporthilfen – mag die einzige Veränderung gewesen sein, die im letzten Moment der Einbauphase an den Steinkörpern vorgenommen wurde. So darf auch vermutet werden, dass die Präzision des Einfügens der Blöcke, so wie man es vom Taltempel des Chephren und der Königskammer des Cheops her kennt, nicht über den gesamten Zeitraum des Baus durchgehalten werden konnte. Ritzen und Spalten, die es sicher vielfach gab, hat man möglicherweise mit Mörtel eingeschlämmt – oder gar mit Wüstensand?

Niemand konnte für eine einmal begonnene Steinlage alle Blöcke so vorbereiten, dass am Ende des Verlegens alles passte. Nicht einmal für die genialen Baumeister von damals war es möglich, absolute Präzision – Maßhaltigkeit und Ebenheit – für 2.500.000 Standardblöcke durchzuhalten. Wahrscheinlich haben die alten Ägypter es genauso gemacht wie auch wir es heute tun würden:

Dort, wo man äußerste Genauigkeit wünschte, verlegte man „praktisch“ **luftdicht** – dort, wo es nicht unbedingt erforderlich war, schaffte man zusätzliche Stabilität u. a. durch Schlämmsand und Überlappung der Steine.

Da man, wie bereits besprochen, außer in den bekannten Gängen und Kammern nicht unbegrenzt ins Pyramideninnere schauen kann, ist man zu dieser Thematik leider auf Vermutungen angewiesen. Es erheben sich nunmehr die Fragen:

- **Wie sahen die Maschinen aus, die die Pyramidensteine verlegten?**
- **Waren Maschinen überhaupt geeignet, das Setzen der Steine durchzuführen?**

Hierzu hat Herodot leider nicht direkt Stellung genommen, denn seine Beschreibung zum Pyramidenbau bezieht sich bekanntlich „nur“ auf das **Heben.**

Wenden wir doch ein wenig Zeit auf und verweilen bei Herodots Hinweis, dass seine „Hebewerke“ Maschinen waren – Maschinen (machanas), die mit Hilfe der Hydrostatik und der Gewichtskraft von „Hebeschiffen“ Pyramidensteine hoben. Falls man dieser Aussage folgt, so ist es wiederum keine besondere Leistung, auch für das **Verlegen** bei Herodots Maschinen-Begriff zu bleiben. Es ist lediglich notwendig, die Hebe-Maschinen ein wenig anders zu bedienen.

Die Forderung:
Aus einer Steinhebemaschine wird eine Steinverlegemaschine. Zum Erreichen dieses Zieles war es nur notwendig, das Steingewicht am Hebelbalken **„anzuhängen"** und durch **Aufschwimmen** des „Hebeschiffes" **abzusenken** und **abzusetzen**.

Diese Technik des Verlegens von Pyramiden-Bausteinen entspricht aber auch der bereits angeführten wichtigen Aussage von Herodot: „Sie bauten ihre Pyramiden von oben nach unten!" **(Vgl. Zitat 31)**

Der Stein befindet sich am Rande einer Stufe und wird kurz angehoben. Sobald er in der Luft hängt, wird er auf die nächst untere Stufe **herabgelassen!** Wir werden später sehen, dass sich diese Verlegetechnik geradezu anbot. Allerdings war für den Einsatz einer Verlegemaschine die Höhe der gewählten Steinstufe von Bedeutung. Für Stufen von etwa 3 Metern Höhe hätten Hebelbalken bis zu 8,5 Meter lang sein müssen. Damit wären derartige Maschinen bei Berücksichtigung von Maschinengestell, Hebelbalken und Antrieb mit entsprechenden Transportschlitten zu lang gewesen. In diesem Falle eigneten sich in ganz besonderem Maße Maschinen, die fähig wären, die Steingewichte ein wenig anzuheben – Schwebezustand – um sie dann langsam herabzulassen. Zusätzlich war dazu eine sehr kompakte, kurze Bauweise von Vorteil.

3.4.2 Steinverlegemaschinen mit der Kraft des Wassers – Maschinengestell – Umlenkblock – Antrieb

Für die Technologie des Verlegens von Bausteinen bot sich in ganz hervorragender Weise eine **Steinhebemaschine** mit Umlenkblock an. Abb. 112 zeigt eine solche Maschine im Modell – Maßstab 1:10. In Abb. 111 wird das Arbeitsprinzip dargestellt. Auf das Maschinengestell soll nicht weiter eingegangen werden, da man es einschließlich Schlittenkufen auf dem Foto gut erkennen kann. Anders verhält es sich mit den wesentlichen und besonders interessanten Bauteilen. Die Rede ist von den Seilumlenkblöcken, die es erst ermöglichten, eine funktionsfähige Maschine zu bauen (Abb. 63). Ein solches Gerät haben uns glücklicherweise die alten Ägypter aus ihrer Zeit hinterlassen, wie es in der Fachzeitschrift „Kemet" zu lesen war: „Goyon zeigt auch die Abbildung einer halbkreisförmigen Seilrolle, die von Selim Hassan neben der Pyramide von Chenti-Kaus (Chephren, der Autor) entdeckt wurde, die am Rand mit Rillen für die Seile versehen war." [45] (Abb. 113) – „Rolle" ist natürlich nicht der richtige Ausdruck. Eine Seilrolle müsste schon gelagert sein und sich drehen können. **Solche Rollen und auch Riemenscheiben sind für das AR aber nicht nachgewiesen.**

Etwas genauer beschreibt M. Haase den Stein aus dem AR und weist ihm auch seinen Verwendungszweck zu: „Keilförmiger, mit einer Bohrung versehener Gegenstand aus Basalt (24 Zentimeter lang, 18 Zentimeter breit), dessen halbkreisförmiger Kopfteil mit drei Rillen ausgestattet ist. Fundort: Giza-Plateau (Pyramidenstadt des Chentkaus I.). Heute im Ägyptischen Museum in Kairo. Die Rillen an der runden Oberkante des Steins lassen vermuten, dass hier drei parallel verlaufende Seile umgelenkt worden sind. Befestigte man dieses Objekt in einem stabilen Holzgestänge, so erhielt man ein Gerät, das wie ein **starrer Umlenkstein zum Transport von Lasten eingesetzt werden konnte. Es ist zu vermuten, dass bei vielen Tätigkeiten, die auf der Baustelle der Cheops-Pyramide abliefen, ähnliche Hilfsmittel im Einsatz waren.**" [46] – Damit gibt M. Haase einen ganz wichtigen Hinweis, der konsequent weiter gedacht, durchaus zu einer echten Maschine wie in Abb. 111 und 112 führen könnte.

Entsprechend seiner Funktion wird auch in diesem Buch der Begriff „Seil-Umlenkstein" gewählt, den wir gleich 2fach in Abb. 112 wiederfinden – jeweils auf dem beweglichen Ausleger (8/3) und oben auf der senkrechten Maschinengestell-Stütze (3).

Maschine für das Anheben und Absenken schwerer Steinlasten

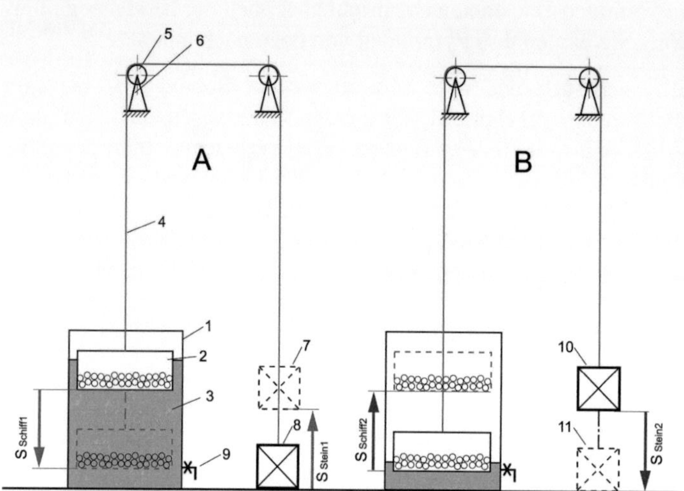

*Abb. 111 Schema, Funktionsbeschreibung nebenstehender Steinverlegemaschine – **Heben und Absenken von Lasten über Umlenkblöcke***

1 Wassertank
2 „Hebeschiff" (Steinballast)
3 Wasser
4 Zugseile
5 Umlenkstein
6 Auflager
7 Steinquader gehoben
8 Steinquader am Boden
9 Wasserablaufventil
*10 Steinquader **hängt** am Seil*
11 Steinquader abgesetzt

$s_{Schiff\,1} / s_{Schiff\,2}$ *– Weg des „Hebeschiffes"*
$s_{Stein\,1} / s_{Stein\,2}$ *– Weg des Steinquaders*

A ***Heben*** *– Wasser läuft ab, „Hebeschiff" fährt nach unten*
B ***Absenken*** *– Wasser läuft zu, „Hebeschiff" fährt nach oben*

Abb. 112 ***Steinverlegemaschine mit Umlenkblock*** *– Modell im Maßstab 1:10, Bauhöhe 110 cm*
hier: – Wasserbehälter und „Hebeschiff" aus Holz
– Umlenkblöcke aus Stahl (festgesetzte Rollen)
– Schmiermittel Salatöl

1 Maschinengestell
2 Wassertank mit „Hebeschiff" (Ballast ist Wasser)
3 Seil-Umlenkblöcke
4 Zugseile
5 Steinquader mit Hebevorrichtung
6 36 abgesetzte Steinblöcke
7 Pyramidenstufe
8 Maschinenausleger (beweglich)

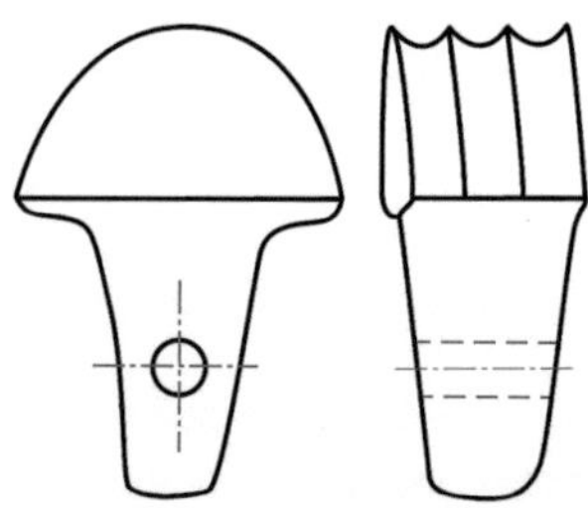

Abb. 113 Umlenkblock aus Stein
Fundort: Chephren-Pyramide
(Vgl. Abb. 111, 112 und 63)

Das Erstaunliche:
Obwohl hier nichts rollte, war es mit Hilfe eines solchen Gerätes möglich – je nach Wunsch – ein Gewicht zu **Heben** oder **Abzusenken.** Dazu liefen drei Seile über ausgearbeitete Führungsrillen, wobei sich gleichzeitig die Zurichtung änderte (dazu auch Abb. 235).

Abb. 63 zeigt einen solchen Stein im Original. Mitarbeiter des Ägyptischen Museums in Kairo scannten für mich dieses Foto aus einem riesigen dicken Buch. Im Jahr zuvor konnte ich den Originalstein noch im Ägyptischen Museum hinter der Scheibe einer Vitrine im 1. Stock bewundern. Bei meinem jetzigen Besuch ließ man mich wissen, dass der Stein nun im Museum von Luxor läge. Auch ein passendes Seil von damals, versehen mit entsprechender Stärke, ist vorhanden (Abb. 64). Der Durchmesser dieses Seiles liegt bei etwa 5-6 Zentimetern (persönlich Schätzung). Doch es hat offenbar auch solche mit gar riesiger Dicke gegeben, wie die Ägyptologin C. El Mahdy zu berichten weiß: „Die Ägypter benutzten Hanfseile. Viele aus der damaligen Zeit kamen im Wüstensand wieder zum Vorschein, und Darstellungen in Gräbern zeigen sogar ihre Herstellung. Sie variieren in der Stärke – dünne Schnüre bis zu dicken Tauen von gut **17 cm Durchmesser**. Bei Ausgrabungen tauchen regelmäßig Fragmente von solchen Seilen auf, so auch in Gize.“ [47] – Frage des Autors: **Wo sind diese Beweisstücke geblieben?**

Zum Zwecke der Umwandlung einer **Steinhebemaschine mit Umlenkblock** in eine **Steinverlegemaschine mit Umlenkblock** war es lediglich erforderlich, statt das Wasser abzulassen, Wasser in den Tank einzufüllen. Während dieser Arbeitsphase fuhr das „Hebeschiff“ vertikal nach **oben** und bewirkte das **Absenken** des Steinblocks (Abb. 111 und 112).

Der Vorteil dieser Maschine gegenüber einer Maschine mit Hebelbalken besteht darin, dass sie kürzer ist und deshalb mit weniger Platz auskommt.

Für die Phase des Absenkens und Absetzens wirkte sich auch die Reibung zwischen Zugseil und Steinnuten positiv aus: War die Reibung für den Fall des Hebens unerwünscht hoch, so führte sie während des Steinabsenkens zu einer Einsparung von Zugkräften.

Während des kurzzeitigen Anhebens des Steinblocks bildeten die 20 Mann der Bedienungsmannschaft möglicherweise ein Gegengewicht gegen Kippen der Maschine nach vorn (wenig Wasser im Wassertank). – Im Verlauf des Absenkvorgangs bestand die Gefahr des Kippens nicht, weil mit stetem Zulauf von Wasser das Gegengewicht zunahm.

Es darf wohl mit Recht bestätigt werden, dass die alten Baumeister wiederum eine Technik wählten, die durchaus das Prädikat **genial** verdient.

3.5 Erkenntnisse zum Pyramidenbau – die Arbeiterschaft aus heutiger Sicht

3.5.1 Die Arbeiterzahlen bei der Rampentheorie

Wie bereits besprochen hat der griechische Historiker Herodot um 450 v. Chr. das Land Ägypten bereist. Er ist auch auf dem Giza-Plateau gewesen, denn er berichtet bekanntlich von den dortigen Pyramiden. „Seine Ausführungen über die ägyptischen Pyramiden stellen heutzutage die ältesten inschriftlichen Überlieferungen antiker Autoren zu diesem Thema dar.“, sagt der Buchautor M. Haase und fährt fort: „Da Herodot offensichtlich vornehmlich mit den Volkskreisen in Berührung kam, präsentieren sich seine Ausführungen über Ägypten, die er sicherlich getreu der Informationen, die man ihm gegeben hat, auch der Nachwelt weitergegeben hat, als ein Gemisch aus wahren, nachvollziehbaren Beschreibungen und persönlichen Eindrücken der altägyptischen Kultur und Lebensweise auf der einen und aus Dichtung, Widersprüchlichkeiten, Ungereimtheiten und fehlerhaften Berichten auf der anderen Seite. Seine Informationen über die große Pyramide von Giza sind für den zwiespältigen Informationswert seines Ägyptenbildes, das die Antike maßgeblich mitprägen sollte, ein sehr gutes Beispiel. Im Grunde genommen nahm mit Herodot der bis in die heutige Zeit führende Pfad der spekulativen Irrungen und Wirrungen um die monumentalen Königsgräber Altägyptens seinen Anfang.“ [48]

Ich schätze M. Haase für seine eher vorsichtige, zurückhaltende und in der Regel durch Zitate wissenschaftlich abgesicherte Argumentation. Umso verwunderlicher ist es für mich, dass er an dieser Stelle von seiner bisherigen Vorgehensweise abweicht. Dies ist umso erstaunlicher, wenn man berücksichtigt, dass die Beurteilung von Herodots Mitteilungen zum ägyptischen Pyramidenbau wohl eine der umstrittensten Aussagen bezüglich der Pyramidenbau-Thematik darstellen. Für mich ist es auf der einen Seite sehr erfreulich, dass M. Haase auch einmal seine eigene Meinung mitteilt, doch in der Art und Weise ist das Vorgetragene inhaltlich für mich schwer nachvollziehbar.

Wie wir sehen, stellt M. Haase Herodots Aussagen überwiegend in Frage – denn was sollten Begriffe wie Dichtung, Irrungen, Wirrungen und Fehlinformationen auch anderes bedeuten? Man fragt sich, weshalb gerade M. Haase zu einer derart negativen Gesamtbeurteilung von Herodots Texten kommt. Die Antwort bleibt nicht lange im Dunkeln – der Autor gibt noch auf der gleichen Seite selbst die Antwort:

„Über den Einsatz von Rampen beispielsweise, die **nachweislich die maßgebliche Transportkonstruktion im Pyramidenbau** gewesen waren, verliert der Grieche kein Wort.“ [49]

Nun ist es also heraus – M. Haase, der sich derart intensiv mit dem alten Ägypten beschäftigt hat, ist offenbar auch ein Verfechter der Rampentheorie.

In diesem Zusammenhang sei die Frage gestattet, ob Herr Haase denn vor über 2500 (!) Jahren während der Übermittlungen der damaligen Informationen an Herodot, dort zugegen war. Wie kommt der Autor zu der obigen Aussage? Teilt er uns möglicherweise seine Erklärung im folgenden Satz mit? „Vielleicht hat Herodot die Ausführungen der Priester aufgrund geringer eigener technischer Kenntnisse nicht verstanden und/oder nur unzureichend wiedergegeben.“ [50]

Wir sehen wieder einmal, dass auch Aussagen bekannter Autoren zu „Irrungen und Wirrungen“ führen können, obwohl sie ihre Texte heute verfassen und nicht etwa zu Zeiten des Historikers Herodot.

Es ist nun schon mehrfach nachgewiesen, dass beispielsweise für die Cheops-Pyramide nicht „Rampen die nachweislich maßgebliche Transportkonstruktion im Pyramidenbau“ gewesen waren. So lange aber so bekannte Autoren wie M. Haase für den damaligen Pyramidenbau die Rampentheorie propagieren, so lange wird sie sich auch halten.

Auffällig ist, dass besonders in neuester Zeit die Arbeiten von Prof. F. Müller-Römer und Architekt J.-P. Houdin von sich Reden machen. Der eine Autor baut über sehr steile Rampen mit Hilfe von Seilwinden, wohingegen der andere Riesensteine überwiegend über Innenrampen nach oben schleift.

Erstaunlich ist für mich, dass auf der wohl festgefahrenen „Schiene“ der Pyramidenbau-Theorien trotzdem etwas in Bewegung zu kommen scheint. – Denn es ist für mich keineswegs selbstverständlich, dass der Neuägyptologe Prof. F. Müller-Römer nicht nur seinen „Rampen-Mitverfechter“ J.-P. Houdin, sondern auch den Pyramidenexperten Prof. R. Stadelmann kritisiert: „Im Rahmen seiner Schlussfolgerungen führt Houdin weiter aus, dass »... *die Technik der Innenrampe von Chephren und vielleicht auch von Mykerinos beim Bau ihrer Pyramiden wieder verwendet wurde.*« Damit negiert der Architekt Houdin die archäologischen Befunde, die z. B. bei der Pyramide des Mykerinos vorliegen. Die spektakuläre Veröffentlichung der Hypothese diente offensichtlich dazu, dass von Dassault Systemes entwickelte Software System DELMIA für 3D-Darstellungen am Beispiel der stets sehr populären Frage der Pyramidenbauweise möglichst publik zumachen. Wie Fachpublikationen und weit über 200 Presseveröffentlichungen allein im Internet zeigen, ist dies auch gelungen. So ist verständlich, dass Hawass gegenüber der New York Times äußert, dass er zwar bezüglich der Hypothese von Houdin beträchtliche Zweifel habe, aber dass dieser zumindest kein „Pyramidiot“ sei, wie er die zahlreichen Hobbytheoretiker vom Schlage eines Erich von Däniken nennt. Umso unverständlicher bleibt jedoch die Äußerung Stadelmanns, der Houdins Theorie als »... *mehr als interessant, revolutionär und in sich schlüssig...*« bezeichnet.“ [51]

Gibt es nun ein wenig Hoffnung für eine Veränderung bei der Beurteilung der Rampentheorie? Oder ist die Diskussion zu dieser Thematik derart eingefroren, dass auch hier in Zukunft der weitsichtige Satz eines klugen Zeitzeugens gilt:

Eine Lehre ändert sich nicht mit dem Tod des Professors,
sondern erst mit dem Tod seines Assistenten!

Wegen einer offensichtlich eingetretenen Verhärtung in der Frage bezüglich der Rampentheorie und wegen der fachlichen Popularität ihrer Verfechter, erscheint es notwendig zu sein, den Leser auf einige ganz wesentliche Probleme dieser Steinbeförderungstechnik hinzuweisen. Es werden dazu drei Rampenvorschläge von sehr bekannten Ägyptologen, beispielhaft für viele andere, angeführt, auf die sich häufig auch junge Autoren beziehen.

3.5.1.1 Außenrampe nach L. Borchardt

Wohl auf den deutschen Ägyptologen Ludwig Borchardt ist der Vorschlag einer rechtwinklig auf die Große Pyramide zulaufenden Baurampe zurückzuführen. Auf diese Idee brachte ihn ein Luftziegeldamm, den er 1926 an der Pyramide von Meidum fand. [52]

G. Goyon beziffert die Länge der Borchardt-Rampe mit 3331,96 Metern – bei einer Steigung von 5,6 Zentimetern pro Meter – um die Pyramidenhöhe von 146 Meter zu erreichen und 40 Meter Höhenunterschied zwischen Nil und Pyramidenfuß zu überwinden.

Prof. M. Riedl bezieht sich auf eine ähnliche Baurampe, mit nur etwa der halben Länge (Abb. 114), wobei er die Aussage von G. Hansen anführt: „Er sagt, dass eine 1460 m lange Rampe, mit der man von oben her die Spitze der Cheopspyramide hätte erreichen können, 17.373 Millionen m³ Material verschlingen würde, also das 7,6-fache des Pyramiden-Volumens, die aber aus Sand unstabil wäre. Zur Aufschüttung errechnet er 300.000 Arbeiter, die jedoch während der 4. Dynastie nicht zur Verfügung stehen konnten, da man mit einer Gesamtbevölkerung Ägyptens von 1, höchstens 2 Millionen rechnen durfte. Also wäre eine solche Rampe unmöglich gewesen.“ [53]

Bezogen auf die gefundene Ziegelrampe an der Pyramide in Meidum geht auch die Beurteilung von Prof. F. Müller-Römer in die gleiche Richtung: „[…]»Die Pyramide des Snofru in Meidum« […] dargelegt, können diese Rampen teilweise dem Pyramidenbau gedient haben. Es spricht jedoch vieles – vor allem die notwendigerweise sehr große Länge der Rampe – gegen eine derartige Bauweise, wie auch Maragioglio und Rinaldi sowie Arnold bemerken. Auch Goyon äußert sich sehr skeptisch.“ [54]

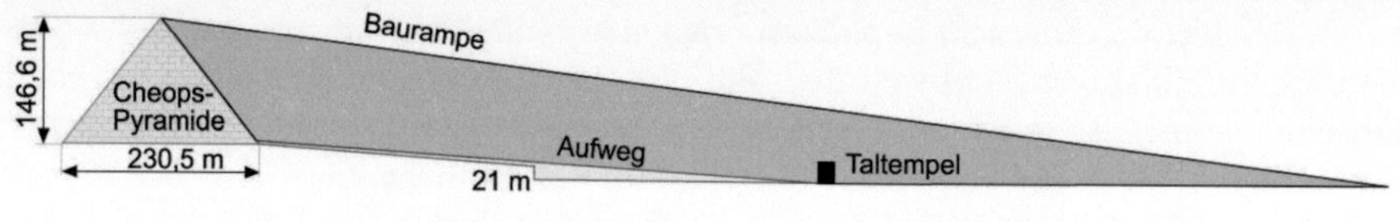

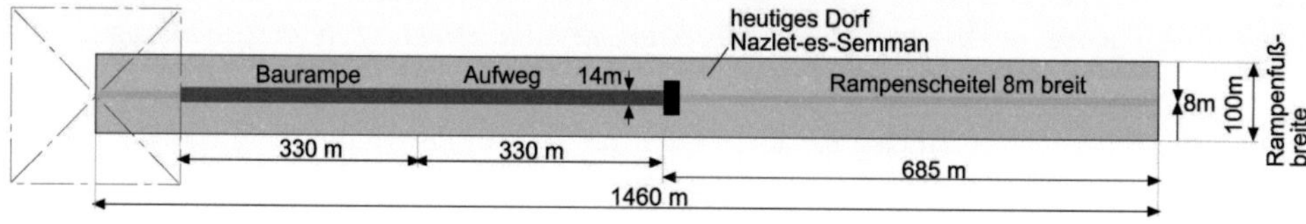

Abb. 114 Schema, Baurampe bis an die Spitze der Cheops-Pyramide
Volumen: 17,373 Millionen Kubikmeter
Materialmenge: 7,6-fache der Cheops-Pyramide

Beim Einsatz einer derartigen Rampe bei Cheops wäre noch zu beachten:

- Entsprechend dem Pyramidenbau-Fortschritt wäre mehrfaches Anpassen des Rampenkörpers in Höhe und Länge erforderlich gewesen.
- Längere Bauunterbrechungen hätten sich zwangsweise ergeben.
- Beim Schmieren des Rampenweges mit Wasser zum Zweck besseren Gleitens der Transportschlitten bestand die Gefahr des Durchweichens des Rampenkörpers.
- Falls eine Rampe, wie häufig als Lehrmeinung vermittelt, über den Cheops-Aufweg verlaufen wäre, hätten die Schlittengespanne ihren Weg durch den Steinbruch III (Abb. 62) nehmen müssen.

Kurzes Fazit:
Unter Berücksichtigung der Bauzeit für eine derartige Monsterrampe hätte man die vorgegebene Gesamt-Bauzeit von nur 20 Jahren = 7300 Tage wohl niemals einhalten können.

Da man auch keinerlei Schutthalden gefunden hat, die auf ein derart gewaltiges Werk hinweisen würden, dürfte auch die Idee für eine derartige Außenrampe wohl für immer nur eine Idee bleiben.

3.5.1.2 Außenrampe nach J.-P. Lauer

Auch dem Ägyptologen J.-P. Lauer muss L. Borchardts Riesenrampe unheimlich gewesen sein. Aus diesem Grunde entwickelte er wohl eine „abgespeckte“ verkleinerte Form (Abb. 115).

In der Regel wird seine Rampe nur in der Draufsicht und in schwarz-weiß dargestellt. Da es in diesem Falle schwierig ist, die Einzelrampen zu erkennen, habe ich zum Zwecke besseren Verständnisses über der Draufsicht die Vorderansicht hinzugefügt. Daraus wird deutlich, dass man über die Einzelrampen I und II die Pyramidenblöcke zwar an den Baukörper heran und weiter ins Innere befördern konnte, aber nur auf den Ebenen entsprechend der jeweiligen Rampenhöhen.

Für die gewaltigen Pyramidenteile (Phase I) und (Phase II), insbesondere für das weitere Auftürmen der Blöcke waren demnach die Rampen I und II nutzlos. Auch die Baumasse der Einzelrampe III steht in keinem Verhältnis zur Größe des Pyramidenkörpers (Phase III) an der Spitze. Zu beachten ist auch, dass nach Abbau der Gesamtrampe immer noch große Pyramidenteile an den Ecken – gestrichelt – noch nicht fertig waren.

Aufwand und Nutzen stehen bei der Rampentheorie von J.-P. Lauer in keinem für mich erkennbaren günstigen Verhältnis. Prof. M. Riedl wird noch deutlicher: „RAMPENLÄNGE CA. 360 M., STEIGUNG DER RAMPE CA. 40 %, VÖLLIG UNMÖGLICH.“ [55]

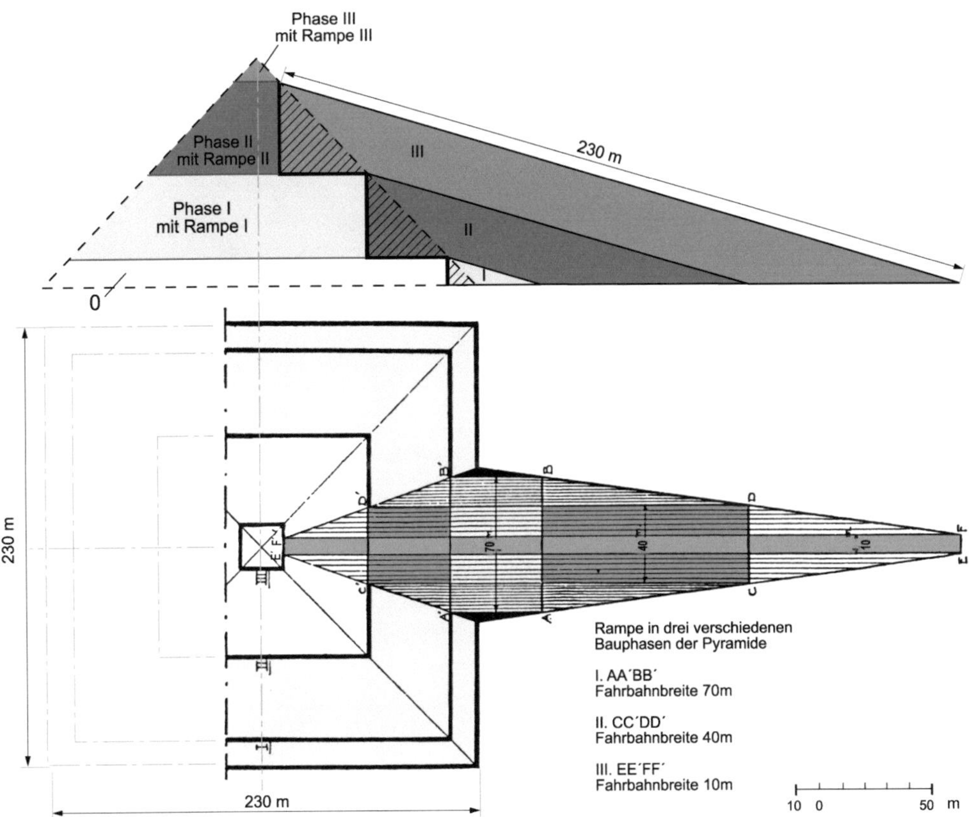

Abb. 115 Schema, Pyramidenbaurampe für die Cheops-Pyramide
System der Rampenerhöhung und -erweiterung nach J.-P. Lauer in der Draufsicht, mit Ergänzung um die Vorderansicht (oben) durch den Autor

In die gleiche Richtung geht auch die Kritik des Ägyptologen Prof. M. Verner: „Das Gesamtvolumen der Basisrampe aus ungebrannten Ziegeln, Steinabfall und Sand, die allmählich anstieg, berechnete Lauer auf 1.560.000 Kubikmeter. Wenn seine Überlegungen und Schätzungen richtig sind, machte das Volumen der Rampe zusammen mit dem der Pyramide 4.160.000 Kubikmeter Baumaterial aus, das aufgebracht, transportiert und auf eine Höhe von bis zu 146,6 Metern geschafft werden musste! Nicht nur an den antiken, sondern auch an den heutigen technischen Möglichkeiten gemessen wäre das ein Weltwunder.“ [56]

3.5.1.3 Kombinationsrampen nach Prof. R. Stadelmann

Unter den Fachautoren zum ägyptischen Pyramidenbau wird allgemein davon ausgegangen, dass nach einer Bauzeit von etwa 5 Jahren, ein Pyramidenstumpf von 28-30 Meter Höhe erstellt war. Das bedeutete, dass man mit etwa 1.375.000 Standardblöcken mehr als die Hälfte der Gesamt-Pyramidenbaumasse verbaut hätte (Abb. 4).

Abb. 116 Schema, Kombinationsrampen nach Prof. R. Stadelmann mit Ergänzungen und Farbdarstellung durch den Autor

Um dieses Ziel zu erreichen, stellt sich Prof. R. Stadelmann 16 Rampen vor, die die alten Baumeister im unteren Pyramidenbereich gleichzeitig eingesetzt hätten. Es erhebt sich aber die Frage, wie denn im Schnitt täglich 340 Riesenblöcke (nach Prof. R. Stadelmann) über diese Rampen zum Einbauort geschafft und dort sauber verlegt werden konnten. Stellt man eine ganz vorsichtige Rechnung auf, die die sehr steilen sowie die weniger steilen Rampen an der Pyramide und die Steigung des Giza-Plateaus berücksichtigt, dann ergeben sich für 1800 Tage à 340 Steine pro Tag tausende von menschlichen Schleppern!

Auch der Professor dürfte nach kurzer Überschlagsrechnung auf ähnliche Zahlen gekommen sein. Ergab sich daraus als Konsequenz der Einsatz von Ochsen mit der Folge der Verringerung der Schar menschlicher Schlepper und der damit verbundenen Platzeinsparung?

Die gewaltige Zahl von täglich 340 Schwerlast-Gespannen bergauf und leer bergab kann niemals auf den Rampenfahrbahnen und den grün hervorgehobenen Arbeitsflächen genügend Platz gefunden haben – einschließlich abladen, lagern der Blöcke sowie umdrehen der Gespanne.

Es muss geradezu zwangsläufig zu Behinderungen gekommen sein, die einem reibungslosen kontinuierlichen Baufortschritt zuwiderliefen:

- Wo sollen auf den grünen, violetten und blauen Transportflächen die vielen Steinverlegearbeiter ihre schwere Arbeit verrichtet haben?
- Wo sollen die Monolithe zwischengelagert worden sein, die alsbald zu verbauen waren?
- War vorgesehen die Rampen stehen zu lassen, und die Steinblöcke bis zu 30 Meter tief zu den unteren Schichten zu transportieren, oder mussten die Rampenhöhen mehrfach dem Baufortschritt angepasst werden?

Allein wegen des nicht ausreichend zur Verfügung stehenden Arbeitsplatzes für Tiere, Transportschlitten und menschliche Schlepper in großer Zahl, dürfte das 5-Jahresziel des Pyramidenbaus mit Hilfe der vorgestellten Rampentheorie Prof. R. Stadelmanns nicht zu erreichen gewesen sein.

Noch deutlicher äußert sich in gleicher Richtung Prof. F. Müller-Römer in seiner Dissertation zum Pyramidenbau: „Auch für den Bauvorschlag von Stadelmann gilt, dass er sehr kompliziert ist und in sich keine klare einheitliche Linie aufweist. Er entspricht nicht der einfachen und in sich einheitlichen Bauweise, die im AR Anwendung fand. Darüber hinaus ist aus bautechnischer Sicht zu bezweifeln, ob eine Vielzahl derartiger Rampen mit einer so schmalen Basis eine ausreichende statische Sicherheit für den Transport schwerer Steine bieten könnte. Darüber hinaus müssen die Rampen ständig erhöht und ihre Basis angepasst werden, was zu regelrechten Bauunterbrechungen führt. Ein Wechsel der Bauweise waagerecht verlegter Steinlagen zu einer Stufenform erscheint inkonsequent und sehr unwahrscheinlich. [...] Berechnungen der Transportkapazität der Rampen und zur Bauzeit der Pyramide werden nicht vorgelegt. Archäologische Befunde von derart großen Baurampen gibt es bei den Pyramiden des AR nicht. Der Vorschlag von Stadelmann erscheint dabei nicht schlüssig. Einige der in Kapitel 7.2 »*Grundsätzliche Lösungsansätze für den Pyramidenbau*« genannten Prämissen werden nicht erfüllt.“ [57]

Zusammenfassung:
Die Liste der angeführten Autoren mit ähnlich vorgetragenen Bautheorien nach Prof. R. Stadelmann könnte beliebig weitergeführt werden. Sie reicht von K. Lepsius, W. F. Petri, L. Borchardt, U. Hölscher, J. P. Lauer, E. Graefe, G. Goyon, Prof. A. Schlögl, P. Jánosi, Prof. D. Arnold bis hin in unsere Tage zu M. Lehner und anderen.

Allen sehr bekannten und verdienten Wissenschaftlern, Ingenieuren, Hobby-Ägyptologen und Praktikern liegt im Wesentlichen die gleiche Bautheorie zugrunde:

Transport der Riesenbausteine über Rampen
(z. B. außen, innen, gebogen, gewendelt, zickzack oder in Kombination).

Diese gemeinsame Bautheorie bedingt aber auch eine gemeinsame Grundvoraussetzung:
Sie alle benötigen viel Platz – Platz, den man auf dem relativ kleinen Pyramidenareal des Giza-Plateaus nicht hatte.

Hinsichtlich vorgetragener Bautheorien stellt man bei vielen Autoren fest, dass um die Richtigkeit eigener Ausführungen häufig erbittert miteinander gestritten wird, obwohl man meist nur in Nuancen auseinander liegt. Wendet man sich aber der Größe der an der Pyramide tätigen Arbeiterschaft zu, die ja in einem unmittelbaren Zusammenhang mit der Erstellung des Bauwerkes steht, so stellt man eine geradezu erstaunliche Geschlossenheit bei der Beurteilung dieser Frage fest.

Da sich alle Autoren im Grunde auf eine gleiche, zumindest ähnliche Baumethodik festgelegt haben, können natürlich Historiker wie Herodot und Diodor von Sizilien wohl nur „Spinner" gewesen sein.

Alle zuvor von mir angeführten Autoren des altägyptischen Pyramidenbaus hätten natürlich Recht, wenn sie auch mit ihrer Annahme im Rechten wären, dass für die alten Baumeister tatsächlich

„Rampen die nachweislich maßgebliche
Transportkonstruktion im Pyramidenbau gewesen wären." [Vgl. Zitat 49]

Herodot mit seinen 100.000 Mann und Diodor mit sage und schreibe 360.000 Arbeitern würden jedes Platzangebot auf dem Giza-Plateau sprengen, falls auch sie bei ihren Überlegungen die Rampentheorie zugrunde gelegt hätten.

Allgemein gilt: **Die einmal gewählte Bautechnologie bestimmt natürlich zwingend die Größenordnung der entsprechend dem Platzangebot noch gerade akzeptierten Arbeiterzahl.**

Alle Beteiligten, geradezu ein Heer von Fachleuten mit immensen Kenntnissen zum ägyptischen Pyramidenbau wissen, dass 5000 Mann niemals im Stande waren, die Pyramide des Cheops innerhalb von 20 Jahren zu erstellen – und doch gibt es manche, die dieses behaupten!

So kommt selbst F. Löhner, der sich so intensiv mit dem Pyramidenbau beschäftigt hat, auch nur auf 6500 Mann. Er ergänzt allerdings wie folgt: „Die Gesamtzahl von rund 6500 Beschäftigten mag mit »Randfiguren« aller Art auf 7 bis 8.000 anwachsen, schließlich gibt es im Orient einen nahtlosen Übergang von Dauerbeschäftigten über Hilfskräfte bis hin zu uninteressierten Beteiligten und interessierten Unbeteiligten." [58]

Entweder sind diese Leute damals dabei gewesen oder sie passen die Arbeiterzahl rigoros ihren Theorien an. Dieses ist eine Tendenz, die sich durchweg in fast allen Abhandlungen zum Pyramidenbau beobachten lässt. Eine derartige Vorgehensweise ist weder wissenschaftlich noch fair gegenüber anderen und unehrlich sich selbst gegenüber – und das in einem ganz erheblichen Maße!

Würde ein Autor wie folgt argumentieren: „Aus diesen oder jenen Gründen bin ich der Meinung, dass die alten Baumeister ihre Pyramiden über Rampen bauten. Aufgrund der gewählten Baumethodik konnten aber unter Berücksichtigung des Platzangebotes nur die Arbeiterzahl X eingesetzt werden, obwohl mir bewusst ist, dass diese niemals ausreichen würde.", hätte er seine Theorie, seine Arbeiterschaft und ein hohes Maß an Glaubwürdigkeit.

„Große Pyramide", „Riesenpyramide" oder „Monsterbauwerk" sind nur einige häufig zu Recht gewählte Bezeichnungen zur Beschreibung der Cheops-Pyramide. Merkwürdig, bei diesen Formulierungen zum Zwecke des Herausstellens der außergewöhnlichen Größe des Bauwerkes sind sich alle Autoren wieder einig. So wird es als groß und gewaltig entsprechend der verbauten Steinmasse – in Verbindung mit dem „Schlagen im Bruch", Transport, Heben und Verlegen – zu dem letzten noch erhaltenen Weltwunder der Antike beschrieben.

Doch es bleibt immer noch die Frage nach der Größe des Arbeiterheeres. Eine kurze Aufzählung der Beschäftigungsmerkmale für die Arbeiterschaft zeigt, dass der Umfang der zu verrichtenden Tätigkeiten geradezu gewaltig gewesen sein musste. Bereits zu Beginn der Aufzählung wird deutlich, dass der Bau der Pyramiden nicht mit dem Tag der Thronbesteigung des Pharaos begann und mit seinem Todestag endete, so wie es sich viele bekannte Autoren vorstellen. Dieses zeigt sich insbesondere beim Bau der Großen Pyramide.

Kurze Aufstellung der erforderlichen Arbeitsausführungen für den Bau der Cheops-Pyramide:

- Planen des Bauwerkes in allen Einzelheiten
- Vorbereiten des Baugrundes
- 6.250.000 Tonnen Stein schlagen und zu unterschiedlichen Blöcken formen
- 6.250.000 Tonnen Stein aus den Brüchen
  herausholen,
  zur Pyramide transportieren,
  auf die entsprechenden Stufen heben und verlegen
  (darunter mindestens 100 Monolithe)
- Kammern und Gänge bauen
- Pyramidenwände glätten
- Aufweg, Umfassungsmauer, Totentempel, Taltempel, Umweg bauen
- Transportrampen, Maschinen/Hebel, Gerüste, Hilfsmauern etc. erstellen
- Arbeiter, Priester und Beamte mit Essen, Trinken, Kleidung, Unterkunft und Medizin versorgen – Bestattung, Straßen, Häuser, etc. (Infrastruktur)
- Transportieren von Werkstoffen (Holz, Metall) etc.
- Herstellen und Instand halten von Werkzeugen
- Einweisen und Unterrichten neuer Arbeiter
- Schulen von Vorarbeitern
- Organisieren und Betreiben von Werften (Schiffsbau, Konstruktion)
  – Betreiben einer Flotte zum Beschaffen von z. B. Zedernholz aus dem Libanon
- Nutzen archivierter Erkenntnisse aus bereits erstellten Pyramiden durch die Konstruktions- und Versuchsabteilung
- Koordinieren des Arbeiterheeres – mit Umleitung der Arbeiter von der Cheops-Pyramide zu den Pyramiden des Chephren und des Mykerinos – bedingt durch die Abnahme des Platzangebotes während des Wachsens der Cheops-Pyramide
- Aufräumen der Baustelle, Entfernen der Rampen etc.

Zu berücksichtigen ist auch das mörderisch warme Klima an den Pyramiden. Ganztägiger Einsatz der Arbeiter war damals sicherlich nicht möglich; häufiges Ablösen dürften die Regel gewesen sein.

Allein aus der obigen, keinesfalls vollständigen Aufstellung lässt sich folgern, dass wie bereits angedeutet, mindestens ein Planungsvorlauf von 5 Jahren, vielleicht sogar von 10 Jahren nötig war, um alle anfallenden Probleme **vor Baubeginn** zu klären.

Die Folge:
Beim Einsatz der Rampentheorie waren allein etwa 70.000 Hilfsarbeiter und mindestens 30.000 Facharbeiter zum Erreichen der vorgegebenen Ziele erforderlich. Diese Aussage beruht auf meiner ganz vorsichtigen und persönlichen Schätzung.

Wegen des geringen Platzangebotes konnten die benötigten Arbeiterscharen aber gar nicht zum Einsatz kommen.

Diese Aussage bestätigt auch der deutsche Ingenieur J. Borrmann – und er hat nicht nur geschätzt, sondern auch gerechnet. Interessanter Weise legt er als Arbeitsleistung für die Arbeiter „Tagewerke" zu Grunde. Ein „Tagewerk" erklärt der Ingenieur wie folgt: „Wenn z. B. 100 Mann 10 m³ je Tag vom Steinbruch zur Baustelle schaffen, dann ist ein „Tagewerk" 10 m³/100 Mann = 0,10 m³." [59]

Anmerkung des Autors: J. Borrmann setzt für unterschiedliche Tätigkeiten der Arbeiter unterschiedliche „Tagewerke" an. Auf Grund dessen kommt er beim Bau der Cheops-Pyramide mit Hilfe einer Außenrampe auf 810 Millionen „Tagewerke", für die bei einer Bauzeit von 21 Jahren **110.000 Arbeiter** nötig gewesen wären.[60]

Auch J. Borrmann kommt zu der Schlussfolgerung: „Diese Menschenmasse würde auf der Baustelle keinen Platz finden […] d. h. Rampenbau bis oben hin sowie gleichzeitig den Steintransport konnten die zur Verfügung stehenden Kräfte in der vorgegebenen Zeit nicht schaffen." [61]

Erkenntnis:
Wegen dieses unüberbrückbaren Widerspruchs scheidet die Rampentheorie als maßgebliche Transportart für den Bau der Cheops-Pyramide meiner Meinung nach mit allergrößter Wahrscheinlichkeit aus.

3.5.2 Die Arbeiterzahlen bei der „Barkentheorie"

Unter Berücksichtigung der Größe des Bauwerkes wird in diesem Buch davon ausgegangen, dass die Annahme einer Arbeiterschaft in Höhe von 100.000 Mann durchaus angemessen ist.

Zur besseren Übersicht erfolgt eine Einteilung entsprechend den Anforderungen an die Beschäftigten zum Bau der Großen Pyramide – grober Überschlag:

20.000 bis
30.000 Mann – **Koordination – Planung – Bauleitung – fachspezifische Arbeiten**
Pharao, Oberbauleiter, Beamte, Priester, Abteilungsleiter, Koordinatoren, Lehrer, Arbeitseinweiser, Vorarbeiter und ein Heer von qualifizierten Facharbeitern

2.000 bis
4.000 Mann – **Versuchsabteilung**
Ingenieure, Techniker, Facharbeiter für Versuche, Modellbau, Zeichnungen und Baubeschreibungen

5.000 bis
6.000 Mann – **Versorgung der Arbeiterschaft**
Bäckereien, Schlachtereien, Obstanbau, Brauereien, Kräuter und Vitamine, Nahrungszustellung, Reinigung, Entsorgung, Müllbeseitigung, Unterkunft, Strassen (Infrastruktur), Medizin, Bestattung, Unterhaltung, Vergnügen für die Arbeiterschaft etc.

7.000 bis
8.000 Mann – **Hilfsarbeiten**
Rampenbauer, Stellagenbauer, Hilfen an der Pyramide, in der Pyramide, in den Steinbrüchen, Transport der Blöcke zu Wasser und zu Lande

60.000 bis
65.000 Mann – **Wasserbeförderung durch Wasserträger,** Hilfsarbeiter, Vorarbeiter.

Woran liegt es, dass im Gegensatz zur Rampentheorie bei der „Barkentheorie" zusätzlich zu 35.000 Facharbeitern weitere 65.000 Wasserträger des Cheops genügend Platz finden, um ihre Arbeit zu verrichten? Die Antwort liegt ganz einfach in der Wahl der Baumethode!

Auffällig ist insbesondere, dass die mörderische Arbeit der Steineschlepper mit Hilfe von Holzschlitten über Rampen vereinfacht wurde. Die Hubarbeit und die Verlegearbeit von 6,25 Millionen Tonnen Stein wurde nunmehr überwiegend durch Maschinen verrichtet. Das Tätigkeitsmerkmal des Steineschleppers wurde umgewandelt in das Merkmal des Wasserschleppers. Aus dem Ziehen von tonnenschweren Steinblöcken wurde ein Tragen von 15 Kilogramm schweren Wasserbehältern. Mussten bisher je nach Rampensteigung 60 oder gar 100 Mann unter äußerstem Krafteinsatz die tonnenschweren Blöcke als Mannschaft ziehen, so war nunmehr jeder Arbeiter für sein 15 Liter-Wassergewicht allein verantwortlich.

In langen Menschenschlangen trugen die Arbeiter das wertvolle Nass, aufgestellt in Reihen zu dritt, zu viert oder gar zu sechst nebeneinander, herbei. Tausende von Wasserträgern konnten auf diese Weise die Energie für Transportkanäle, Schleusen, Steinhebe- und Verlegemaschinen herbeischaffen. Auf vorbestimmten Wegen verlief der Wassertransport geordnet und kontinuierlich, ohne dass es zu Behinderungen untereinander kommen musste (Abb. 120). Mit Hilfe von provisorischen Brücken und Unterführungen war es sogar möglich, dass sich Arbeiterschlangen kreuzten.

So war das Bild des damaligen Pyramidenbaus insbesondere dadurch gekennzeichnet, dass sich Menschenströme mit vollen Wasserbehältern zur Pyramide hin und mit leeren Behältern wieder zurück bewegten. Man hatte damit wiederum eine zwar einfache, aber dennoch sehr effektive Technik, die es gestattete, das Wasser des Nils in geradezu unbegrenzten Mengen herbeizutragen.

Fazit und Ausblick – eine kurze Bestandsaufnahme:

- Die Grundfläche der Cheops-Pyramide hatte man zu diesem Zeitpunkt mit Hilfe der damaligen Mittel „grob" eingemessen und nach Norden ausgerichtet.
- Um die Pyramide herum, besonders auf der Ostseite war das Plateau bereits abgetragen, bis auf das heute vorgefundene Niveau.
- Stehengelassen hatte man einen etwa 200.000 Kubikmeter großen, ca. 3 Meter hohen Steinsockel, der in seinen Ausmaßen nahezu der Pyramidengrundfläche entsprach.
- Der Sockel wurde mit dem gewonnenen Steinmaterial eingeebnet. Auf der Pyramiden-Westseite hatte man wohl das zur Zeit nicht benötigte Material in bereits gefertigten Blöcken zwischengelagert.

Damit waren die folgenden Voraussetzungen geschaffen:

- Die Pyramide bestand bereits aus einem etwa 3 Meter hohen Körper mit eingeebneter Oberfläche.
- 200.000 auswärtige Blöcke, einschließlich der Monolithe, konnten mit Hilfe der Schleusen über die Nordost-Kante auf das Plateau hinauffahren (A1).
- 2.300.000 Steinblöcke konnten aus den umliegenden Steinbrüchen herbeigeschafft werden (A2, A3, A4, A5).
- 60.000 Wasserträger des Cheops waren bereit, über vorgezeichnete Wege und in geordneten Menschenschlangen das Nilwasser herbeizutragen
  - über Treppen an der Nord-ost-Seite (B1)
  - zusätzlich über Treppen an der Nordwest-Seite (B2)
  - bei Bedarf zusätzliche Träger über den Wadi vom Hafen des Chephren/Mykerinos mit mehreren tausend zusätzlichen Tonnen Wasser pro Tag – möglicherweise mit Erhöhung der Tragemenge auf 20-40 Liter pro Mann (B3)
  - Über die Transportwege C1, C2 und C3 war es möglich alle wesentlichen Versorgungsgüter für den Bau, aber auch für die arbeitenden Menschen herbeizuschaffen.

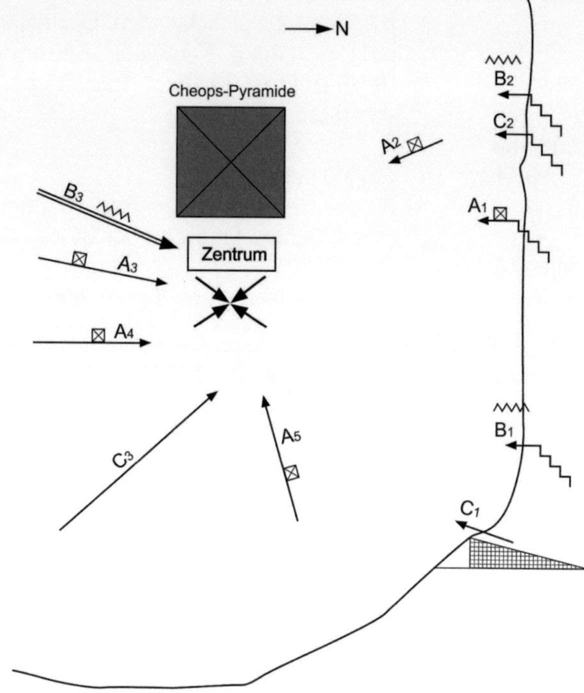

*Abb. 117 Schema, **„Das Zentrum“ auf dem Giza-Plateau***
– Treffpunkt der Menschenströme
– Anlieferung von Wasser und Material

Mögliches tägliches Arbeiteraufkommen der Wasserträger im Überblick

7 Kolonnen à 2.000 Mann = 14.000 Wasserträger bildeten eine Schicht

1. Schicht:	06:00 – 09:00 Uhr	= 14.000 Mann
2. Schicht:	09:00 – 12:00 Uhr	= 14.000 Mann
3. Schicht:	12:00 – 15:00 Uhr	= 14.000 Mann
4. Schicht:	15:00 – 18:00 Uhr	= 14.000 Mann
Arbeitstag über 12 Stunden von Sonnenaufgang bis -untergang		= 56.000 Mann
Kranke, Versorgungs- und Reservekräfte		= 4.000 Mann
Gesamtanzahl der Wasserträger pro Tag		**= 60.000 Mann**

Ergebnis: Es können bei dieser Annahme täglich etwa 5040 Tonnen Wasser an die Pyramide gebracht werden (30 Liter pro Mann und drei Arbeitsgängen pro Schicht).

Ausblick:
Für den weiteren Bau der Cheops-Pyramide hatte man nunmehr geradezu ideale Bedingungen geschaffen. Aus Nord, Ost und Süd strömten alle benötigten Baumaterialien herbei, geradezu zentral ausgerichtet auf nur einen Punkt (Abb. 117) – gelegen auf der Ostseite der Pyramide. Es war nur noch nötig, alle Materialströme – Steine, Wasser und Versorgungsgüter im Zentrum zu bündeln und auf nur ein Ziel auszurichten: **Den Bau der Großen Pyramide.** Zu schaffen war dazu innerhalb des Gesamtbauvorhabens „Pyramidenbau" ein zentrales Bauwerk – in übertragenem Sinne – vergleichbar mit der Funktion eines „HERZENS".

Geeignet, diese Forderung zu erfüllen, erscheint in ganz besonderem Maße die folgende bauliche Einrichtung zu sein – mit Namen: **KLEINKANAL-SYSTEM auf Giza** (Abb. 118) in Verbindung mit dem **TIEFWASSERHAFEN auf der NORDOST-SEITE des Giza-Plateaus** (Abb. 119).

3.5.2.1 Das Kleinkanal-System – Wasserstraßen auf dem Giza-Plateau

Es erschien sinnvoll zu sein, die etwa 200.000 noch fehlenden Steinblöcke auf ihrem Wege von den Steinbrüchen auch auf den letzten Metern ihrer Reise auf dem Wasser zu befördern. Doch vor Erstellung der erforderlichen Wasserwege auf dem Giza-Gelände wurden zunächst zwanzig Meter hohe Rampen errichtet, drei auf der Pyramiden-Ostseite und eine, in Form eines T's, auf der Südseite (Abb. 118). **Die Platzwahl für die Rampen ergab sich aus der Lage der Pyramide, ihren sieben Schiffsgruben (Abb. 21) und der tiefen Senke auf der Nordost-Seite des Giza-Plateaus (Abb. 22).**

Nach Fertigstellung dieser Bauwerke wurden um die Pyramide herum zwei steinerne Mauern gezogen. Die lichte Weite der Mauern und ihre Lage mag etwa dem von M. Lehner angegebenen Umweg entsprochen haben. Somit entstand ein um die Pyramide laufender Graben, der eine innere Breite von etwa 10,50 Metern hatte. Danach wurde der somit entstandene Umlaufkanal zu den **sieben Hebewerken** hin erweitert und an das **Schleusensystem** angebunden.

Nachdem man auch den Boden mehrschichtig verlegt und sorgfältig abgedichtet hatte, war ein künstliches **KLEINKANAL-SYSTEM** entstanden. Die Höhe der Mauern ergab sich aus der notwendigen Wassertiefe von etwa 2,50 Metern an der Pyramide. Aufgrund der Neigung des Geländes nach Osten mag die Mauerhöhe in Pyramidennähe bei drei Metern und am Ende des Hebewerkes Nr. 2 (nördlicher Aufweg) über 8,50 Metern gelegen haben. Die leichte Bodenneigung auf 10,50 Meter Kanalbreite im Bereich des Umlaufs konnte durch Lehmziegel gut ausgeglichen werden. Die Mauern dürften etwa 2,5-3,5 Meter dick gewesen sein.[62]

Anmerkung:
Auf der Nord-, West- und Südseite der Großen Pyramide sind noch heute zum Teil gut erhaltene Reststücke des **Pyramidenumlaufs** erhalten. Insbesondere fällt die präzise und sorgfältige Verlegung der Kalksteine am Grund auf. Auch Reste der **Umlaufbegrenzungsmauern** findet man noch heute; sie weisen auf eine ursprüngliche Dicke von 2-3,5 Metern hin. All dies mag ein Indiz dafür sein, dass das Kleinkanal-System und auch die Schleusen nicht unbedingt aus Nilschlammziegeln, sondern möglicherweise aus Kalksteinblöcken gebaut waren. Auch die sauber verlegten Kalksteine in den 44 Meter-Schiffsgruben des Pharao Unas in Sakkara (Abb. 38) weisen in die gleiche Richtung. Möglicherweise wählte man aber eine Kombination aus Kalkstein und Nilschlammziegeln.

230 m

A

Herodot:
"Cheops Grabkammer
gebaut auf einer INSEL"

230 m
(verkürzte Darstellung)

1 3 4 7 6 5 10 2 8 9 6a 24 Wasser 22 23

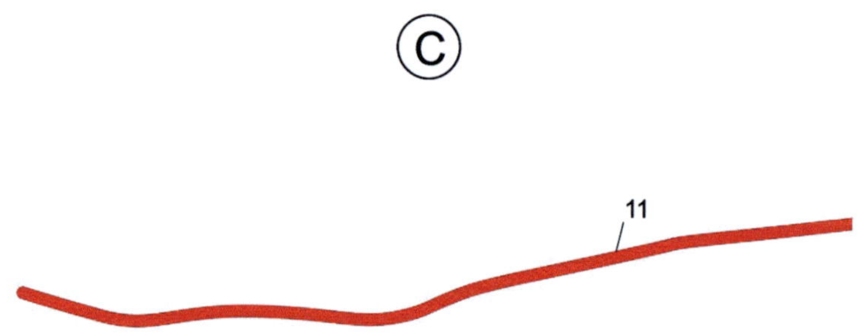

Abb. 118 *Schema,* ***KLEINKANAL-SYSTEM*** *auf dem* ***GIZA-GELÄNDE***

Anmerkung: *Für den Zeitpunkt der Anlandung* der bis heute bekannten 100 Monolithe wären die Mauern des Kleinkanal-Systems zu erhöhen gewesen, um zu gewährleisten, dass auch der größte Baustein mit ca. 60 Tonnen Gewicht unter der Wasseroberfläche schwimmend transportiert werden konnte.*

* *Beginn des Baus der Großen Galerie – bei etwa 21,5 m Pyramidenhöhe*

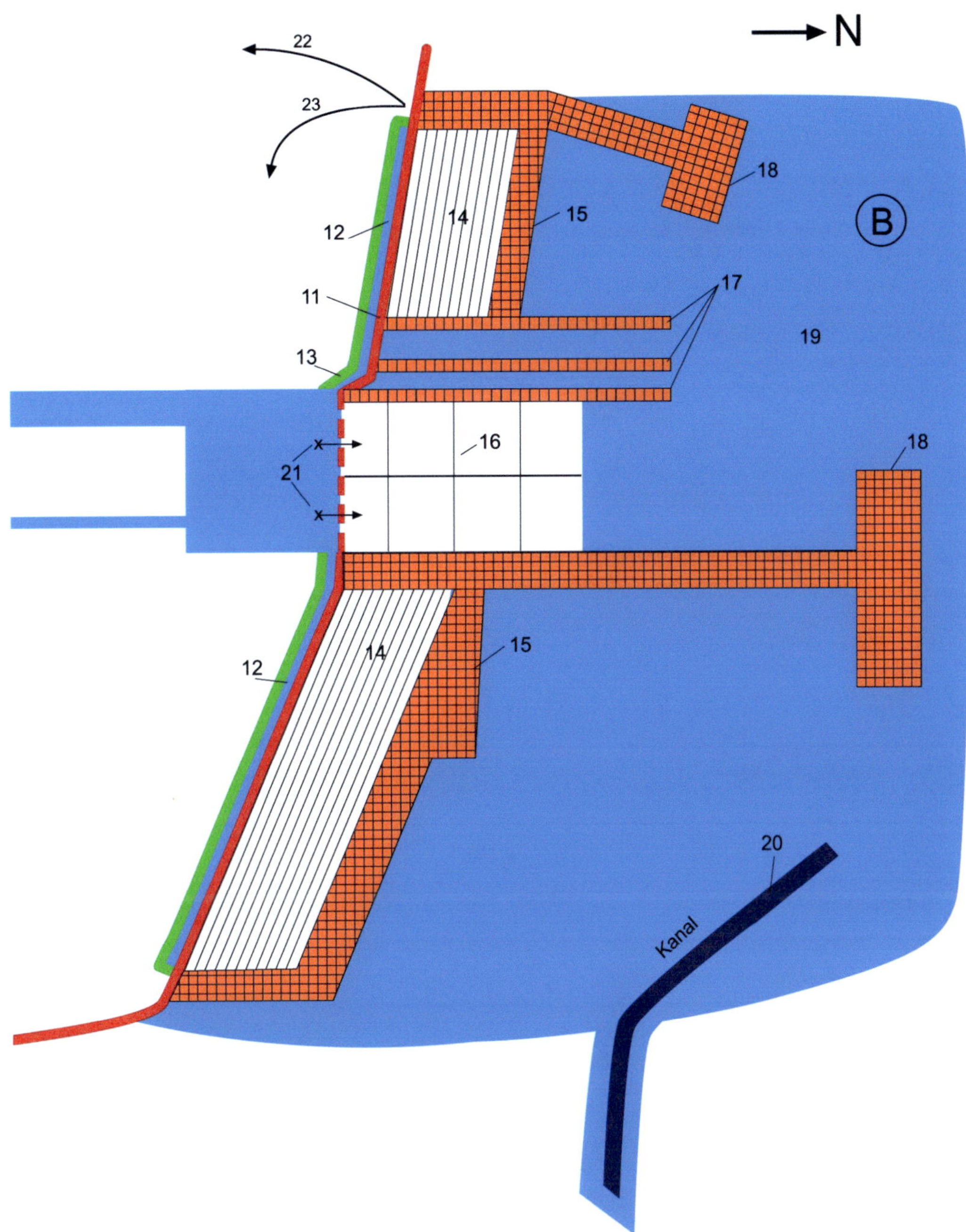

Abb. 119 Schema, ***TIEFWASSERHAFEN*** *auf der* ***NORDOST-SEITE*** *des* ***GIZA-PLATEAUS***

Abb. 118 Schema, Kleinkanal-System auf dem Giza-Gelände

1	*7 Schiffshebewerke – die Barken und die Gruben (Farbe Grün)*
2	*Kanal gefüllt mit Wasser*
3	*Dämme mit Neigung zur Pyramide hin für Steintransport*
4	*Rampen*
5	*Unterführungen*
6	*38 Steinhebemaschinen des Cheops auf der Pyramiden-Ostseite und -Nordseite*
6a	*22 Steinhebemaschinen des Cheops an den Transportdämmen Ost*
7	*Transportrampen*
8	*Straße für Wasserablauf (Abb. 121)*
9	*Wasserablassventil (Abb. 122)*
10	*Schleusen auf der Pyramiden-Südseite*
11	*Plateaukante*
22, 23	*Versorgungstransportwege*
24	*Wassereinspeisung in das Kleinkanal-System vom Hafen des Chephren aus, Transportweg 1 (Abb. 120)*

Abb. 119 Schema, Tiefwasserhafen auf der Nordost-Seite des Giza-Plateaus

12	*Graben für Wassereinspeisung in das Kleinkanal-System vom Tiefwasserhafen aus, Transportwege 2 und 3 (Abb. 120)*
13	*Mauern des Grabens*
14	*Treppen, 250 m lang*
15	*Ponton (Schiffsanleger)*
16	*Schleusen*
17	*Schiffsanleger*
18	*zwei Transportrampen*
19	*Hafenbecken*
20	*Kanal zur Wasserspeisung des Hafens, wahrscheinlich Teil des Kanals aus den 30er Jahren*
21	*Wassereinlassventile zu den Schleusen*
22, 23	*Versorgungstransportwege*

(A)	*Pyramide*
(B)	*Hafenanlage*
(C)	*Freies Gelände (mit Steinbrüchen)*

Anmerkung: *Das Schema des Kleinkanal-Systems (Abb. 118) und des Tiefwasserhafens (Abb. 119) sind entstanden unter besonderer Berücksichtigung der Lage der 7 Schiffsgruben des Cheops und der tiefen Senke an der Nordost-Seite (Abb. 21 und 22).*

Die drei Königinnen-Pyramiden (Südost-Seite) dürften erst nach Fertigstellung der Cheops-Pyramide und Abriss des Kleinkanal-Systems errichtet worden sein. [63]

3.5.2.2 Das Kleinkanal-System – Wasserspeicher und Energieträger

Nach Überschlagsrechnung war das Kleinkanal-System mit nahezu 100.000 Kubikmetern Wasser bei Baubeginn und über 100.000 Kubikmetern zum Zeitpunkt des Transportes der Monolithe ein gewaltiger **Wasserspeicher** und gleichzeitig ein willkommener **Energieträger.** Man könnte deshalb das Kleinkanal-System auf Giza auch als das „HERZ“ der gesamten Pyramidenbauanlage bezeichnen. Das wird überdeutlich dadurch angezeigt, dass hier vom Zentrum aus regelrechte **Energieströme** verliefen:

Energiestrom (1)
speiste die Schleusen an der Nordost-Flanke

Wasser lief vom Zentrum in die beiden oberen Schleusenkammern Nr. 4 des Schleusensystems an der Nordost-Kante und hob die darin befindlichen Transportschiffe. Nachdem das Wasser gearbeitet und das Schiff die Kammer verlassen hatte, floss das Wasser der Schleusenkammer Nr. 3 zu, arbeitete dort, floss danach zu Nr. 2, dann zu Nr. 1 und erreichte nach seiner letzten Arbeitsverrichtung das Tiefwasserbecken (Abb. 119).

Vorteil:
Mit nur einer Ladung Wasser, für Kammer Nr. 4, wurden insgesamt vier Schleusenvorgänge vollzogen – eine sehr Wasser sparende Technik.[64]

Energiestrom (2)
speiste die 7 Hebewerke des Cheops

Energiestrom (3)
speiste die 38 Spezial-Hebemaschinen auf der Pyramiden-Ost- und -Nordseite

Energiestrom (4)
speiste die 22 Spezial-Hebemaschinen an den Rampen der Ostseite

Energiestrom (5)
speiste die 72 Steinverlegemaschinen im Inneren der Pyramide (Abb. 183 Nr. 16)

Energiestrom (6)
speiste insgesamt etwa 41 Maschinen innerhalb und außerhalb der Pyramide in Pyramidennähe – 50 weitere Hebemaschinen arbeiteten unabhängig vom Kleinkanal-System in den Steinbrüchen.

Unmittelbar an dieser Stelle warten zwei weitere spannende Fragen auf eine angemessene Beantwortung:

- Wie gelangten 90 oder gar über 100.000 Kubikmeter Wasser auf das erhöht gelegene Plateau?
- Wer verrichtete die notwendige Arbeit?

Die Antwort ist eigentlich ganz einfach: **Die Arbeiter des Cheops schleppten das Wasser des Nils auf das Plateau hinauf (Abb. 117 und 120).**

Aufgereiht in langen Schlangen war es möglich, an einem 12-Stundentag den größten Teil der täglich erforderlichen Wassermenge über bequeme Treppen vom Tiefwasserhafen nach oben zu tragen (Abb. 119 Nr. 14 und Abb. 120, Transportwege 2 und 3). Die Wasserträger schütteten das Wasser in den Graben (Abb. 119 Nr. 12) und füllten damit das Kleinkanal-System. Zusätzliche

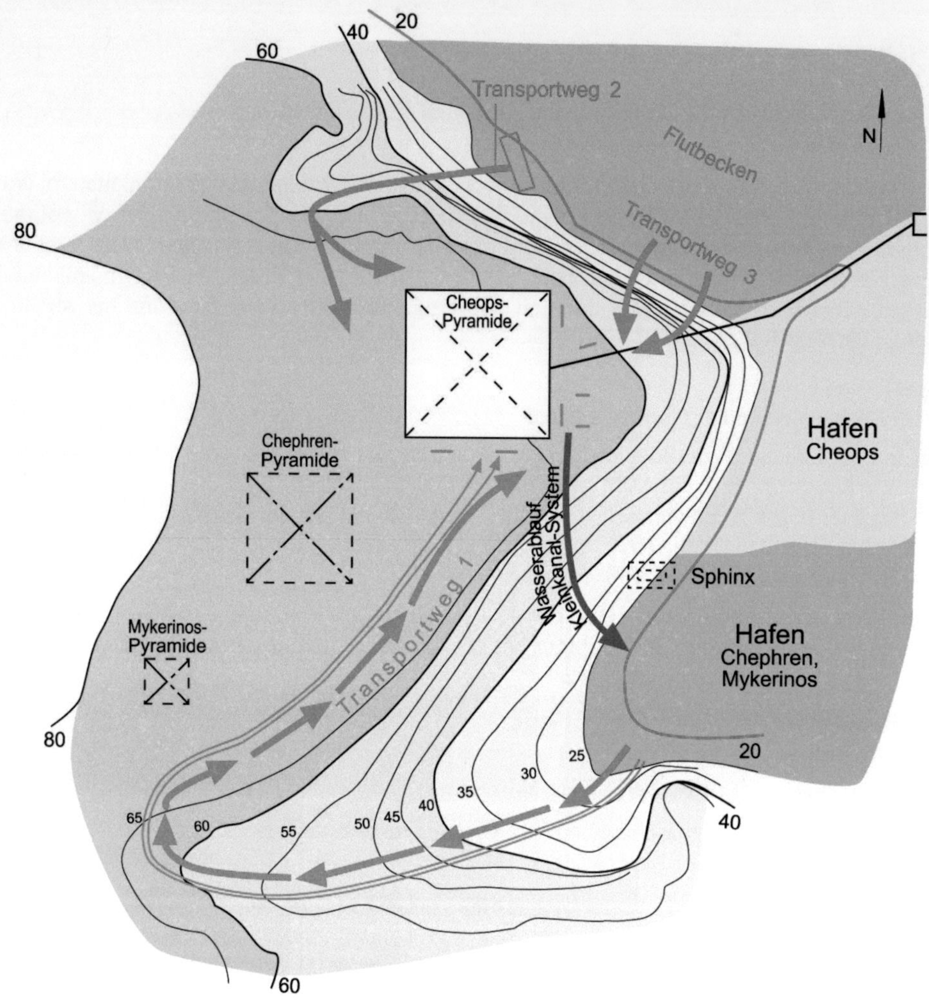

Abb. 120 ***Wassertransportwege an der Cheops-Pyramide***

Transportweg 1 vom Hafen des Chephren/Mykerinos
Transportwege 2 und 3 vom Tiefwasserbecken an der NO-Seite des Plateaus

Wassermengen konnten bei Bedarf auch über den Transportweg 1 herbeigeschafft werden (Abb. 120).

Das gilt insbesondere für den Fall der alljährlichen Reinigung und Ausbesserung des Kleinkanal-Systems – wenn dann zusätzlich mehrere tausend Tonnen Nilwasser täglich für die schnelle Wiederherstellung der Betriebsbereitschaft erforderlich waren – **eine überaus einfache, aber dennoch effektive Technik**! Zum Zwecke der steten Reinigung des Kleinkanal-Systems mag täglich eine große Menge Wasser über die „Straße an den Königinnen-Pyramiden" (Abb. 121) abgeflossen sein. **Extrem abgewaschene glatte Bodensteine und ein großes Steinventil (Abb. 122) mögen ein besonders starkes Indiz für diese Aussage sein. Steinventil und Wasserstraße könnten damals durchaus wie in Abb. 118 Nr. 8 und Nr. 9 eingezeichnet, platziert gewesen sein.**

Abb. 121 „Straße an den Königinnen-Pyramiden" – ***Abfluss für das Kleinkanal-System?***
Abgewaschene glatte Steine entstanden durch jahrelanges Fließen von Wassermassen? (Abb. 118 Nr. 8)

Abb. 122 ***Wasserablaufventil*** *am* ***Kleinkanal-System*** *(Abb. 118 Nr. 9)*
Heutiger Liegeplatz: an der Königinnen-Pyramide der Henutsen! Wie damals am Kleinkanal-System in der Nähe des Einbauortes?
– Material: Kalkstein   Blickrichtung: schräg von oben

3.5.2.3 30.000 „Freie Mitarbeiter" des Cheops

Nach Festlegung der Arbeiterschaft auf etwa 100.000 Mann darf aufgrund ganz grober Schätzung die folgende Unterteilung vorgenommen werden:

Facharbeiter - 30.000 Mann

Hilfsarbeiter - 10.000 Mann

Wasserträger - 60.000 Mann

Die Facharbeiter nenne ich „Freie Mitarbeiter", da sie sich aus dem ägyptischen Volk heraus wohl ohne Zwang dem Pyramidenbau mit ihren besonderen fachlichen Kenntnissen zur Verfügung stellten. Die angegebene Zahl scheint in Anbetracht der zu bewältigenden Riesenaufgabe durchaus angemessen zu sein. Dazu äußert sich auch M. Lehner: „Da müssen doch Zehntausende am Werk gewesen sein, wenn nicht gar mehr?" Merkwürdigerweise schränkt der Ägyptologe diese getroffene Aussage wieder ein, denn er kommt einige Zeilen weiter auf „nur" 2 bis 3 Mal Zehntausend: „[…] Generell geht man von einer Zahl zwischen 20.000 und 30.000 aus. Das mag bemerkenswert niedrig erscheinen, […]." [65]

Anscheinend wird dem anerkannten Fachmann der ägyptischen Pyramiden in diesem Zusammenhang der unauflösbare Widerspruch an der Cheops-Pyramide klar: Eigentlich benötigt man für den Bau mit Hilfe von Rampen und Schlitten mindestens 85.000 bis 90.000 Mann – doch das kleine Giza-Plateau und das Pyramideninnere verkraften „nur" einen verschwindend kleinen Teil des erforderlichen Arbeiterheeres.

3.5.2.4 70.000 Sklaven als Wasserträger

Aufgrund der gewählten Baumethodik mit Hilfe der „Barkentheorie" wird – wie bereits besprochen – von 60.000 Wasserträgern ausgegangen. „Weshalb sollen diese Hilfskräfte nicht Sklaven gewesen sein?", erhebt sich eine uralte Streitfrage – Sklaven hat es zu allen Zeiten gegeben. So wird auch davon berichtet, dass Pharao Snofru 20.000 Kriegsgefangene von einem Feldzug mitbrachte. Da drängt sich doch der Gedanke auf, dass er sie als Arbeitskräfte einsetzte, als er mit nahezu 10 Millionen Tonnen verbauter Steinmasse zum größten Bauherren aller Zeiten wurde.

Schleppen von Wassergefäßen mit jeweils etwa 15 Litern, war eine Tätigkeit, die keinerlei fachliche Kenntnisse voraussetzte. Selbst Frauen und Kinder hätten, belastet mit 2-7 Kilogramm, durchaus einen Beitrag zum Bau liefern können. So sind beispielsweise in Thailand auf kleinen, aber auch auf Riesenbaustellen, immer etwa 20 % der beschäftigten Bauarbeiter Frauen. Wenn es auch seit nunmehr 100 Jahren keine Sklaven mehr in Thailand gibt, so ist doch die Hilfsarbeit von Frauen sehr willkommen.

Weshalb soll das zu Zeiten des Cheops anders gewesen sein? Zwar schaffte König Rama V. in Thailand die Sklavenarbeit ab, doch von Pharao Cheops wird durch Herodot anderes berichtet: „Bis zu König Rhampsinitos, so erzählt man, herrschte in Ägypten vollkommene Ordnung und großer Reichtum. Aber Cheops, sein Nachfolger, stürzte das Land ins größte Unglück. Er schloss nämlich alle Tempel und hinderte die Leute zunächst am Opfern. **Dann zwang er alle Ägypter dazu, für ihn zu arbeiten**; […]" [66]

4 Überprüfung der vier Hypothesen

4.1 Hypothese I: Der Transport der Steinblöcke erfolgt überwiegend auf dem Wasserweg

4.1.1 Transport der Steinblöcke zu Lande und zu Wasser – Menschenkraft – Tierkraft – Hydrostatik

Allgemeine Lehrmeinung für den Bau der Cheops-Pyramide ist auch noch heute, dass der Transport von 6,25 Millionen Tonnen Stein mit Hilfe von Holzschlitten durchgeführt wurde. Als Beispiel für ein solches Fahrzeug führt man immer wieder den so genannten „Schlitten" aus dem ägyptischen Museum an (Abb. 65).

Dieses Gerät kann aber als Zugschlitten gar nicht verwendet worden sein, weil es am Grund nicht die für einen Schlitten üblichen freilaufenden Schlittenkufen hat. Ganz unten an den Kufen liegen Querstreben, die ein sofortiges „festfressen" in Sand oder Geröll zur Folge hätten.

Auch der tägliche Transport von durchschnittlich 340 Standardblöcken à 2,5 Tonnen (lt. Lehner) war über einen Zeitraum von 7300 Tagen (20 Jahre) nicht möglich. Das nicht vorhandene Platzangebot, schloss, wie bereits besprochen, eine derartige Arbeitsleistung von vornherein aus. – Also wohin mit täglich 340 steinbeladenen Schlitten und den erforderlichen 78-100 Schleppern per Gespann?

Selbst das Herabsetzen der Reibung mit Hilfe von Wasser oder gar Milch (G. Goyon) ist undenkbar. Besprengen von Transportwegen und Rampen hätte unweigerlich das Durchweichen der Wege zur Folge gehabt. Hätte man für ein Gespann den Reibungsgewinn genutzt, so wäre der gewonnene Vorteil für die vielen folgenden Gespanne geradezu zu einem Trauma geworden – Schlepper hätten auf dem glitschigen Boden keinen Halt gefunden; Schwerlastschlitten wären im aufgeweichten Untergrund versunken.

Abb. 123 Steintransport nach M. Lehner im NOVA-Experiment

Auch M. Lehner dürfte wohl die adäquate Ziehtechnik für die Schwergewichte nicht gefunden haben, obwohl er in nebenstehender Bildbeschreibung folgendes sagt: „Trotz ihrer scheinbar unmöglichen Ausmaße waren die Pyramiden des alten Ägypten durchaus menschenmachbare Monumente. In unserem NOVA-Experiment stellten wir fest, dass sich Steinblöcke der erforderlichen Größe von einem Trupp Männer problemlos ziehen ließen." [67]

Bildunterschrift und Bild passen ganz offensichtlich nicht zusammen. – Denn „problemlos" ziehen läßt sich der etwa 2000 Kilogramm schwere „Noch-Steinquader“ mit Sicherheit nicht! Aufgrund des am Block in Kopfnähe ansetzenden Zugseiles gräbt sich der Steinquader an der vorderen Kante im Sand ein und hebt sich an der hinteren, unteren Kante in die Luft. Unter weiterer Zugeinwirkung am Seil und Drücken am Stein wird es den 15 Mann wohl gelingen, den Stein in eine drehende Bewegung zu versetzen – so dass er alsbald auf der Seite mit der Nr. 36 liegt.

Eines aber wird schon jetzt bei der dargestellten Drehphase ganz deutlich:

- Die Arbeiter ziehen mit aller Kraft.
- Ihre Füße rutschen im Wüstensand.
- In der ägyptischen Sonnenglut dürfte die Mannschaft bereits nach fünf „Stein-Rollen“ ausgepowert sein.
- Die Folge: Es sind für eine Dauerleistung von etwa 3 Stunden mindestens 30-40 Mann nötig; 15 reichen mit Sicherheit nicht aus.
- Das gesamte Giza-Gelände hätte man bis zu den Steinbrüchen und zu den Häfen hin – einschließlich der Rampenoberflächen – mit Wüstensand auffüllen müssen.

Wie soll dieser bereits in der Anfangsphase „unägyptische“ Block nach etwa 500-3.000 Metern Rollbewegung aussehen, wenn er sein Ziel erreicht? Hätte der Block nach fast unendlichen Drehungen gänzlich seine ursprüngliche Form verloren? Allgemein geht man davon aus, dass Quader oder Steine mit rechteckigen Flächen verbaut wurden und nicht steinerne Rundkörper. So wäre es auch sinnvoll gewesen, die Steinmetze in den Brüchen anzuweisen, sofort Rollen zu bauen. – Weshalb zu Beginn schwierig herzustellende Steinquader herstellen, wenn man am Ende doch rollenähnliche, ihrer Ecken, Kanten und glatten Oberflächen beraubten Gebilde wünschte?

Eine für das alte Ägypten sicherlich ganz untypische Vorgehensweise!

Dem von mir sehr geschätzten Ägyptologen M. Lehner möchte ich zu bedenken geben, Text und Bild für die nächste Auflage seines sehr informativen und lehrreichen Buches zu den ägyptischen Pyramiden an dieser Stelle zu überarbeiten.

Nach der immer wieder von Ägyptologen aufgewärmten **Schlitten-Transport-Schleif-Technik** bleibt eigentlich nur noch Unverständnis übrig! Nicht einmal hinsichtlich der Art der Erzeugung von Zugkräften für die mit Steinen beladenen Schlitten ist man sich sicher

- „[…] Allein durch Menschenkraft [...]“ [68] (Lehner)
- „[…] Menschen und Ochsen […] “ [69] (Stadelmann)
- sogar ein Schaf habe ich im Schleppereinsatz gesehen zwar nicht im Pyramidenbau, so doch in der Landwirtschaft.[70]

Abb. 124 Säen und Furche ziehen mit Schaf.

Zu dieser Thematik des Pyramidenbaus passen auch die Gedanken des Redakteurs Axel Voss: „Die Cheops-Pyramide hat ca. 2,5 Millionen Quader und eine Gesamtmasse von 6,4 Millionen Tonnen. Um diese Masse an ihren Platz zu befördern, braucht man eine Energie von ca. 2,2 Milliarden Kilojoule. Ein durchschnittlich trainierter Arbeiter schafft es locker an einem Tag 25 Zentner Briketts auf den Dachboden eines 5-stöckigen Hauses zu schleppen. […] Nach den Gesetzen von Newton bzw. Joule entwickelt unser Arbeiter eine Energie von ca. 240 Kilojoule am Tag oder 72.000 Kilojoule pro Jahr. […] 2,2 Milliarden Kilojoule erforderliche Gesamtenergie geteilt durch 72.000 Kilojoule Arbeitsleistung eines Mannes pro Jahr geteilt durch 23 Jahre macht 1328 Mann – mehr nicht!“ [71] – Ein erstaunlich niedriger Wert, denn nur 1328 Mann wären demnach nötig, innerhalb einer angenommenen Bauzeit von 23 Jahren, 2,5 Millionen Standardblöcke á 2,5 Tonnen Gewicht mittels **TRAGEN** zu der nahezu 150 Meter hohen Cheops-Pyramide aufzuschichten. Nach diesem von A. Voss ausdrücklich **rechnerisch/theoretischen** Ermittlungen, möchte ich praktische Ergebnisse aus Schleppversuchen mit selbsthergestellten Steinquadern auf Zedernholzschlitten vorstellen. – Für die Nichtdurchführbarkeit des Transports von 6,25 Millionen Tonnen Stein mit Hilfe der Schlitten- und Rampentheorie führe ich den folgenden Beweis an:

In Thailand habe ich einen Standardblock des Cheops mit 2500 Kilogramm Gewicht und einen kleineren mit 1000 Kilogramm Gewicht nachbauen lassen. Junge, kräftige Studenten der Nordost-Universität Khon Gen haben sich freundlicherweise für Schleppversuche zur Verfügung gestellt.

Ergebnis (1): 30 Mann waren erforderlich, um den kleinen Block auf lehmigem Boden einige Meter weit zu ziehen (Abb. 125).

Ergebnis (2): 25 Mann waren trotz großer Anstrengung nicht in der Lage, den Standardblock des Cheops zu ziehen (Abb. 126) – entgegen häufig anders lautender Angaben in der Literatur! Erst schrittweise Erhöhung der Schleppmannschaft auf 42 Mann ermöglichte kurzzeitiges ruckartiges Fortbewegen des Steinquaders.

Abb. 125 Transportversuch eines 1000 kg-Blocks auf Zedernholzschlitten
Ergebnis: Ruckartiges Fortbewegen möglich – es ziehen 30 Mann

Abb. 126 Transportversuch eines Steinquaders mit 2500 kg Gewicht auf einem Zedernholzschlitten (tatsächliches Gewicht mit „Ohren" ca. 2600 kg)

hier. ***– es ziehen 25 Mann – ohne Erfolg!***

Abb. 127 Geschafft! 42 Schlepper nach der Arbeit

– 41 Mann und eine Frau war die Größe der Schleppmannschaft, die es vermochte, den Standardblock ruckartig fortzubewegen

Ausblick:
Aus den Versuchen lässt sich folgern, dass das Fortbewegen des Blockes auf den Rampen von J.-P. Lauer (Abb. 115) oder Prof. R. Stadelmann (Abb. 116) ganz sicher jeweils eine Schleppmannschaft von 78 Mann (nach L. Croon) oder gar 100 Mann zur Folge gehabt hätte. Hinzu kommt, dass die These des Transportes von 6,25 Millionen Tonnen Stein zu Lande mit Hilfe von Holzschlitten und Rampen von der Ägyptologie und anderen Anhängern dieser Lehre nicht bewiesen wurde – aus diesem Grund bleibt sie für mich eine unbestätigte Behauptung.

Ein besonders starkes Argument zur Unterstützung dieser Aussage liefert merkwürdigerweise der Wissenschaftler selbst, auf den wohl die „Lehre von der Rampentheorie" zurückzuführen ist. Es handelt sich dabei um den sehr bekannten und erfolgreichen englischen Wissenschaftler F. Petrie – einen Altmeister der Ägyptologie. Dieser anerkannte Forscher – „Während 50 Jahren führte Petrie an 39 Plätzen archäologische Arbeiten durch." [72] – ist sich hinsichtlich seiner eigenen Rampentheorie nicht sicher. Er stellt die Richtigkeit seiner eigenen Lehre in Frage und belegt dadurch sowohl ein hohes Maß an menschlicher Größe als auch an fachlicher Weitsicht. Diese positiven, nicht alltäglichen Attribute zeugen von hohem Charakter einer außergewöhnlichen Persönlichkeit.

So soll es dann Prof. O. M. Riedl vorbehalten sein, eine ganz besondere Schaffensphase zum ägyptischen Pyramidenbau des F. Petrie zu würdigen?

Zunächst geht der Professor auf die von F. Petrie vorgeschlagene Rampentheorie ein, um dann F. Petries eigene **Einschränkungen** hervorzuheben: „Was die Präzision in der Konstruktion der großen Pyramide betrifft, war Petrie der Meinung, dass sie nicht so sehr auf einer verbreiteten und überlieferten handwerklichen Geschicklichkeit beruht, vielmehr das Werk eines einzigen, hochbegnadeten und begabten Meisters war. Er vertrat einerseits die Meinung, dass die Transportvorgänge über eine Baurampe erfolgten, die an einer Seite der Pyramide senkrecht anlag und mit dem Bauwerk mitwachsen musste. Um eine Steigung von 1:10 nicht zu überschreiten, musste man mit einem Anwachsen der Rampe bis an 1.800 m rechnen. Das gibt einen Material- und Arbeitsaufwand, der der Pyramide gleichkommt, das war Petrie bewusst. Er lässt auch offen, an welcher Seite die Rampe liegen sollte. Dem Verlauf des Aufweges konnte sie nicht folgen, da sie bald weit über den Kanal hinauswachsen musste. **Eine wirklich praktikable Lösung für eine Rampe gibt es nicht.** Überall wäre sie den umfangreichen anderen Bauten im Gelände im Wege gewesen, außerdem hätte sie die Längen der Transportwege verdoppelt. **Andererseits zeigt sich aber Petrie davon überzeugt, dass die Bauleute technische Hilfsmittel besessen hätten, von denen wir keine Vorstellung mehr haben, die aber nicht nur in Hebeln, Rampen und Rollen bestanden haben können, und dass allein ihre Muskelkraft zur Bewältigung der Aufgaben nicht ausgereicht hätte.**" [73]

Abschließend zur Thematik des „Steintransports zu Lande" sei die geradezu sensationelle Stellungnahme des Ägyptologen B. Brier zur Rampentheorie des Franzosen J. -P. Houdin angeführt:

„Seine Theorie sei besser als andere Erklärungen, sagte der Architekt, denn sie sei die einzige, die funktioniere. Die altägyptischen Bauherren hätten nur für die ersten 43 Meter der Pyramide eine Außenrampe genutzt. Die weiteren 103 Meter nach oben wurden dann durch eine innere Rampe ermöglicht, die wie ein Korkenzieher angeordnet war. Die Pyramide, Grabmal des ägyptischen Pharaos Khufu (griechisch Cheops), sei so im Wesentlichen von innen gebaut worden, erklärte Houdin. Heute ist die Pyramide nur noch 136 Meter hoch, weil die ursprüngliche Verkleidung aus Tura-Kalkstein verschwunden ist. »**Das widerspricht beiden gängigen Theorien**«**, sagte Bob Brier, Ägyptologe an der Long Island University.** »**Ich habe sie 20 Jahre lang unterrichtet, aber tief in mir drin weiß ich, dass sie nicht stimmen.**«" [74]

Zum Zwecke des Baus der Cheops-Pyramide wird eine Beförderungstechnologie vorgestellt, die es gestattet, 2.500.000 Standardblöcke einschließlich der Monolithe direkt bis an die Pyramide heranzuschaffen.

Die technische Errungenschaft, die dies möglich macht, ist das Kleinkanal-System auf Giza (Abb. 118).

Die Anlage besteht im Wesentlichen aus Transportkanälen, die auf der Pyramiden-Ostseite liegen und um die Pyramide herumgezogen sind. Sie sind über die Schleusen auf der Nordost-Seite mit dem Tiefwasserhafen verbunden. Schleusen auf der Südost-Seite (Abb. 118 Nr. 10 und Abb. 186) stellen eine Verbindung vom Kleinkanal-System zu den Steinbrüchen des Cheops und des Chephren dar (Abb. 62). Damit ist sichergestellt, dass sowohl die einheimischen als auch die auswärtigen Baublöcke auf dem Wasserwege über Schleusen in das Kleinkanal-System gelangen konnten.

Zum besseren Verständnis für die Funktion des Kleinkanal-Systems, unter besonderer Nutzung für den Pyramidenbau, ist Abb. 183 gedacht. Das Foto zeigt ein **Modell der Cheops-Pyramide im Maßstab 1:100** während der ersten 5-Jahres-Bauphase.

Dazu einige Erläuterungen: Um alle vier Pyramidenseiten herum verläuft der Pyramidenumlaufkanal (9). Dadurch ist es möglich, dass die Steinblöcke auf dem Wasserwege bis unmittelbar an die Pyramide heranfahren können. Die Steine gelangen damit direkt unter die 38 Dreifach-Hebelbalken der Hebemaschinen auf der Pyramiden-Ost- und -Nordseite.

Nach mehreren Hüben werden die Blöcke auf bereitgestellten Holzschlitten abgesetzt, die auf Führungsschienen stehen. Über die terrassenförmigen Pyramidenstufen können die Blöcke nunmehr von den Arbeitern direkt unter die wartenden Steinverlegemaschinen gezogen werden (16).

Auf dem Wasserwege können die Baublöcke auch alle übrigen Hebemaschinen und Hebewerke erreichen:

a) Groß-Hebewerke Nr. 1 und Nr. 2 überwiegend für Monolithe

b) Hebewerke, Nr. 3, Nr. 4, Nr. 5, Nr. 6 und Nr. 7, überwiegend für schwergewichtige Steine, (Nr. 6 und Nr. 7 sind wegen Platzmangel am Modell nicht vorhanden)

c) Hebemaschinen bis etwa 15 Tonnen
– 38 Maschinen des Cheops an der Nord- und Ostseite

d) Hebemaschinen bis etwa 15 Tonnen
– 22 Maschinen des Cheops an den drei Transportdämmen Ost (Abb. 118 Nr. 6a) (wegen Platzmangel am Modell nicht vorhanden).

Anmerkung:
Eine große Schwierigkeit mag das Abstützen der Steinblöcke, insbesondere der Monolithe, gewesen sein. Bei einer angenommenen Höhe der Transportdämme von 20 Metern könnten beim Heben der Monolithe bis zu 25 Hübe notwendig gewesen sein. Bei jedem Hub war dann ein sicheres Abstützen des jeweiligen Blockes notwendig (Abb. 180, Vorderansicht).

Aufgrund der Platzierung der sieben Hebewerke, wird man wohl in aller Ruhe, mit großer Umsicht und ohne jeden Zeitdruck zu Werke gegangen sein. – Damit war sichergestellt, dass von hier aus keine Störung auf andere Bereiche zu erwarten war und somit insbesondere der eigentliche Baubetrieb an den Pyramidenflanken kontinuierlich weiterlaufen konnte.

Sobald die an den Transportdämmen gehobenen Monolithe die etwa 20 Meter hoch gelegene Dammoberfläche erreicht hatten, konnten sie mit Hilfe von Holzschlitten in das Pyramideninnere transportiert werden (Abb. 180 in Vorderansicht und Draufsicht, Abb. 118 Nr. 3 und Abb. 85 Nr. 17, 18 und 19). Wegen der zu erwartenden gewaltigen Gewichte der Monolithe ist anzunehmen, dass die Dämme eine ganz leichte Neigung zum Pyramideninneren hatten. Damit waren die vier Transportdämme eigentlich auch Rampen – nur versehen mit einem Gefälle und nicht mit einer Steigung.

Weiterhin ist davon auszugehen, dass der kurze Transport zur Pyramide hin zusätzlich mit Hilfe von U-förmigen Holzschienen unterstützt wurde, in denen die Schlittenkufen geführt wurden. Bei unseren Versuchen in Thailand hat sich besonders Kerzenwachs als ein sauberes und sehr wirksames Schmiermittel erwiesen, um die Reibung zu verringern. – Kamen die alten Baumeister vor nunmehr 4600 Jahren möglicherweise zu gleichen Ergebnissen?

Auf der Südseite ist eine Versorgungsrampe an die Pyramide angesetzt (Abb. 184 Nr. 4 und Abb. 186). Menschen und Material konnten mit Hilfe einer Brücke über den Umlaufkanal in das Pyramideninnere gelangen. Die Höhe der vier Schlitten mit vier Standardblöcken auf der Rampe geben eine Vorstellung von den Größenverhältnissen. Schlitten und Blöcke haben eine Höhe von etwa 1,5 Zentimetern und erbringen damit einen Hinweis auf die tatsächliche Körpergröße eines Pyramidenarbeiters, die bei etwa 1,5 Metern gelegen haben könnte.

Die Steinquader auf den Zugschlitten haben ein Volumen von 1 Kubikzentimeter – sie sind der Größe des Pyramidenmodells angepasst. Sie gestatten damit einen Vergleich mit dem echten Standardblock des Cheops, der rechts (Nordseite) neben dem Pyramidenmodell (Abb. 184) steht. – Ohne die „Ohren“ entsprächen sein Volumen und auch sein Gewicht der Anzahl von einer Million Modellblöcken auf der Versorgungsrampe Nr. 4.

Es zeigt sich, dass ein geringer Teil der gesamten Transportproblematik mit Hilfe von Holzschlitten und bei Bedarf auch über Rampen gelöst wurde. Insbesondere in den Steinbrüchen von Assuan, Tura und in den Brüchen des Cheops und Chephren sowie auf den Transportdämmen und innerhalb der Pyramide selbst bot sich diese Transportmöglichkeit geradezu an.

Insbesondere steile Rampen im Pyramideninneren von den Transportdämmen aus, ermöglichten die Beförderung der Blöcke nach **oben** oder nach **unten** auf das gewünschte Niveau. So mögen die Dämme eine sinnvolle Ergänzung der Gesamttechnik gewesen sein – immerhin hatte man mit ihrer Hilfe bereits 20 Meter Höhe erreicht. Es war nur noch erforderlich, weitere 8-10 Meter in Richtung Spitze zu bauen und über 50 % des Pyramidenkörpers waren fertig gestellt (Abb. 183 Nr. 18/H_1).

In ca. 21 Meter Höhe begann die Erstellung der Großen Galerie – das Prunkstück der Cheops-Pyramide. Die zum Teil sehr schweren Blöcke konnten nun über steile Rampen auf sehr kurzen Wegen mit Hilfe von Maschinen des Herodot zu den Einbauorten gezogen werden.

Bei der Konstruktion, Erstellung und Einbindung der Transportdämme in das Kleinkanal-System auf Giza handelte es sich um einen weiteren **genialen Zug der alten Baumeister:** Aus 20 Meter Höhe konnte **ein Teil der Bausteine in Richtung Pyramidenspitze**, **ein Teil in Richtung Pyramidenboden** und **bei Bedarf ein Teil horizontal weiter transportiert werden**.

4.1.2 Transport des 425 t-Chephren-Blocks – der Gigant und sein Modell[75]

Die alten Baumeister waren in der Lage, mit einfachen Mitteln die Größe der Auftriebskräfte ihrer Bausteine zu ermitteln. Sie wussten, dass die Gewichtskraft G ihrer Steine unter der Wasseroberfläche um 1000 Kilogramm je verdrängtem Kubikmeter Steinvolumen abnahm – eben der Auftriebskraft F_A. Dieses Prinzip der reduzierten Gewichtskräfte in Wasser wussten sie für ihre unzähligen Steintransporte zu nutzen.

Die verbauten Steinblöcke mit Gewichten von 1 Tonne, 2,5 Tonnen, 40 Tonnen oder gar 60 Tonnen versetzen uns alle in ungläubiges Staunen – wenn wir sie zum Beispiel bei der Cheops-Pyramide sehen. Doch dieser Chephren-Block mit seiner nahezu einer halben Million Kilogramm Steinmasse geht über alles Vorstellbare hinaus.

Wiederum allergrößte Hochachtung den alten Baumeistern für das Schlagen im Steinbruch, den Transport zum Totentempel und das Einfügen in den Grund. In diesem speziellen Falle weiche ich ausnahmsweise von meinem Vorsatz ab und behaupte, dass sich dieses Schwergewicht nur auf dem Wasserwege, **eingetaucht unter der Wasseroberfläche,** transportieren ließ. Ein derartiger Kalkstein, der auch noch porös ist, kann im AR nicht auf dem Landwege transportiert worden sein – die Beschädigung wäre vorprogrammiert gewesen.

Nein, man wählte den einzig sinnvollen und möglichen Weg:

- Der Block wurde in Holz sicher verpackt und pontonartig zwischen zwei Schiffen befestigt
- um das Transportgefährt mit seiner „einmaligen" Last baute man Kammern aus getrockneten Nilziegeln oder aus Kalkstein.

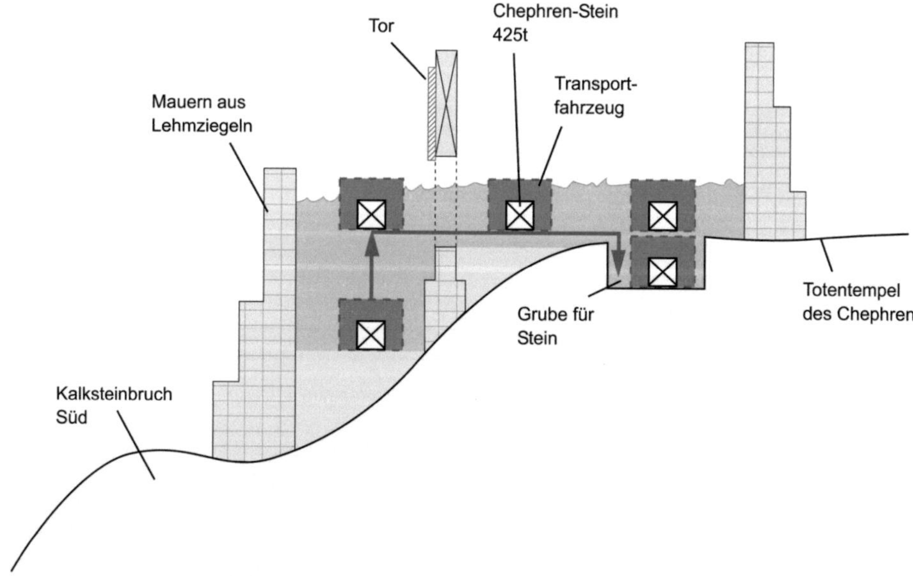

Abb. 128 Schema, Steinblock des Chephren in der Schleusenkammer

Jedermann weiß, dass man heutzutage moderne Riesenschiffe wegen ihrer gewaltigen Gewichte nicht mehr wie früher in Schwimmdocks anhebt. Man bugsiert Tanker und Kreuzfahrer schwimmend in Trockendocks hinein, schließt das Docktor und pumpt das Wasser ab. Schiffe aller Größen werden mit Hilfe dieser Technologie sanft am Boden abgesetzt. Nach erfolgter Reparatur oder Erneuerung des Bodenanstrichs geht es in umgekehrter Reihenfolge wieder nach draußen.

Die alten Ägypter nutzten dieses Prinzip bereits vor 4600 Jahren für den Transport des Chephren-Blocks. Nur gingen sie den Weg in umgekehrter Reihenfolge:

Reihenfolge der Schiffsbewegung im Trockendock:
1 (Reinfahren), 2 (Absenken), 3 (Aufschwimmen), 4 (Rausfahren).

Reihenfolge des Schleusenvorgangs für den Chephren-Block:
1 (Anheben), 2 (Fahren), 3 (Absenken).

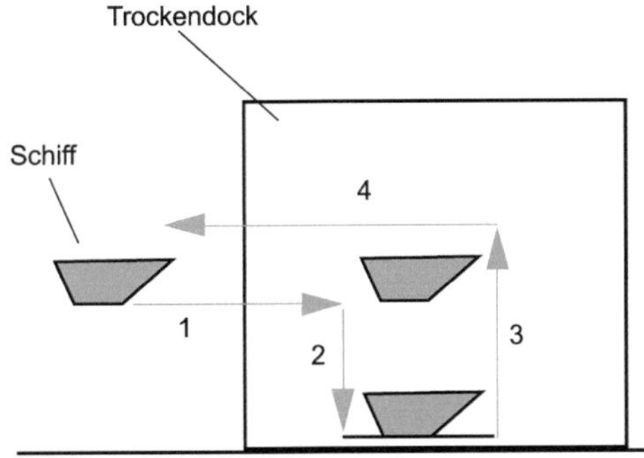

Abb. 129 Schema, Richtungsverlauf eines Schiffes in einem Trockendock.

1 Schiff fährt hinein ins Trockendock

2 Schiff sinkt zum Boden, während Wasser abgepumpt wird

3 Schiff steigt nach oben, während Trockendock geflutet wird

4 Schiff fährt bei geöffnetem Docktor wieder nach draußen

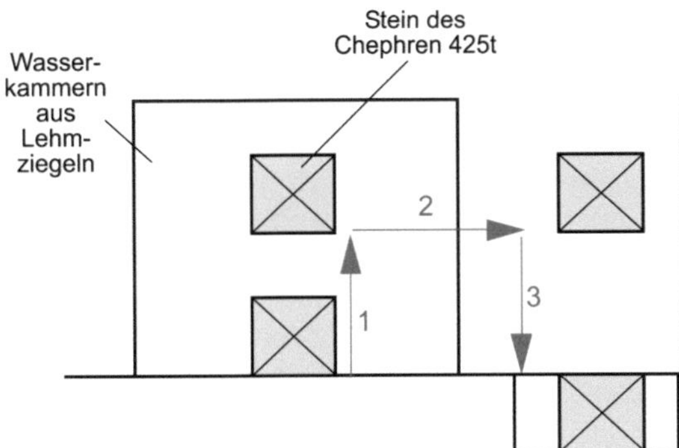

Abb. 130 Schema, Richtungsverlauf des Transportschiffes des Chephren-Steins

1 Chephren-Stein bewegt sich nach oben, während Steinkammer mit Wasser gefüllt wird

2 Stein fährt zum Totentempel

3 Stein wird in Baugrube abgesenkt

Zum Nachweis der Durchführbarkeit des damaligen Transports wurde vom Autor ein Modell gebaut. Es besteht aus einem „Doppelschiff“ mit rechteckigen Schwimmkörpern. Das zu tragende Gewicht des Modellsteines entspricht dem zehntausendsten Teil des Chephren-Blocks.

Der Steinblock des Chephren und sein Modell

	Chephren-Block	**Modell-Block**
	Abb. 132	Abb. 133
Länge (L)	6,80 m	3,2 dm
Breite (B)	6,20 m	3,2 dm
Höhe (H)	4,00 m	1,7 dm
Masse (m)	425 t	42,5 kg
Volumen (V)	170 m^3	17,0 dm^3
Dichte (rho)	2,5 t/m^3	2,5 kg/dm^3
Gewichtskraft (G)	4.250.000 N	425,0 N
Auftriebskraft (G_A)	1.700.000 N	170,0 N
Restgewichtskraft (G_1)	2.550.000 N	255,0 N

Abb. 131 (Tabelle) Maßangabe Chephren-Block nach K. Schüssler (ungefähr), nach Errechnung der Dichte Rho = 2,5 kg/dm³ handelte es sich um Kalkstein

Verhältnis der Massen zueinander:
Chephren-Block : Modell-Block = 10.000:1

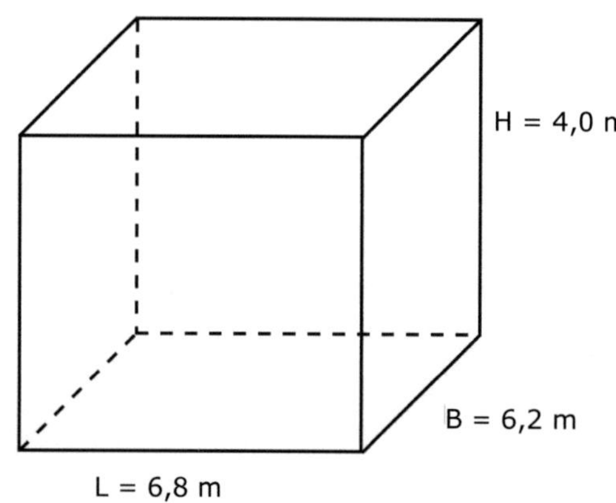

Abb. 132 Chephren-Block
Gewicht: 425.000 kg

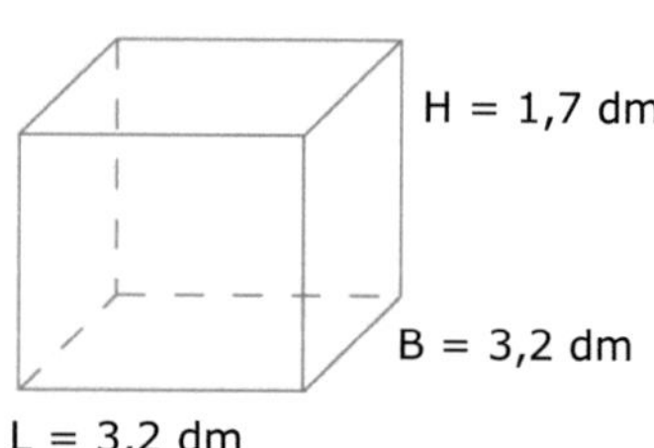

Abb. 133 Modell-Block
Gewicht: 42,5 Kilogramm

Die Transportfahrzeuge für den Chephren-Block und sein Modell

Die Größe der Transportfahrzeuge ergibt sich aus der Masse (m) und der Auftriebskraft (F_A) des Chephren-Blocks mit:

Masse m	= 425.000 kg
Gewichtskraft G	= 4.250.000 N
Auftriebskraft F_A	= 1.700.000 N
Verbleibende Gewichtskraft G_1	= 2.550.000 N

Die Steine werden wieder in Pontonform aufgehängt. Jedes Schiff hat also die halbe Gewichtskraft von G_1 – 1.275.000 N – zu bewältigen. Aus Sicherheitsgründen erhalten die Schiffe doppelten Rauminhalt. Daraus ergeben sich die ungefähren Maße für ein Schiff. Wegen der vereinfachten Bauweise erhält das Schiff annähernd die Form eines Würfels.

	Transportfahrzeug für den Chephren-Block mit 425 t Gewicht	**Transportfahrzeug für den Modell-Block mit 42,5 kg Gewicht**
	Abb. 134	Abb. 135
Volumen V (L x B x H)	10 m x 4,0 m x 6,40 m = 256 m^3 ≈ 250 m^3	4,7 dm x 2 dm x 2,6 dm = 24,4 dm^3 ≈ 25,0 dm^3

Größenverhältnis der Schiffe zueinander:

Chephren-Schiff	**:**	**Modell-Schiff**	**=**	**10.000:1**
250.000 dm^3	:	25,0 dm^3	=	10.000:1

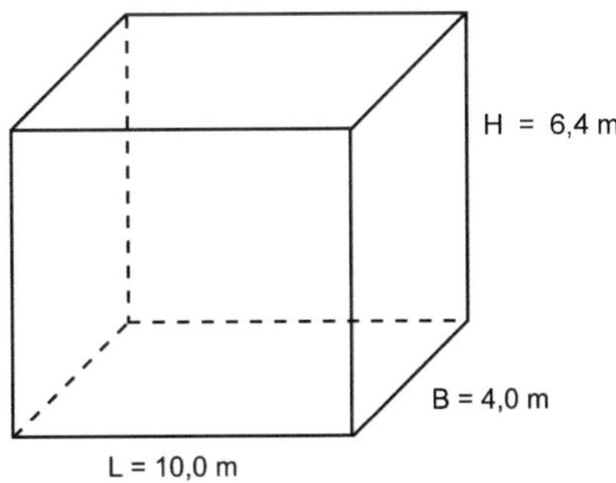

Abb. 134 Chephren-Schiff

hier: einer von zwei Schiffskörpern des Doppelschiffes

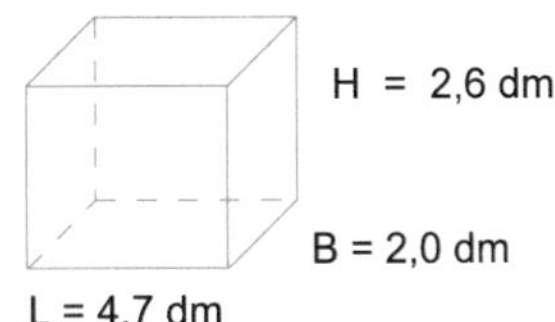

Abb. 135 Modell-Schiff

hier: einer von zwei Schiffskörpern des Modellschiffes

Abb. 136 ***TRANSPORTFAHRZEUG*** *für den* ***MODELLBLOCK*** *des* ***CHEPHREN***
– Pontonanordnung (Doppelschiff)

hier: – Betonplatten (42,5 kg) schwimmend unter der Wasseroberfläche
– Roter Pfeil kennzeichnet die Wasserlinie am untergetauchten Steingewicht
– 2 „Pyramidenarbeiter" zum Größenvergleich zwischen Mensch und Transportschiff

Ergebnis:

Das Modellfahrzeug, beladen mit dem zehntausendsten Teil des Chephren-Block-Gewichtes, schwimmt hervorragend. Ein Versuch mit einem Kalkstein vom Giza-Plateau hat ergeben, dass das Material während einer dreiwöchigen Lagerung im Wasser nur geringfügig Flüssigkeit aufnimmt – etwa 2 %. Nach drei Tagen Sonnenschein hatte der Steinblock wieder sein ursprüngliches Gewicht. Diese Angaben werden auch bestätigt durch F. Löhner – allerdings für Kalkstein mit einer Dichte von 2,6-2,9 g/cm³ (dichter Kalkstein) – Wasseraufnahme = 0,2-0,6 Gewichts-Prozente.[76] Für die Zeit des Transportes im Wasser hätte das z. B. für einen Standardblock zur Folge gehabt, dass er während dieser Zeit 2550 Kilogramm wog (bei 2 % Gewichtszunahme).

Die geringe vorübergehende Gewichtszunahme kann deshalb vernachlässigt werden.

Für die Beurteilung des Versuchs mit dem Modell des Chephren-Blocks gilt:

- Der Modellversuch hat Beweiskraft für alle im AR mit Hilfe der Hydrostatik beförderten Bausteine.
- Die alten Baumeister waren in der Lage, zwei passende Transportschiffe mit sehr einfacher Form für den Chephren-Block zu bauen. Dass sie das notwendige technische Schiffsbauwissen hatten, beweist u. a. das sehr viel komplizierter herzustellende Königsschiff des Cheops.

Am Beispiel der Transportproblematik des Chephren-Blocks wird deutlich, weshalb sich nicht einer der vielen Steinschlepp-Befürworter unter Nutzung von Holzschlitten an die Beförderung des Giganten gewagt hat. Hätte es irgendjemand dennoch versucht, so hätte er erkennen müssen, dass er in diesem Fall mit Hilfe von Schlitten und Rampen nicht zum Erfolg gekommen wäre.

Der Beweis rechnerisch:

170 Standardblöcke à 2,5 t entsprechen	425 t des Chephren-Blocks
1 Standardblock à 2,5 t benötigt	78 Schlepper (nach L. Croon)
170 Standardblöcke à 2,5 t benötigen	13.260 Schlepper

Ergebnis:
Der 425 t-Block hätte beim Transport mit Hilfe von Holzschlitten vom Südsteinbruch des Chephren bei glattem Boden und leichter Steigung etwa 13.000 Schlepper benötigt!

Der Beweis praktisch:
Die alten Baumeister haben nachgewiesen, dass sie den Riesenblock vom Südsteinbruch zur Pyramide hin befördern konnten, denn der Gigant liegt noch heute für jedermann sichtbar im Baugrund des Totentempels des Chephren.

4.1.3 Weiterführende Erkenntnisse – Bestätigung der Hypothese I

Wer im Stande ist, einen 425 t-Block auf dem Wasserwege zu befördern, der ist auch in der Lage, alle bekannten Steingewichte der Cheops-Pyramide auf dem Wasserwege zu befördern. – Auch hier könnte man die Aussage von G. Goyon wiederum bestätigt sehen.

Untergetaucht in Wasser – auf Grund der Auftriebskräfte praktisch leichter als an Land – konnten alle Steine auch über weite Strecken mit Hilfe dieser äußerst einfachen, aber dennoch sehr effektiven Methodik befördert werden. Prof. O. M. Riedl und J. Fitchen werden hier eindrucksvoll bestätigt, denn auch sie attestieren den alten Ägyptern die beschriebene Transport-Technik, insbesondere für besonders schwergewichtige Steine.[77] Auch der Buchautor A. Wirsching kommt in seinem jüngst vorgestellten Werk zu dem gleichen Ergebnis.

Am Beispiel eines der beiden Obelisken der Königin Hatschepsut, mit einem Gewicht von 323 Tonnen zeigt der Autor den Transport mit Hilfe eines Vierfachschiffes. A. Wirsching nennt es „doppeltes Doppelschiff“ [78]. Der Obelisk schwimmt dabei „schwebend“ unter der Wasseroberfläche.

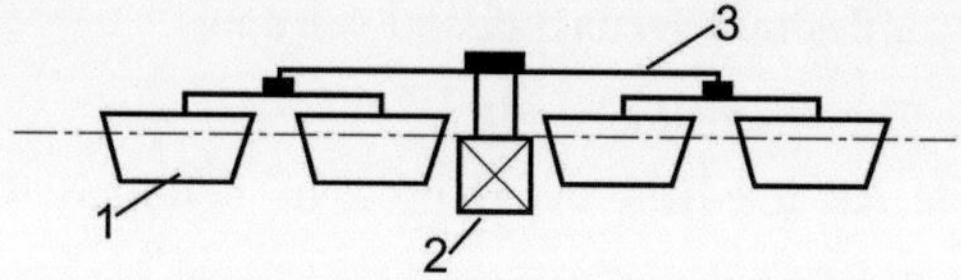

Abb. 137 Schema, Transport des Obelisken der Königin Hatschepsut

Gewicht: 323 t, Länge: 29,5 m

1 Doppeltes Doppelschiff (nach A. Wirsching)
2 Obelisk unter Wasseroberfläche
3 Schiffsverstärkungen

Die Transportart für den Obelisken der Hatschepsut lässt sich auf alle Pyramidenbausteine übertragen. Der Vorteil der in diesem Buch beschriebenen Durchführung des Transports der Pyramidenbausteine besteht ganz einfach zusammengefasst im Folgenden:

- Das Aufladen der Bausteine auf das wackelige Schiff im Steinbruch ist nicht erforderlich – es entfällt.
- Das Transportschiff braucht das durch die Auftriebskraft getragene Steingewicht nicht zu tragen – es entfällt.
- Das Umladen der Baublöcke im Zielhafen des Cheops vom wackeligen Schiff auf die Holzschlitten ist nicht erforderlich – es entfällt.
- Das Schleifen der Baublöcke mit Hilfe von Holzschlitten über Rampen, z. B. über den Aufweg, ist nicht erforderlich – es entfällt.

So ist auch das von F. Löhner vorgestellte Nilfahrtschiff zum Transport der Baublöcke mehr als unrealistisch – ganz einfach deshalb, weil es die oben gezeigten Vorteile nicht nutzt.

Das von F. Löhner gezeigte Transportschiff ergibt in seiner Wirkung eigentlich nichts anderes als ein sehr breites Einrumpfschiff – allerdings mit gewünschter großer Stabilität gegen seitliches Kippen.

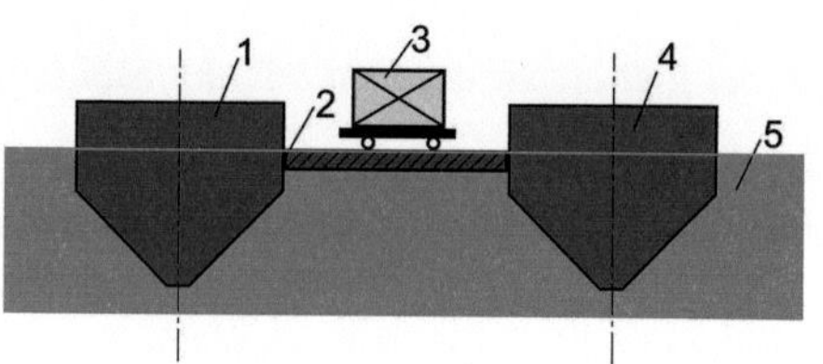

Abb. 138 Schema, Doppelrumpf-Schiff zum Transport von Steinblöcken

Steingewichte platziert über der Wasserlinie *(nach F. Löhner)*

1, 4 Bootskörper
2 Beförderungsplattform
3 Steinquader
5 Wasser

Archimedes, der nimmermüde große griechische Erfinder, soll einmal ein Schiff einschließlich Ladung und Mannschaft aus dem Wasser heraus und dann über den Sandstrand gezogen haben – mit Hilfe eines Getriebes, in dem Zahnräder verschiedener Größen gelagert waren. Etwa im Jahre 250 v. Chr. vollbrachte er dieses Kunststück – eine Meisterleistung zur damaligen Zeit.

Das Geheimnis bestand also darin, mit Hilfe einer Übersetzung die Möglichkeit zu schaffen, durch Einsatz kleiner Kräfte an einer Kurbel große Zugkräfte am Getriebeausgang zu erzeugen.

Wie man berichtet, schaffte es Archimedes tatsächlich, das tonnenschwere Schiff über den Sandstrand zu schleifen – ein Vorgang, der sich sehr langsam und deshalb möglicherweise über Tage hingezogen haben mag. Obwohl das Schiff sich wohl nur millimeterweise, also geradezu in einem Schneckentempo fortbewegte, beschrieb man diesen Vorgang für die Nachwelt mit: „Man hatte den Eindruck, als würde das Schiff fliegen!"

An diese kleine Geschichte vom Wirken des berühmten Griechen muss ich denken, in dem Moment, in dem ich meinem Chephren-Modellschiff einschließlich Steingewicht einen Stoß gebe – mit dem Ergebnis: Es gleitet stolz dahin, und zwar eine ganze Anzahl von Metern, obwohl die Schiffskörper keinesfalls schnittig sind (Abb. 136).

Zu diesem Gedankenspiel passt auch der von M. Lehner gekennzeichnete Steinblock (Abb. 123). Obwohl der Ägyptologe im Verhältnis zu den Millionen Blöcken des Cheops nur wenige hatte, machte er ihn durch die Nr. 36 kenntlich, um ihn von anderen zu unterscheiden.

Besonders in der Endphase des Baus der Cheops-Pyramide, zu einer Zeit, in der höchstwahrscheinlich schon ein beträchtlicher Stumpf des Chephren und auch die Grundfläche der Mykerinos-Pyramide in Stein gefasst waren, musste es geradezu zwingend notwendig gewesen sein, die Blöcke zu kennzeichnen. Das bestätigt auch M. Lehner auf www.nationalgeographic.com: „Jeder Block wurde mit roter Farbe gekennzeichnet, bevor Arbeiter begannen, ihn abzutransportieren. »Vor einigen Jahren konnte man immer noch die Spuren der roten Farbe erkennen«, sagt Lehner »und eine Kartusche« deren Hieroglyphen irgendjemandes Namen einkreisten. »Es war wohl das Zeichen des Teams der Arbeiter, die vorgesehen waren, den Block zu transportieren.«“ [79]

In der Zeit einer 3-Pyramiden-Baustelle war eine Fehlleitung unbedingt zu vermeiden. Deshalb bestand geradezu die Notwendigkeit, die Zielangabe genauestens zu beschreiben. Dazu gehörte u. a. Name der Ziel-Pyramide, Zeitpunkt der Herstellung und Name der Steinmetze, Größe (ungefähres Gewicht) des Blockes, genauer Einbauort mit Pyramiden-Steinschicht und präzise Einbau-Ortsangabe in Länge und Breite der Pyramidenfläche. Für eine übersichtliche, deutliche und ausführliche Kennzeichnung genügte natürlich nicht mehr eine einzige Zahl wie bei M. Lehner (Abb. 123) – ein ganzes Blatt musste her!

Betrachtet man beispielsweise einen Standardblock, untergetaucht in Wasser und am Schiffskörper befestigt, der im fernen Assuan seine Reise begann – so ist folgendes Szenario durchaus denkbar:

Das Steinschiff alleine oder mit zwei Mann Besatzung erhielt von den zurückbleibenden Steinbrucharbeitern einen Stoß. Das etwa 3 Tonnen schwere Transportgefährt (Abb. 78) „flog“ danach zwar nicht dahin wie 2000 Jahre später bei Archimedes, aber begünstigt durch die heftige Nil-Strömung, reichte dieser Stoß möglicherweise aus, um das Schiff, nicht nur im übertragenen Sinne, viele Kilometer weit auf die Reise zu schicken.

Die alten Baumeister hatten allen Grund, stolz auf die gewählte Transportart zu sein, denn sie erreichten damit nicht nur das Giza-Plateau, sondern über die Schleusen an der Nordost-Seite mit Hilfe weniger „Zusatzstöße“ das Endziel – den Fuß der Cheops-Pyramide. Demnach handelt es sich bei der Steinbeförderung zu Zeiten des Cheops nicht einmal um eine wesentliche Übertreibung – anders als bei Archimedes.

Die These vom Transport einer großen Anzahl der Cheops-Blöcke, unter Nutzung der Hydrostatik, findet auch ihre Bestätigung in den Angaben arabischer Historiker zum Bau der Pyramiden auf Giza. Auffällig ist, dass die Beschreibungen entsprechend der damaligen Zeit einerseits zwar sehr „blumig“, aber andererseits hinreichend präzise sind.

E. Gräfe hat uns die arabischen Texte ins Deutsche übersetzt hinterlassen; im Rahmen seiner Dissertation von 1911 in El-Makrizis' „Hitat“. Den folgenden Text dürfen wir zur Kenntnis nehmen, unter Bezug auf „den Erbauer“ der Pyramiden von Giza:

„Als er die Erbauung der Pyramiden begann, ließ er mächtige Säulen aushauen, gewaltige Steinplatten hinbreiten, Blei aus dem Westlande holen und Felsblöcke aus der Gegend von Assuan herbeischaffen. Damit erbaute er das Fundament der drei Pyramiden: der östlichen, der westlichen und der farbigen.

Sie hatten beschriebene Blätter, und wenn der Stein herausgehauen und seine sachgemäße Bearbeitung erledigt war, so legten sie jene Blätter darauf, gaben ihm einen Stoß und bewegten ihn durch diesen Stoß durch 100 Sahm fort; dann wiederholten sie dies **bis der Stein zu den Pyramiden gelangte.“** [80]

Aufgrund dieser Aussage muss man zu der Erkenntnis gelangen, dass der Baustein tatsächlich auf dem Wasserwege bis unmittelbar an die Pyramide heranfuhr. Dies war aber nur möglich, falls es tatsächlich Schleusen z. B. auf der Nordost-Seite des Plateaus gegeben hat, wie laut Abb. 118, 119 und 81 beschrieben.

Eigentlich ist es gar nicht möglich, eine zutreffendere Bestätigung für die in diesem Buch vorgestellte Transport-Theorie zu geben, als die Darlegung von E. Graefe. Doch zumindest darf die aus El-Makrizis' „Hitat“ gewonnene Aussage als eine weitere Untermauerung hinsichtlich der Richtigkeit der aufgestellten These verwendet werden.

Die Hypothese I – „Der Transport der Steinblöcke erfolgt überwiegend auf dem Wasserwege“ – ist somit weitgehend bestätigt.

4.2 Hypothese II: Die Steinblöcke werden mit Hilfe von Maschinen gehoben – Hydrostatik, „Hebeschiffe“, Hebelbalken

Ganz im Gegensatz zur Nichtdurchführbarkeit des Pyramidenbaus nach dem „Prinzip des Steintransportes mit Hilfe von Holzschlitten überwiegend über Rampen“ wäre natürlich die Nutzung des Rades zur damaligen Zeit ein ganz hervorragendes Hilfsmittel gewesen. Doch das Rad wird wohl beispielsweise für Steinhebevorrichtungen nicht verwendet worden sein, weil man bis zum heutigen Tage auch **nicht ein einziges Exemplar eines Rades aus dem AR** gefunden hat.

Auch der Flaschenzug, der immer wieder durch die Literatur geistert, ist nicht belegt. Trotzdem gibt es immer wieder Versuche, den alten Baumeistern zumindest etwas radähnliches zuzuschreiben. Das geschieht ganz einfach deshalb, weil man hofft, damit die gigantische Arbeitsleistung des kleinen Volkes der alten Ägypter erklären zu können.

Dieser Wunsch wird umso verständlicher, wenn man sich die Bedeutung des Rades für unser heutiges modernes Leben vor Augen führt. Stellen Sie sich einmal vor, lieber Leser, dass es aus irgendeinem Grunde ab heute das Rad nicht mehr gäbe – die Folge: Das absolute Chaos!

Um den alten Ägyptern die Nutzung des Flaschenzuges oder zumindest eines „radähnlichen Steinhebe-Gebildes“ nachzuweisen, wird auch immer wieder die Fallsteinkammer des Cheops angeführt. Dort – fast auf der Pyramidenmittelachse – soll sich auf etwa 43 Metern Höhe tatsächlich etwas „gedreht“ haben. Drei 2,6 Tonnen schwere Granitblöcke warteten – aufgehängt in Seilen und zusätzlich abgestützt– darauf, bei Bedarf abgesenkt zu werden. Dieser Moment war gekommen beim Tode des Pharao Cheops. Nach seinem Begräbnis wurden die drei Riesenblöcke abgesenkt, um die Grabkammer, allgemein Königskammer genannt (Abb. 15 Nr. 1), für alle Zeiten zu verschließen.

Das Schema von Prof. D. Arnold (Abb. 140) zeigt wie man sich die Fallstein-Mechanik vorstellte. Dabei dachte man sich vier Zugseile, die über in halbrunden Granitaussparungen gelagerten Holzrollen liefen. Nach L. Borchardt wurden die Seile sogar um die Rundhölzer herumgeschlungen. Diese für uns alle hochinteressante Technik wurde häufig beschrieben und vielfach diskutiert.[81]

Die Buchautoren H. Illig/F. Löhner fühlten sich sogar veranlasst, in Anlehnung an das Schema von L. Borchardt eine „gelagerte Umlenkrolle" – die „Löhnerrolle" – zu entwickeln. Dazu die Autoren: „Unsere Seilrolle ist in einem Umlenkblock gelagert, […] Nach demselben Prinzip, dass seit über 60 Jahren für die 4. Dynastie akzeptiert ist, aber aus unbekannten Gründen noch nie im Freien verwendet werden durfte, arbeitet Löhners Seilrolle." [82]

H. Illig/F. Löhner gehen sogar so weit, anzunehmen, ihre Seilrolle habe die ägyptischen Pyramiden erbaut: „Die von uns hier vorgeschlagene Lösung bleibt gemäß unserer Prämissen bei einer Primitivtechnik, die diese Bezeichnung natürlich überhaupt nicht verdient, weil sie so unwahrscheinliche Bauten wie eben die Pyramiden zustande gebracht hat." [83]

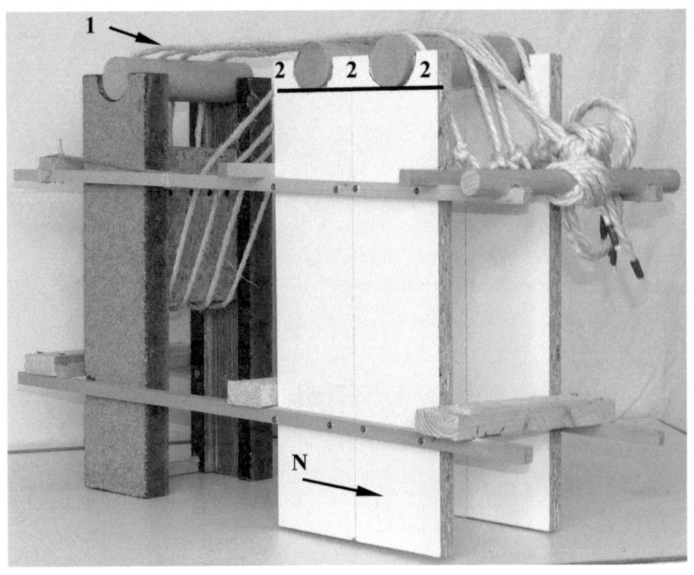

Abb. 139 ***Modell der Fallsteinkammer des Cheops***
– Steinabsenkung mit Hilfe von Zugseilen über Holzrollen
– Umsetzung durch den Autor nach Abb. 140
hier: – der Südstein (2,6 kg Gewicht, Granit)
– Auflager für die Holzrollen und Führungsnute für den Verschlussstein ebenfalls aus Granit
– Maßstab für Modellstein, Führungsnute und Rollenauflager 1:10
Anmerkung: Die mit (2) gekennzeichneten Granitflächen sind nach L. Borchert verloren gegangen

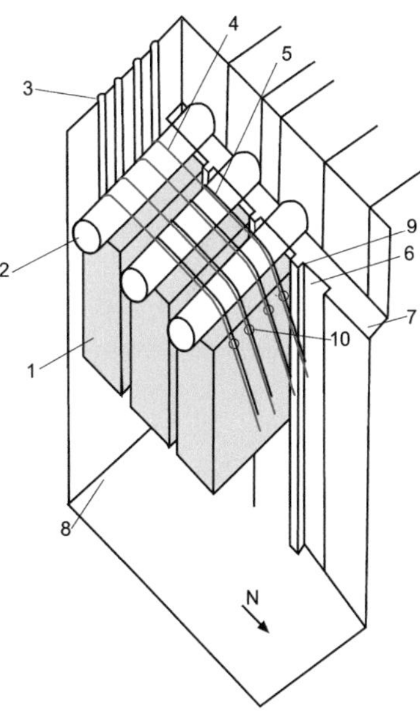

Abb. 140 Schema, Fallsteinprinzip nach Prof. D. Arnold: Zugseile über Holzrollen geführt und unter Fallsteinblöcken durchgezogen

Drei Fallsteine sichtbar (Gelb)
Südstein (links) in Zugseile eingehängt
1 Südstein
2 Holzrollen
3 Nute für Seile
4, 5 Zugseile in denen die Fallsteine hängen
6 Nute für Fallsteine
7 Auflager
8 Boden
9 ***Führungsstege*** *für Fallsteine*
10 vier Löcher pro Block

Das oben stehende Modell weist darauf hin, dass die Fallsteinblöcke vor der Totenkammer des Pharao wohl nicht wunschgemäß fielen. Denn: **Selbst der 1000-mal leichtere Modellstein aus Granit hakt beim Absenken in den Führungsstegen** (vgl. Abb. 140 Nr. 9) – der Stein fällt nicht, obwohl die Absenkseile auf den Holzrollen nur „locker" aufliegen (1)!

Auch ein „Rollen der Rundhölzer in den Steinlagern“ wird wohl nicht – so wie tausendfach von Autoren beschrieben – stattgefunden haben. So erscheint es auch nicht angebracht zu sein, die Holzrollen in der Fallsteinkammer als eine Art Vorbild von Rädern oder Rollen zu deuten – ganz einfach aus dem Grunde, weil sie sich nicht wunschgemäß drehten! [84]

Das Szenario zum Zeitpunkt des Verschließens/Blockierens der Totenkammer des Cheops vor 4600 Jahren mag sich vielmehr so abgespielt haben, wie es der Modellversuch zeigt: **Die Verschlusssteine fielen nicht! Vergleichbar mit dem 1000fach kleineren Modellstein aus Granit fand ein „Festfressen“ in den Steinführungen statt. Gewaltige Flächenpressung an den kleinen seitlichen Führungsstegen führte zum Verkanten der Fallsteine.**

Kurzes Fazit:
Aufgrund der Erkenntnisse, dass der Bau der Cheops-Pyramide wohl nicht durchgeführt wurde wie vielfach behauptet:

- überwiegend über Rampen
- mit Hilfe von Rad, Felgenrad und Flaschenzug
- Hebelbalken mit Krafterzeugung durch Menschenkraft

wurde die „Barkentheorie“ für das Heben der Pyramidensteinblöcke entwickelt. Die These, dass Maschinen mit Hilfe von Hydrostatik und „Schiffsgewicht über Hebelarme“ die wesentliche Steinhebearbeit verrichteten, wird im Folgenden überprüft.

4.2.1 „Steinhebeschiffe“ aus vordynastischer Zeit – Schiffsmalereien – Reliefs –Schiffsmodelle

4.2.1.1 Schiffsmalereien auf Negadeh II-Keramiken

Aus Zeiten lange vor Cheops gibt es herrliche Keramik-Krüge, auf denen in roter Farbe Schiffe dargestellt sind. Sie stammen aus der ägyptischen Provinz Negadeh und sind nach allgemeiner Lehrmeinung mehr als 5000 Jahre alt. Merkwürdigerweise befinden sich die Zeugen von damals heute weltweit verstreut u. a. in den Museen von Ägypten, den Vereinigten Staaten von Amerika, England und Deutschland.

Der Krug in Abb. 141 zeigt ein solches Schiff. Wahrscheinlich handelt es sich um ein Papyrusboot, über dem kreisförmig große Dreiecke aneinander gereiht sind. Wollen uns hiermit die Menschen aus einer lang vergangenen Zeit mitteilen, dass das Schiff Pyramiden baute – denn was sollte das „Band“ der großen Dreiecke am Krugoberteil auch anderes bedeuten?

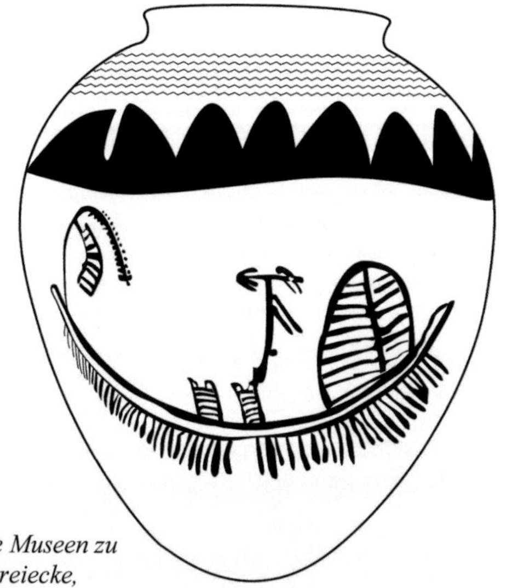

Abb. 141 Boot auf Negadeh-II Krügen, Umzeichnung (Staatliche Museen zu Berlin, 1971) – Auf dem Krugoberteil: Ring pyramidenförmiger Dreiecke, darüber Darstellung von sechs gewellten Linien – wohl Wasserringe

Die Botschaft von damals könnte tatsächlich lauten:

- **Wir heben mit Hilfe eines Schiffes Bausteine in Richtung Pyramidenspitze.**
- **Wir sind in der Lage, mit Hilfe dieser Technik alle unsere Pyramiden zu bauen.**

Wir Menschen von heute haben natürlich unsere Probleme damit, derartige Mitteilungen zu lesen und auch zu verstehen. Das liegt ganz einfach daran, weil wir alles mit den „Technik-Augen“ unserer heutigen Zeit betrachten. So beklagt man sich auch vielfach in der Literatur darüber, dass die alten Baumeister weder Beschreibungen noch technische Zeichnungen zum Pyramidenbau hinterlassen hätten. Wir erwarten Informationen, vergleichbar unserer Bibliotheken und dem heutigen Internet, was zur damaligen Zeit außerhalb des Denk- und Machbaren war.

Offensichtlich war es der kleine Beamte Padiaménopé, der erstmals während der 26. Dynastie, 7 Jahrhunderte v. Chr. eine Bibliothek erstellte – zum Zwecke der Information für die Nachwelt.

Das bestätigt der Ägyptologe Prof. C. Traunecker von der Straßburger Marc Bloch-Universität, der dazu mit seinem Team eines „der prächtigsten und größten Gräber in ganz West-Theben (Grab TT 33)“ untersucht hat: „Die Grabanlage soll der Nachwelt das damalige Wissen um die ägyptische Totenliteratur überliefern. So wurden wichtige Teile aus dem sagenumwobenen Totenbuch hier festgehalten. Das Totenbuch ist eine geheime Sammlung von liturgischen Texten und Anweisungen, mit denen der Verstorbene ein Leben nach dem Tod erlangen sollte.“ [85] In einer Fernsehsendung des Senders Phönix am 01.08.2009 ging die Information noch etwas weiter. Danach soll Padiaménopé alles aufgeschrieben haben, was er als Informationen über Jahrtausende in alten Gräbern gefunden hat.

Abb. 142 Boot auf Negadeh-II Krügen (The Manchester Museum)

Auf Krugoberteil:
2 Ringe pyramidenförmiger Dreiecke

Fehlt uns modernen Menschen die Zeit oder gar die Phantasie, die Mitteilungen der alten Ägypter zu deuten? In strengerem Sinne sind es natürlich keine Mitteilungen an uns. Vergleichbar dazu ist auch das Tun von uns modernen Menschen nicht davon geprägt, etwa zukünftigen Generationen in 4600 Jahren von unseren „tollen Errungenschaften“ zu berichten. Vielmehr ist es so, dass wir mit der Bewältigung der Gegenwart völlig ausgelastet sind. Die Probleme der Vergangenheit noch nicht aufgearbeitet, sehen wir auch nicht die Notwendigkeit, uns bereits heute intensiv mit der Zukunft zu befassen.

Ganz ähnlich mag es auch dem Künstler bei der Herstellung der Schiffsmalerei in Abb. 141 ergangen sein. Seine Intention lag ganz wesentlich darin begründet, das gegenwärtige Können seines Volkes zum Pyramidenbau bildlich dazustellen. Es darf auch vermutet werden, dass die Wasserringe über den Spitzen der pyramidenförmigen Dreiecke besonders hervorgehoben werden sollten. Die Ringe mögen durchaus ein starkes Indiz dafür sein, dass das Wasser des Nils in Verbindung mit der Hydrostatik die wesentliche Kraft für den Pyramidenbau bereitstellte.

Die Anzahl sechs für die Wasserringe gibt möglicherweise einen Hinweis auf wichtige Pyramidenbaustufen.

Abb. 142 zeigt wohl wiederum ein Papyrusboot in seiner Funktion als Steinhebeschiff, das die Baublöcke zu den Pyramiden emporhebt. Zwei Dreiecksreihen über dem Schiff mögen ein Hinweis für diese These sein. Auffällig sind die Pyramidenwinkel, die in ihrer Größe eine gewisse Ähnlichkeit mit den Bauwerken von Giza aufweisen.

Abb. 143 Boot auf Negadeh-II Krügen (The Manchester Museum)

Auf Krugoberteil: 3 gewellte Linien – wohl Wasserringe

Auch auf dem Krug in Abb. 143 sieht man die typische Form eines Papyrusbootes. Drei Wasserringe über dem Schiff könnten „die Kraft des Wassers" (Hydrostatik) darstellen, die dem Schiff in seiner Funktion als Steinhebemaschine zur Verfügung gestellt wird.

Alle drei Fotografien auf den Keramik-Krügen stammen aus bekannten Museen. Sie sind deshalb über 5000 Jahre alte Original-Zeugen mit Beweiskraft für eine Beurteilung in heutiger Zeit. Die drei Krüge weisen folgende weitere gemeinsame Merkmale auf:

Die „Ruder"

Die in der Fachliteratur unter den Bootsrümpfen als Ruderriemen gedeuteten Linien hätten bei gleicher Anzahl auf beiden Schiffseiten als Konsequenz:

- Schiff Abb. 141 hätte 132 Ruderriemen
- Schiff Abb. 142 hätte 138 Ruderriemen
- Schiff Abb. 143 hätte 74 Ruderriemen

Die „Kajüten"

Alle drei Schiffe weisen an Deck Gebilde auf, die in der Fachliteratur (z. B. B. Landström) als Kajüten gedeutet werden.

Beurteilung durch den Autor:

Papyrusboote mit 74, 132 oder gar 138 Ruderern dürften sehr unwahrscheinlich gewesen sein. Weist man jedem Ruderer seinen Arbeitsplatz zu, so ergäbe das als Konsequenz wegen der großen Schiffslängen geradezu drei „Monsterschiffe", gebaut aus Papyrus.

Auch die Bezeichnung „Kajüte" für die Gebilde an Deck dürfte wohl nicht zutreffend sein.

„Kajüten" wie diese, wohl gebaut aus waagerecht und senkrecht angeordneten Seilen, habe ich in den vielen Ländern, die ich während meiner Seefahrtszeit besuchte, niemals gesehen. Auch die oben dargestellten „Ohren" geben für die Funktion als Kajüte keinen Sinn. Selbst wenn man nur die eine Seite des Decksgebildes betrachtet (z. B. Steuerbord), so darf angenommen werden, dass die andere Seite oben von den „Ohren" zur Backbord-Seite herunter läuft. Es handelt sich demnach um ein zeltähnliches aus Seilen bestehendes Gebilde.

Falls man bei dem Begriff „Kajüte“ bliebe, könnte man annehmen, dass sie ein bevorzugter Spielplatz von Kindern gewesen sein könnte. Als Wohnraum für die Bootsbesatzung wäre eine derartige Unterkunft völlig ungeeignet. Das durch Seile gebildete, völlig offene „Gehäuse“ hätte weder Schutz gegen Regen, noch gegen Sonne oder Wind geboten.

An dieser Stelle darf auf die Schwierigkeit hingewiesen werden, Zeichnungen und Bilder von damals zu deuten. Das zeigt sich besonders auch in diesem Fall bei der Darstellung der „Kajüten“ und den von Fachautoren als „Ruderriemen“ gedeuteten Linien unter den Schiffen. Obwohl die „Kajüten“, wie bereits beschrieben, wohl dreieckige zeltähnliche Gebilde sind, fällt es oft schwer, sie sich räumlich vorzustellen. Das liegt daran, dass die damaligen Zeichner/Maler uns Körper jeweils nur in Vorderansicht, Seitenansicht oder Draufsicht zur Kenntnis gaben – perspektivisches Zeichnen war wohl unbekannt.

So habe ich auch schon mehrfach gelesen, dass Autoren in der großen Anzahl von gedeuteten Ruderriemen die Absicht der damaligen Künstler sahen, die Gesamtzahl der Ruderriemen nur auf einer Schiffsseite darzustellen. Schon eine gewagte Argumentation – so darf angemerkt werden. **Oder zeigt dies, dass manch einem Autor die große Anzahl der Schiffsriemen für ein Reiseschiff geradezu unheimlich war?**

4.2.1.2 „Steinhebeschiffe“ aus dem Alten Reich – Darstellungen auf Reliefs

Deutet man auf den Negadeh II-Keramiken die vielen unregelmäßigen Linien unter den drei Papyrusbooten **nicht** als Ruderriemen, sondern als Zugseile und die „Kajüten“ als starke, aus dicken Tauen gebildete Zugvorrichtungen, dann ist die Wahrscheinlichkeit sehr groß, dass wir auf den „Frühen Krügen“ Steinhebeschiffe sehen.

Als Konsequenz würde das bedeuten, dass uns der Künstler in

- Abb. 141 66,
- Abb. 142 69 und
- Abb. 143 37 starke Zugseile zeigt.

Es ist nur noch erforderlich, an den Booten die folgenden Ergänzungen vorzunehmen:

1. Hebebalken durch die oben an den „Kajüten“ befindlichen Seilösen („Ohren“) ziehen
2. Hebebalken mit Hilfe senkrechter Holzsäulen zum Schiffsboden hin abstützen
3. Die Zugseile unter dem Schiffsboden herum und über die Hebebalken führen
4. Die Seilenden der Zugseile miteinander verbinden und vorspannen
5. **Hebelbalken** drehbar gelagert an den Hebebalken anfügen

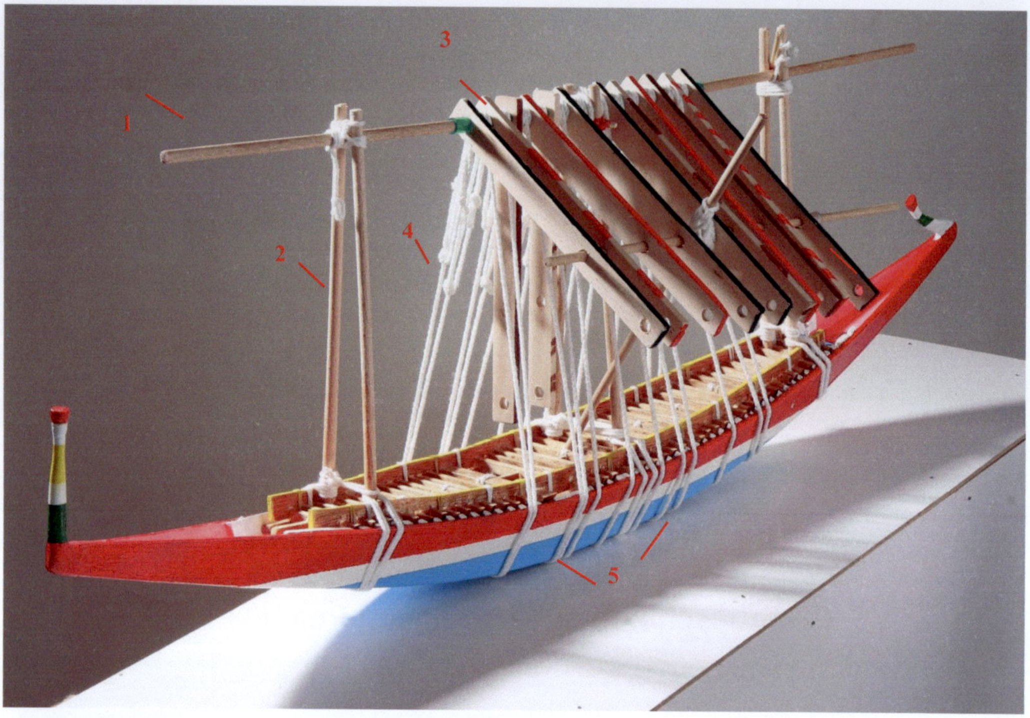

Abb. 144 Modell der Barke des Cheops – Vergleich zu Negadeh II-Schiffen

hier: Knickspant, Hebelarmaufteilung Kraftarm : Lastarm = 2:1

Hebebalken entlang der Schiffsmitte verbunden mit dem Schiffskörper über Zugseile

1 Hebebalken
2 Stützen des Hebebalkens
3 Zwölf Hebelbalken
4 Zugseile
5 Häufung der Zugseile mitschiffs unten

Abb. 145 Umzeichnung nach Abb. 143

hier: Hebebalken (5) und Stützen (6) v. Autor eingefügt

1 Schiffskörper
2 Zugseile
3 Seilkonstruktionen („Kajüten")
4 Schlaufen („Ohren")
5 Hebebalken
6 Stützen des Hebebalkens

Die zuvor erbrachte Funktionsbeschreibung von „Hebeschiffen" auf den Negadeh II-Keramiken finden wir im Modellschiff (Abb. 144) wieder. Alle wesentlichen Maschinenteile sind entsprechend dem Vorgetragenen so gefügt, dass ein echtes „Steinhebeschiff" entstanden ist, das in Verbindung mit einem Wassertank die Bezeichnung HEBEWERK auch verdient. Die Beweisführung für sein tatsächliches Funktionieren wird später im Versuch (Abb. 181 und 182) geführt.

Einen besonders starken Hinweis für die Richtigkeit der zuvor getroffenen Aussagen bezeugen auch mehrere jahrtausend alte Reliefs aus dem damaligen Ägypten:

Ist es entsprechend Abb. 145 für die drei Negadeh II-Schiffe noch notwendig, die **Hebebalken** einzufügen, so sind kräftige **Hebebalken** auf den Schiffen in Abb. 146 und 147 bereits vorhanden. Es sind deutlich sehr kräftige Längsbalken zu erkennen, die auf beiden Schiffen nahezu über die gesamte Schiffslänge angeordnet sind.

Abb. 146 Boot auf ***Relief im Grab des Ti*** *in Sakkara, Korridor II: Westwand obere Reihen*

hier: – Fortbewegung durch Paddeln
– ***sehr kräftiger Längsbalken gut sichtbar*** *(1)*
– 5 sichtbare Stützen (2), für den Längsbalken

Abb. 147 Boot auf ***Relief im Grab des Ti*** *in Sakkara, Korridor II: Westwand obere Reihen*

hier: – Fortbewegung durch Rudern
– ***dicker Längsbalken gut sichtbar*** *(1)*
– wohl 7 kräftige Stützen (2) für den Längsbalken (5 Stützen sichtbar)

Jeweils zwei Steuerleute am Heck deuten darauf hin, dass die Boote Fahrt machen. Vor jedem Schiff fährt mindestens noch ein weiteres Fahrzeug, deutlich durch die achterlichen Steuerruder zu erkennen.

Fahren hier zwei kräftige Schiffe mit guter Geschwindigkeit zu ihrem Arbeitseinsatz an den Pyramiden, vorangetrieben durch Paddler (Abb. 146) und Ruderer (Abb. 147)?

Abb. 148 ***Schiff auf Relief im Grab des Ti*** *in Sakkara*

Korridor II: Westwand, untere Reihe, nördlich der Tür

hier: – ***sehr kräftiger Hebebalken (1) mit sehr kräftigen Stützen (2) deutlich sichtbar***
– *auf dem Achterschiff backbord* ***staken*** *wohl drei Mann mit Ruderriemen*
– *Bipodmast*

Anmerkung:
Staken – Abdrücken mit Holzstangen am Grund – war möglicherweise eine bevorzugte Fortbewegungstechnik im AR bei Steintransporten zu Wasser

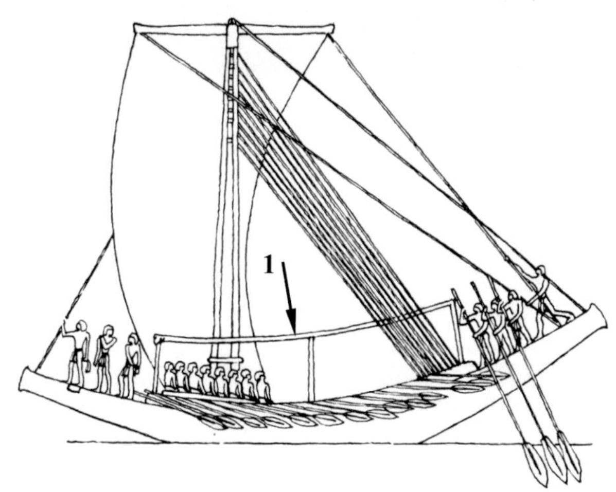

Abb. 149 Skizze des obigen Fotos (Umzeichnung von B. Landström)

hier: – ***Hebebalken mit drei Stützen deutlich hervorgehoben*** *(1)*

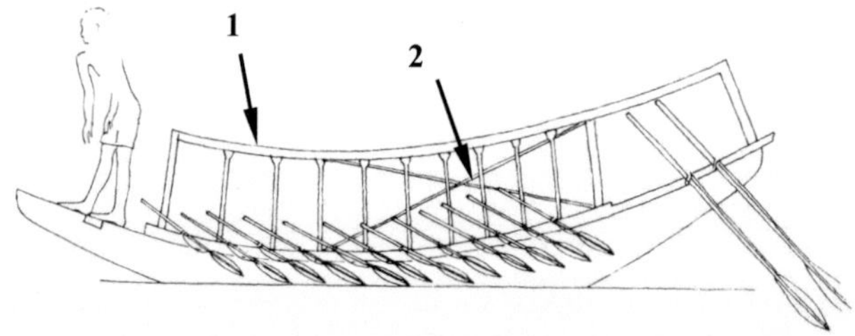

Abb. 150 Schiff im Grab des Ti in Sakkara, Umzeichnung v. B. Landström (nach Relief – Pfeilerhof, Westwand, Anm. des Autors),

hier: – *Hebebalken mit 12 Stützen (1)*
– *zusätzlich* ***zwei diagonale Spanntrossen (2)***

In Abb. 148 und 149 ist dies anders. Die Ruderriemen sind aus dem Wasser herausgehoben, aber einige Personen der Rudermannschaft sitzen noch in Bereitschaft. Drei Mann auf der Backbord-Seite des Hecks und möglicherweise drei weitere auf Steuerbord bewegen das Schiff vorwärts – und zwar durch **Staken**. Drei weitere Besatzungsmitglieder befinden sich in Bugnähe, um das Fahrzeug während des Manövrierens abzusichern. Eine Person, sitzend auf dem deutlich zu erkennenden Längsbalken, gibt wohl wegen ihrer erhöhten Aussichtsposition Fahrhinweise für die anderen.

Besonders auffällig ist der hohe Freibord des Schiffes. Es darf angenommen werden, dass Ballast in Form von Sandsäcken oder gar Wasser vorgesehen ist, sobald das Fahrzeug seine Steinhebetätigkeit aufnimmt.

Der Fachmann für antike ägyptische Schiffe B. Landström deutet die Reliefs anders als ich, das soll dem Leser nicht vorenthalten werden: „Auf dem Nil gab es kaum reine Segelfahrzeuge, da für die Reise nordwärts stets gerudert oder geschleppt werden musste. Wir wissen nicht, ob man reine Ruderfahrzeuge benutzte, da die Fahrzeuge, die unter Riemen gezeigt wurden, Segel-Ruder-Fahrzeuge auf dem Wege nordwärts sein konnten. [...] Zu beachten ist, dass die Blätter der Paddel eiförmig sind, während die der Riemen Lanzettenform haben, und ferner die diagonal laufenden Trossen unter dem langen Sonnendach auf dem Fahrzeug aus dem Grab des Ti [...].**Sie dienen dazu, die sonst gebrechliche Konstruktion zu festigen.**“ [86]

„Ich habe vorher angedeutet, dass papyrusförmige Fahrzeuge hauptsächlich für religiöse Zwecke und für den Transport hochgestellter Personen benutzt wurden. Gewisse Umstände deuten aber darauf hin, dass sie auch profanen Zwecken gedient haben können. Auf Bildern in den Gräbern werden sie als Reisefahrzeuge benutzt [...], aber da es Grabbilder sind, können wir uns vorstellen, dass es sich um Reisen in das Leben nach dem Tode handelte. Mit wenigen Ausnahmen zeigen sie papyrusförmige Fahrzeuge, die von Paddlern vorangetrieben werden. Eine der Ausnahmen ist das segelnde papyrusförmige Fahrzeug in Tis Grab [...], bei dem die aufgelegten Riemen bestimmt für das Rudern vorgesehen waren.“ [87]

Leider lebt B. Landström nicht mehr, und ein Gespräch mit ihm kann deshalb auch bedauerlicherweise nur noch fiktiven Charakter haben. Trotzdem sei die Frage erlaubt, was er denn mit seiner Deutung im Wesentlichen meint. Waren die Fahrzeuge nun vorgesehen für

- religiöse Zwecke oder
- den Transport hochgestellter Persönlichkeiten oder gar
- für „profane Zwecke“ als Reiseschiff?

Der Fachautor bleibt die Antwort schuldig!

Ein Segelfahrzeug vermag ich in Abb. 148 und 149 nicht zu erkennen – zwei von der oberen Rah herunterhängende Taue genügen mir als Beleg keinesfalls. Auch den von 12! starken Senkrechtstützen getragenen Längsbalken (Abb. 150) vermag ich nicht als „gebrechliche Konstruktion“ zu betrachten, die einer „Festigung“ gegen Umkippen **durch diagonal laufende Trossen** bedarf. – **Und das alles wegen eines Teppichs, der als Sonnendach dient!**

B. Landström zeigt, dass er für die Funktion der drei auf den Reliefs abgebildeten Boote keine rechte Erklärung hat.

Deutet man aber alle drei Reliefdarstellungen als **Steinhebeschiffe**, dann machen starke Senkrechtstützen (Abb. 148, 149 und 150) einen Sinn. Berücksichtigt man zusätzlich zu den wohl mit jeweils drei Längsstringern verstärkten Boote (Abb. 148 und 149) die Diagonaltrossen in

Abb. 150, dann zeugen diese Konstruktionsmerkmale in ganz besonderem Maße davon, dass man damals besonders starke Belastungen erwartet hat.

Alles deutet auf das Einwirken großer Kräfte hin, ganz so wie man es bei einem Steinhebeschiff auch tatsächlich vorfindet – ein mit Tuch oder Teppichen (B. Landström) abgedecktes Sonnendach wäre zu derartiger Krafterzeugung niemals in der Lage.

4.2.1.3 Schiffsmodelle

Die Fachautoren B. Landström und A. Göttlicher zeigen in ihren Büchern eine große Anzahl von Schiffsmodellen. Auch in den Museen gibt es viele Relikte aus der Seefahrt der Antike. Herrliche Stücke sind zu bewundern, wie beispielsweise im Ägyptischen Museum in Kairo die Schiffsmodelle des Pharao Tutenchamun.

Als Beispiel für ein geeignetes Steinhebeschiff möchte ich nur ein einziges Exemplar anführen. B. Landström sagt zu diesem Boot: „Petrie gibt u. a. ein Keramik-Modell wieder, das er in die Zeit vor Semainien einordnet […]. Im Boden dieses Bootes befinden sich vor dem sitzenden Passagier drei Vertiefungen, die Petrie als Löcher für einen Tripodmast [88] deutet. Über dem Passagier rundet sich ein Dach aus geflochtener Fiber. Petrie glaubt, dass das Modell ein Papyrusboot darstellt.“ [89]

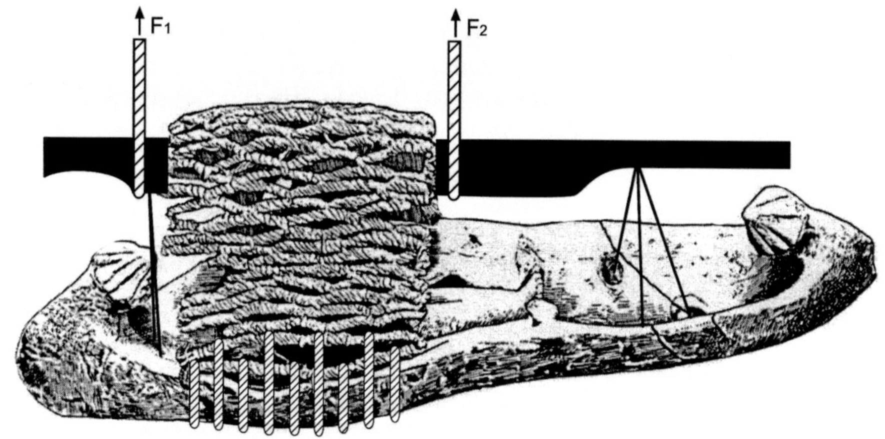

Abb. 151 Boot mit netzförmigem Aufbau

Vom Autor ergänzt zu einem „Steinhebeschiff“ mit Hebebalken, Hebebalkenstützen und Zugseilen

Der Fachautor deutet das „Dach“ des Bootes offenbar als eine Art Kajüte. Dazu habe ich eine ganz andere Meinung: Der extrem dicke, im Kajütbereich verbreiterte Schiffsrumpf bildet zusammen mit der netzförmigen „Kajütkonstruktion“ aus reißfesten dicken Fiberseilen ein ganz hervorragendes Steinhebeschiff.

Als Kajüte für die Unterkunft von Besatzungsmitgliedern kann das netzförmige offene Gebilde nun wirklich nicht gedient haben. Schutz gegen Regen, Sonne und Wind konnte man von dieser Vorrichtung – über dem Bauch des Schiffes angeordnet – nicht erwarten. Daran ändert auch die

Aussage des Fachautors B. Landström nichts, der unter der Überdachung einen Passagier liegen sieht. Viel wahrscheinlicher ist es, dass hier ein überaus dicker Hebebalken angedeutet ist, mit dem das Schiffsgewicht über Zugseile zum Schiffsboden, aber auch mit einem weit über dem „Hebeschiff" angeordneten Hebelbalken verbunden war.

Steine, Sand oder gar Wasser hätten sich hervorragend als zusätzlicher Ballast geeignet, um das Schiffsgewicht weiter zu erhöhen. Da das Schiff wohl selbst aus Zedernholz bestand und damit bereits ein beträchtliches Eigengewicht hatte, war wegen der notwendigen Schwimmfähigkeit des Bootskörpers entsprechender Freibord sicherzustellen.[90]

4.2.2 Schiffsbau im Alten Reich – Wandmalereien im Grab des Ti

In Sakkara kann man herrliche Wandmalereien aus der Zeit des AR sehen. Im Grab des Ti, dem Vertrauten des Pharao Unas (5. Dynastie), werden fünf im Bau befindliche Boote gezeigt. Die über 4000 Jahre alten Farben sind auch noch heute derart deutlich, dass man sowohl die Tätigkeit der Bootsbauer wie auch die übermittelten Texterklärungen gut erkennen kann. Ich habe mir von einer hilfsbereiten Ägyptologin die Hieroglyphen übersetzen lassen, in der Hoffnung den Zweck des späteren Einsatzes der Schiffe zu erfahren. Leider ging mein Wunsch nicht in Erfüllung, denn man berichtete lediglich von der eigentlichen Bootsbauerarbeit – dem fachgerechten Einsatz von u. a. Äxten, Keulen, Stemmeisen, Sägen und Dechseln.[91]

Abb. 152 Schiffsmalereien im Grab des Ti (Vertrauter des Pharao Unas) in Sakkara
hier: – ein Fahrzeug als Detailausschnitt von 5 Booten
– Kapelle: Ostwand, südlicher Teil, untere Reihen (nach G. Steindorff)

B. Landström sagt zu obigen Bild, was auch weitgehend von N. Jenkins bestätigt wird, folgendes:

„Wir sehen drei verschiedene Arten von Rümpfen: einen mit quer abgeschnittenen Enden, einen mit einem quer abgeschnittenen Ende und mit noch einem spitzen Ende und einen mit abgerundeten Enden. Wir finden alle diese Typen auf Abbildungen von großen Segelschiffen und von Modellen wieder. Dass man um den gleichen Rumpf herum Arbeiter mit Keulen, Stemmeisen und Dechsel abbildet, kann als Versuch des Künstlers erklärt werden, die verschiedenen Stufen der Arbeit zu zeigen. Und ich möchte hinzufügen, dass Dechsel nicht nur dafür benutzt wurden, eine Planke grob anzugleichen, sondern auch als eine Art Hobel am Ende der Arbeit. Oben zwischen den Rümpfen ist ein Mann mit Maßstab und Lot zu sehen. Mit dem Messstab kontrolliert er, ob die Rumpfform stimmt.“ [92]

Dass man von den abgebildeten Bootstypen auf große Segelschiffe schließen kann, vermag ich nicht nachzuvollziehen. Vielmehr sieht man hier Boote mit einer Länge von vielleicht 20 Metern. Dabei kann man die Größe der Arbeiter nicht als Vergleichsmaßstab heranziehen „[…] denn sie sind überaus unproportional groß dargestellt.“ [93], bestätigt auch B. Landström. Betrachtet man das Boot (Abb. 152) und billigt jedem der zehn dort beschäftigten Arbeiter einen mindestens zwei Meter langen Arbeitsraum zu, dann könnte man durchaus auf die oben genannten 20 Meter Länge kommen.

B. Landström führt weiter aus: „Ein Schriftsteller hat erklärt, diese ganze Szene zeige die Anfertigung von »dug-outs«, von ausgehöhlten Booten, da man noch die Außenseiten des Rumpfes mit Dechseln bearbeitet. Ich glaube, dass er sich irrt.“ [94]

Ich nehme an, dass sich B. Landström irrt und nicht der Schriftsteller. Auch ich halte es eher für möglich, dass wir hier Boote sehen, die nahezu aus einem Stück bestehen – also von gewaltigen Baumstämmen stammen. In Thailand soll es nach Auskunft meiner Zimmerleute Baumstämme geben, für die man 10 Männer benötigt, um ihren Umfang mit den Armen zu umspannen. Auch für die Zeit des Cheops kann man davon ausgehen, dass es derartige Proportionen gegeben hat!

Wegen der wohl instabilen Rundform dürften die dargestellten Boote keinesfalls zum Segeln geeignet gewesen sein. Dagegen könnten sie nach Fertigstellung durchaus als Steinhebeschiffe gedient haben, falls sie aus Zedernholz gearbeitet waren. Um meine These zu belegen, habe ich zwei Boote im Maßstab 1:50 nachgebaut (Abb. 153). Die Maße beruhen auf der oben genannten Bildbeurteilung und Schätzung. Dazu die folgende Erklärung: Die Schwestern Jo-i und June legen die Modellboote ins Wasser. Mit der Folge: **Beide Schiffe gehen unter**. Zedernholz ist bekanntlich schwerer als Wasser (Dichte > 1) (Abb. 154).

Danach erhält ein Boot mit Hilfe eines Stemmeisens einen Innenraum (Farbe weiß), das andere Boot behält seine Form aus Vollholz. Wieder werden beide Boote ins Wasser gelegt (Abb. 155).

Ergebnis im Wasser: Das Vollholz-Boot geht unter, während das ausgehöhlte Boot schwimmt.

Beurteilung: Das fertige Boot des Ti könnte etwa eine Wasserverdrängung von 12 Kubikmetern aufweisen. Damit wäre es mit einem Gewicht von etwa 12 Tonnen gut geeignet, als „Hebeschiff“ für Steinblöcke bis etwa 5 Tonnen Gewicht eingesetzt zu werden. Als Reiseschiff, schon gar nicht unter Segeln, wäre es allein wegen seines immensen Gewichtes und des zu geringen Freibords nicht zu gebrauchen gewesen.

Ich sehe die Schiffe des Ti bezogen auf ihre Festigkeit und Stabilität eher vergleichbar mit der Barke des Cheops und den Booten auf den Abb. 148 bis 150. Ein weiterer Hinweis auf die Richtigkeit der getroffenen Aussage könnte auch die geringe Tiefe des Innenraums sein, die die Arbeiter auf allen fünf Booten des Ti vorfanden: Von den Arbeitern sind teilweise nur die Beine im Rumpf verschwunden (Abb. 152); weiteren Platz nach unten lassen die Abmaße des Rumpfes nicht zu.

Zeigt der Vergleich des Modellbootes (Abb. 155, weiß) mit dem Boot auf Abb. 152 vielleicht doch recht deutlich den Einsatzzweck der fünf im Bau befindlichen Boote? – **Steinhebeschiffe kurz vor ihrer Fertigstellung.** Dieses wäre dann eine überaus wichtige Geschichte, über die der Künstler vor über 4000 Jahren sehr eindrucksvoll und mit Stolz berichtete.

Abb. 153 2 Bootsmodelle nach Abb. 152 Grab des Ti – beide Schiffe bestehen aus Vollholz ohne Innenraum, Werkstoff ist Zedernholz aus Brasilien

Abb. 155 Bootsmodelle aus Abb. 153 im Wasser
oben: Innenraum ausgearbeitet, Gewicht: 825 g
unten: Vollholz, Gewicht 1275 g

Ergebnis:
Boot oben schwimmt
Boot unten untergegangen

Abb. 154 Die Schwestern Jo-i und June legen die Modellboote aus Abb. 153 ins Wasser
Ergebnis: beide Boote gehen unter (Dichte von Zedernholz > 1) – ***Zedernholz schwimmt nicht!***

4.2.3 Schiffsgruben des Pharao Unas – zwei Bassins für ein „Doppelschiff"

Die beiden riesigen Schiffsgruben am Aufweg des Pharao Unas (Abb. 37 und 38) sind meiner Meinung nach von der Wissenschaft bisher etwas vernachlässigt behandelt worden. So sagt auch A. Siliotti dazu lediglich: „Seitlich des Aufwegs, etwa 150 Meter von den Resten des Totentempels entfernt, sieht man zwei große Bootsgruben, die etwa 44 Meter lang sind und aus Kalksteinblöcken errichtet wurden; sie waren Abbilder von Sonnenbooten." [95]

Weshalb sollte Unas zwei derart gewaltige Bootsgruben bauen, nur um Sonnenschiffe dazustellen? Dies sei als Frage erlaubt. Weshalb baute er nicht gleich zwei richtige Sonnenschiffe, etwa so, wie man es auf Abb. 40 bei Pharao Niusserre sieht? – Oder ist doch eher anzunehmen, dass es sich in Sakkara um zwei Behältnisse für Steinhebeschiffe handelt? Besonders auffällig ist bei diesen Bootsgruben, dass sie unmittelbar nebeneinander und etwas erhöht zueinander angeordnet sind. – Sollten sie für Steinhebeschiffe im Einsatz gewesen sein, so wird zunächst das obere eine Wasserzufuhr erhalten haben. Während der anschließenden Fahrt des „Hebeschiffs" vertikal von oben nach unten (Steinhebevorgang) lief das Wasser aus der oberen in die untere Grube. Dabei machte dann das untere Schiff eine Fahrt vertikal nach oben (Ladevorgang/Bereitstellungsphase).

Zwei große Löcher in der einen Grube, in Nähe des Bodens, könnten auf diese Technik hinweisen (Abb. 37). Der Vorteil lag in der Nutzung von nur einer Wasserfüllung für zwei Arbeitsvorgänge. Wegen dieser engen Abhängigkeit beider Schiffe voneinander nenne ich sie „Doppelschiff", obwohl beide Bootskörper einzeln schwammen. Da ich nicht feststellen konnte, ob die Löcher tatsächlich von Grube zu Grube über Kanäle eine Verbindung herstellten, kann ich für die Beweisführung zunächst nur Ausschöpfen und Einfüllen von Wasser berücksichtigen. In Verbindung mit Dämmen unmittelbar an den Gruben könnte Pharao Unas durchaus die gleiche Technik genutzt haben wie zuvor Pharao Cheops.

4.2.4 108 Maschinen hoben die Steine des Cheops

In den folgenden Abbildungen werden die Steinhebemaschinen gezeigt, die die Hubarbeit unmittelbar an der Cheops-Pyramide verrichteten. Die Maschinen werden entsprechend ihrer Hebekraft, ihres Einsatzortes und ihrer besonderen Konstruktionsmerkmale in drei Gruppen eingeteilt:

- **41 Maschinen des Herodot** – Blöcke bis 2,5 Tonnen (+ 50 Maschinen in Steinbrüchen)
- **60 Maschinen des Cheops** – Blöcke bis 15 Tonnen
- **7 Hebewerke des Cheops** – Monolithe bis 60 Tonnen.

Alle Steinhebevorrichtungen – Maschinen und Hebewerke – arbeiten nach dem gleichen Funktionsprinzip: **Heben mit Hilfe von „Hebeschiffen" über Hebelbalken.**

Die Kraft am Hebelbalken wird erzeugt durch:

- **Wasserstandsänderung im Wassertank**
- **„Kraft des Wassers" (Hydrostatik)**
- **Gewichtskraft des „Hebeschiffes".**

Als Ergänzung zum Zwecke der Vereinfachung für das Heben von Steinblöcken bis etwa 3 Tonnen Gewicht wird eine „Klemmvorrichtung" aus Zedernholz vorgestellt (Abb. 158 bis 160).

4.2.4.1 41 Maschinen des Herodot - bis 2,5 t Hebekraft – die Modelle

Abb. 156 ***Maschine des Herodot*** *in Bereitschaftsstellung*

Modell, Maßstab 1:10
Bauhöhe ca. 110 cm

1 *Wassertank (Holz)*
2 *Höhe Wasserstand*
3 *„Hebeschiff" (Holz) befüllt mit Ballastwasser*
4 *Zugseile*
5 *Hebelbalken (Zedernholz)*
6 *Rückholgewicht (Stein)*
7 *Zugseile*
8 *Steinblock*
9 *Transportschlitten (Zedernholz)*
10 *Maschinengestell (Zedernholz)*
11 *Transportschlitten für Maschinengestell (Zedernholz)*
12 *Transportschlitten für Wassertank (Zedernholz)*
13 *Wasserablaufventil*

Beachte:
Die Gesamt-Maschine lässt sich für Transport oder Reparatur in die Einzelteile 1 ,3, 5 und 10 zerlegen

Abb. 157 ***Maschine des Herodot*** *nach dem Hebevorgang*

Modell, Maßstab 1:10
Bauhöhe ca. 110 cm

Ergebnis:
Hubhöhe s = 37 cm

Beachte:
Für die Originalmaschine des Herodot wäre damit eine Hubhöhe von 3,7 m zu erzielen – Standardblock mit 2,5 t Gewicht.

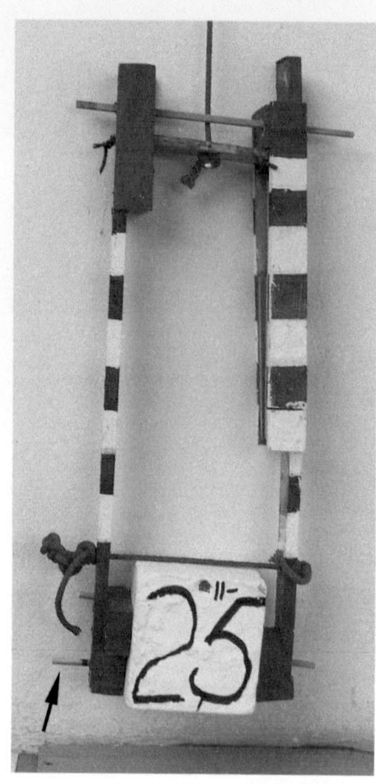

Abb. 158 Klemmvorrichtung hebt mit Hilfe der Fixierhölzer

*Steinhebevorrichtung zum Heben von Steinblöcken bis 3 t – **(siehe Abb. 100 und 101)***

„Fixierte Hölzer" zwischen Vorrichtung und Stein (Pfeil), Material: Zedernholz

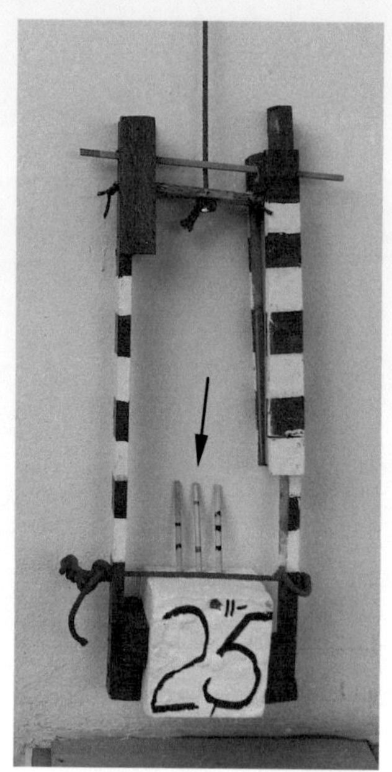

Abb. 159 Klemmvorrichtung hebt Steinquader ohne Hilfe der Fixierhölzer (Pfeil) – nur mittels Reibung

Abb. 160 Klemmvorrichtung einsatzbereit zum Heben

- *Spreizholz (oben mit Pfeil) ist gelöst*
- *Klemmbacken (unten) auf größter Weite*

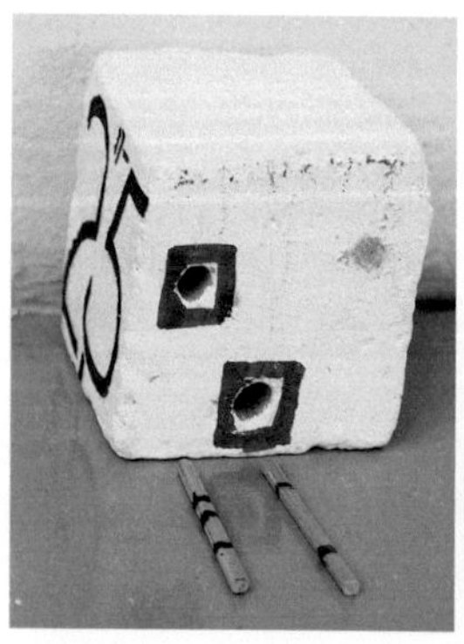

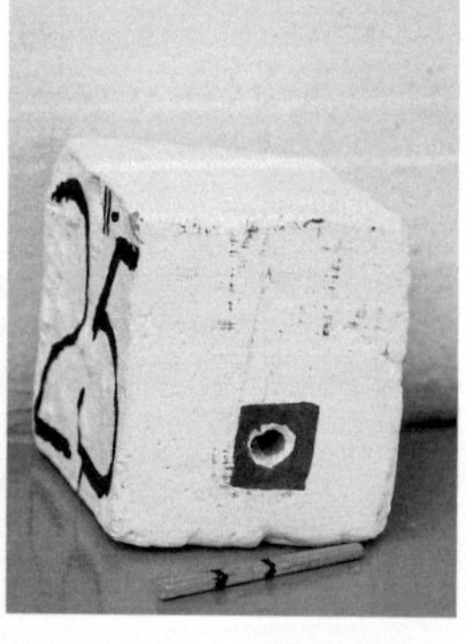

Abb. 161 Steinquader mit 3 Löchern für „Fixierhölzer" – 2 Löcher vorn, 1 Loch hinten

*Abb. 162 2 Steinquader auf der Ostseite der Cheops-Pyramide – Löcher für „**Fixierhölzer**"?*

Vermutung:
Löcher („negative Bossen") auch auf den Rückseiten

Abb. 163 Maschine des Herodot – Modell

hier: – ***drei Maschinen arbeiten in Kombination unter Einsatz nur eines „Hebeschiffes“*** *(Tank rechts)*

– horizontale und vertikale Verschiebung der Hebemaschinen möglich

– Zugseil des „Hebeschiffes“ (1)

Die Richtigkeit der vorgetragenen Gedanken (vgl. Abb. 158 bis 162) wird auch bestätigt durch R. Brink, der auf den möglichen Einsatz von „Hebe-Zangen“ hinweist. Er bezieht sich dabei auf die Aussparungen an den Abdecksteinen der Grube Nr. 4 (Abb. 33) des Cheops-Bootes und auf die Ernst Sieglin-Expedition im Jahre 1912.[96]

Zusammenfassung:
Die Modelle der Maschine des Herodot, in der Regel etwa im Maßstab 1:10, haben ihre Einsatzfähigkeit in vielen Versuchen unter Beweis gestellt. Maschinen nach dem Modell Abb. 156 und 157 lassen Hubhöhen über vier Meter zu. Das liegt daran, dass Rundbalken und Lager so angeordnet sind, dass der Hebelbalken nicht herunterfallen kann.

Dagegen ist in Abb. 100 und 101 der Hebelbalken mit seinem Lager auf den Rundbalken aufgelegt. Sicheres Heben ist aus diesem Grunde in der Wirklichkeit nur bis zu Hubhöhen von etwa 2-3 Metern gegeben, je nach Länge des Hebelbalkens. Trotzdem weisen beide Maschinentypen für sich, wie bereits besprochen, wesentliche Vorteile auf.

Unter der Voraussetzung, dass die Pyramide stufenweise gebaut wurde, passen die in diesem Buch vorgestellten Maschinen durchaus zu der 2500 Jahre alten „Hebewerk“-Beschreibung der Herodot – **das gilt sowohl für Abb. 100 wie auch Abb. 101**.

„(4) Wie viele Stufen der Absätze es waren, so viele Hebewerke waren es auch; oder aber es war immer dasselbe Hebewerk – ein einziges, gut transportables – das sie auf jede Stufe hoben, nachdem sie den Stein weggenommen hatten; [...].[97]

Die Abb. 158 bis 160 zeigen eine Steinhebevorrichtung (Klemmvorrichtung) aus Zedernholz mit dem passenden Steinquader im Modell. Noch heute sieht man zwei Steinblöcke auf der Ostseite der Großen Pyramide (Abb. 162) und die Abdecksteine der Schiffsgrube Nr. 4 (Abb. 33), die darauf hinweisen, dass man sie vor 4600 Jahren mit Hilfe einer Hebevorrichtung hob und auch absetzte, die große Ähnlichkeit mit dem vorgestellten Modell aufgewiesen haben mag. Die Abdecksteine zeigen Vertiefungen – ich nenne sie „negative Bossen“ – in die Teile einer Hebevorrichtung eingegriffen haben könnten. So ist es durchaus zu vermuten, dass es innerhalb des Pyramidenkörpers glattflächige Steine gibt, bei denen man die Bossen weggeschlagen hat, aber auch solche, die „negative Bossen“ aufweisen.

Abb. 163 zeigt drei Steinhebemaschinen, die in Kombination im Einsatz sind. Der Modellversuch zeigt, dass es zu Zeiten Cheops möglich war, einen Steinquader zu heben, der 26 Meter entfernt, aber auch 28 Meter in der Tiefe lag. Mit der gleichen Anordnung ließen sich auch horizontal versetzte Steine in großen Höhen bewegen, sofern man die linke Maschine erhöht anordnete.

4.2.4.2 60 Maschinen des Cheops – bis 15 t Hebekraft – die Modelle

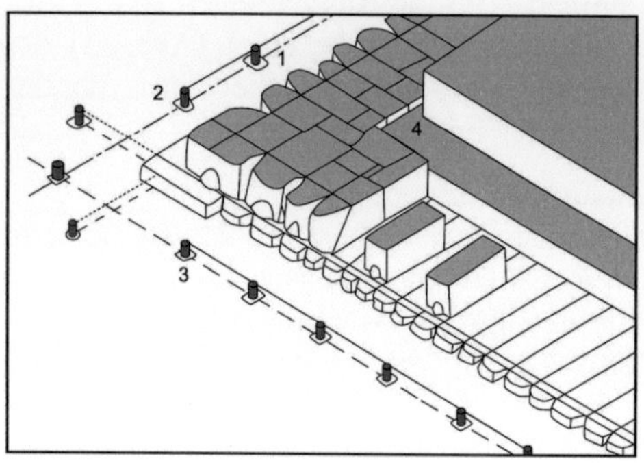

Abb. 164 Pfostenlöcher

Etwa 100 Pfostenlöcher auf der Pyramiden-Ost- und -Nordseite,
1, 2, 3 Pfostenlöcher, 4 Pyramidensockel

Noch heute kann man vor dem Pyramidenkörper auf der Ost- und Nordseite über 100 Pfostenlöcher erkennen, die man inzwischen zugemauert hat. Dazu sagt M. Lehner: „Entlang der Ost- und Nordseite verläuft eine Linie von rechteckigen Löchern, in denen Pfosten gesteckt haben könnten; die äußere Referenzlinie könnte mit einem zwischen ihnen gespannten Seil markiert worden sein.“ [98]

Man kann die zum Teil über einen Viertel Quadratmeter großen Pfostenlöcher auch anders deuten: Wegen ihrer großen **Anzahl, Größe und der besonderen Lage** gehe ich bei ihrer Zweckbestimmung davon aus, dass ihnen eine geradezu zentrale Bedeutung für den Bau der Großen Pyramide zukam. Ich nehme an, dass auf Linie der Pfostenlöcher eine etwa 3 Meter breite und bis zu 20 Meter hohe Steinmauer gestanden hat – und zwar entlang der gesamten Ost- und Nordseite der Pyramide (Abb. 164). Auf der Mauer waren die Hebelbalken für bis zu 38 Steinhebemaschinen des Cheops platziert (Abb. 183 Nr. 11).

Zum Nachweis dieser Theorie habe ich ein Teilstück der Stützmauer und des Pyramidenumlaufkanals mit Hebemaschinen und ihren Wassertanks im Maßstab 1:10 nachgebaut (Abb. 166 und 173). Die Steinhebemaschine Nr. 49 wurde mit drei Hebelbalken ausgestattet (Abb. 166 Nr. 13) und befindet sich im Arbeitseinsatz. Die Maschinen über den Tanks Nr. 50 und 48 besitzen jeweils nur einen Hebelbalken. Sie befinden sich in Ruhestellung, sollen aber die Position der zu Nr. 49 benachbarten Maschinen andeuten. Pfosten aus Zedernholz stehen alle 30 Zentimeter in Reihe (nach M. Lehner 3,68 Meter im Durchschnitt an der Pyramide). Sie geben der Stützmauer entsprechenden Halt und Festigkeit (6). Die Mauer ist an den Maschinen Nr. 50, 49 und 48 oben nicht zugemauert, um die Pfosten auch nach ihrem Einbau für den Leser sichtbar zu machen. Auch horizontal sind Zedernhölzer gleicher Dicke wie die Pfosten an der Maueroberfläche eingearbeitet, um für die Maschinen während des Hebens und Absetzens der Steine die erforderliche Tragfähigkeit zu garantieren (7).

Abb. 165 Noch heute erkennbare Pfostenlöcher auf der Pyramiden-Ostseite – entlang des Seiles auf den Stahlpfosten

Größe: ca. 40 x 60 cm

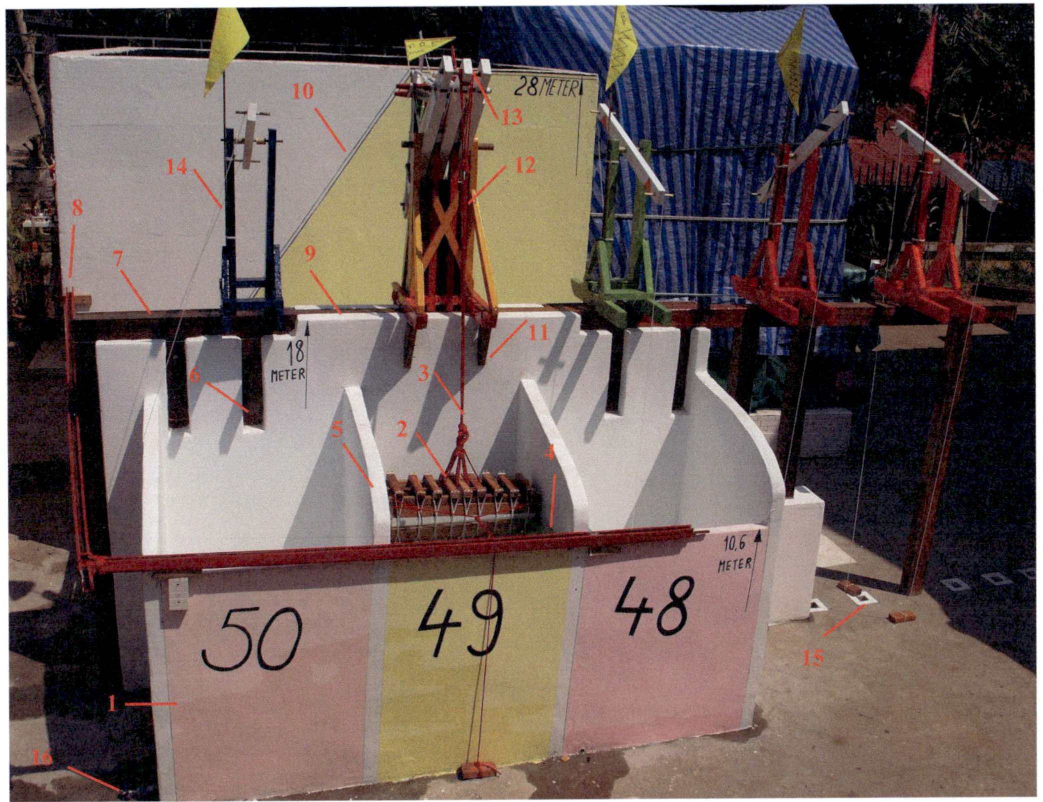

Abb. 166 Modell einer Stützmauer mit Wassertanks auf der Pyramiden-Ostseite (Südecke) entlang der Pfostenlöcher (Abb. 164 und 165), Stützmauer verstärkt durch senkrechte Zedernholzbalken – Maßstab 1:10

hier: – Steinhebemaschine vor dem Heben in Bereitschaftsstellung – Wassertank Nr. 49
– „Hebeschiff" aufgeschwommen (höchste Position)

Hinweis:
– Maßangaben beziehen sich auf Originalgrößen an der Pyramide, zum besseren Verständnis sind einige Senkrechtbalken der Stützmauer nicht eingemauert (6) und fünf Pfostenlöcher (15) sichtbar dargestellt

1 drei Wassertanks (Nr. 50, 49 und 48) von 19 auf der Pyramiden-Ostseite – Höhe: 10,6 m
2 „Hebeschiff" – Gewicht einschließlich Wasserballast 30 t
3 Zugseile
4 Wasserstand im Wassertank
5 Zwischenwände der Wassertanks
6 über 50 Zedernholzpfosten in den Pfostenlöchern zur Verstärkung der Stützmauer (Abstand ca. 3,6 m)
7 waagerechte Verstärkungsbalken der Stützmauer
8 Wasserablauf aus der Pyramide heraus – von Hebe- und Verlegemaschinen
9 Stützmauer aus Stein – Höhe: 18 m, Dicke: 3 m
10 Pyramidenstumpf – Höhe 28 m (hier angedeutet durch die Farbe Gelb)
11 Verstärkungsstützen auf beiden Seiten der Stützmauer für die Stabilität der Hebemaschinen
12 Hebemaschine des Cheops – Hebekraft 15 t + Hebezubehör
13 Hebelbalken gefügt aus drei Einzelhebelbalken
14 vier von 19 Maschinen des Cheops (hier angedeutet mit nur einem Hebelbalken)
15 über 50 Pfostenlöcher – hier 5 Löcher freigehalten für Foto
16 Wasserablaufventil von Tank Nr. 49

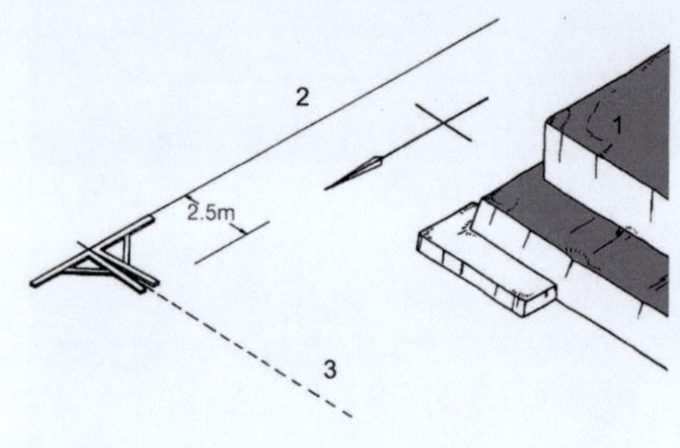

Abb. 167 Schema, Pyramidenwinkel

1 Pyramidensockel
2,3 Referenzlinien

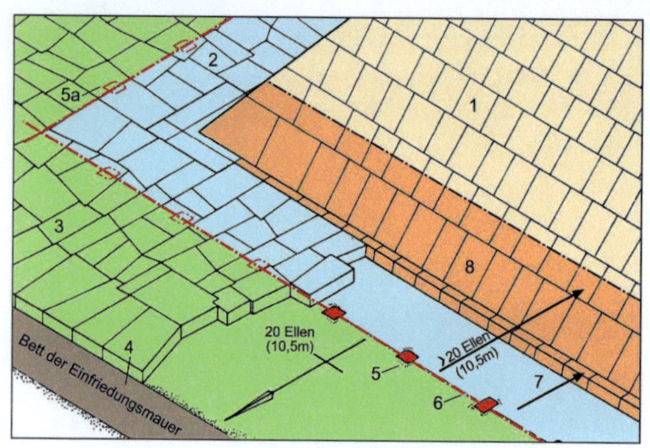

Abb. 168 Schema, Nordost-Ecke der Pyramide

1	*Pyramide*	*5*	*Pyramidenkante*
2	*Umlaufkanal*	*6, 6a*	*Pfostenlöcher*
3	*Pflaster*	*7*	*Pfostenlinien Nord / Ost*
4	*Einfriedungsmauer*	*8*	*Pyramidenflanke*

Abb. 169 Schema, Pfostenlöcher und Pyramidensockel

1	*Natursteinsockel*	*5*	*Pfosten in Löchern*
2	*Umlaufkanal*	*6*	*Einfriedungsmauer*
3	*Maschinentanks*	*7*	*Plattengrund*
4	*Messstrick*	*8*	*Pyramidenaußenlinie*

Vorhandene Platzverhältnisse an der Pyramidennordseite und Pyramidenostseite bei Baubeginn

Zur Untermauerung bezüglich der Richtigkeit für die Positionierung der Modell-Hebemaschinen nach Abb. 166 werden wissenschaftliche Aussagen des Ägyptologen M. Lehner berücksichtigt:

- Nach Abb. 167 wurde entlang einer Referenzlinie (2) und (3) mit Hilfe von Holzwinkeln oder dem Satz des Pythagoras („heiliges" 3-4-5–Dreieck) oder mit Kreisbögen eine Pyramidenecke grob eingemessen.[99]
- Die Pyramidenflanke (Abb. 168 Nr. 8) hat man später fertig gestellt; deshalb war auf beiden Seiten der Pfostenlöcher genügend Raumtiefe für den Umlaufkanal (2) und die Hebemaschinentanks auf dem Pflaster (3) vorhanden.
- Abb. 169 zeigt die Lage der Pfostenlöcher zu Pyramidensockel (1), Umlaufkanal (2), Platz für Hebemaschinentanks (3) und der Einfriedungsmauer (6). Die Raumtiefe mit 10,5 Metern Breite für die Maschinentanks (Grün) und schätzungsweise 15 Metern Breite für den Umlaufkanal (Blau) einschließlich Mauer ist zu beiden Seiten der Pfostenlöcher unter Einbeziehung der Tiefe der ersten Stufe des Pyramidensockels außerordentlich großzügig bemessen.

Erkenntnis:

Die Einschränkung von M. Lehner "[...] Der gewachsene Fels [...] hinderte die Erbauer allerdings daran, ihr Quadrat durch Nachmessen der Diagonalen zu überprüfen." [100,] fällt nunmehr nach meiner persönlichen Einschätzung weg, denn: Nach Ebnung und Glättung der Oberfläche des Naturstein-Pyramidensockels konnten die Diagonalen der gewaltigen quadratischen Pyramidenfläche von 230,4 x 230,4 Metern von den Ecken der Mauern (Abb. 170 Nr. 1 und 7), die als Referenzpunkte dienten, ermittelt werden. Denkbar ist natürlich auch die Einmessung von der im Bau befindlichen 3 Meter hohen Stützmauer (Abb. 171 C) in Anlehnung an die Pfostentheorie von M. Lehner.

Anmerkung:

Ohne die Ermittlung von zwei gleich langen, im rechten Winkel aufeinander liegenden Diagonalen wären mit Cheops' Messmethoden weder

Bildbeschreibung Abb. 170:

1 *Mauer des Pyramidenumlaufskanals an/auf dem Natursteinsockel*

2 *Pyramidenumlaufkanal*

3 *Außenkante der Pyramide, 3 m bis Stützmauer (nach M. Haase)*

4 *Stützmauer für 38 Hebemaschinen des Cheops entlang der Linie der Pfostenlöcher*

5 *38 mit Wasser gefüllte Tanks der Hebemaschinen (grün)*

6 *38 „Hebeschiffe" + Ballast*

7 *Pyramidenumlaufmauer nach M. Lehner*

8 *Wasserzulauf für die Tanks Ergänzung durch H.Neubacher*

Anmerkung:

- *möglicherweise **Doppelnutzung** für Kleinkanal-System und später als Einfriedungsmauer*
- *nach Abschlagen und Glätten der Innenseite der Kalksteine um 2 – 3 Zentimeter erstrahlte die Mauer in neuem Glanz*

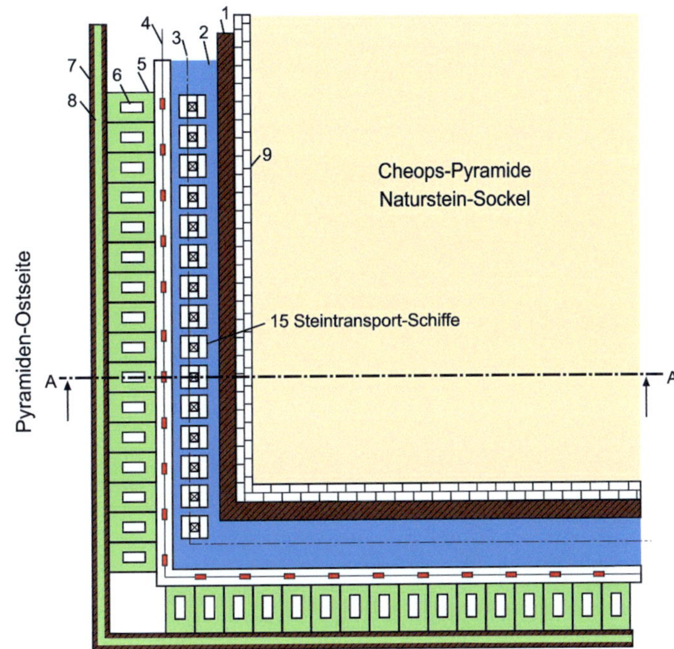

*Abb. 170 Schema, **Positionierung der 38 Steinhebemaschinen des Cheops an der Nord- und Ostseite** nach Abb. 167, 168 und 169*

vier rechte Winkel noch **vier gleich lange Seiten** des 53084 Quadratmeter großen Pyramiden-Grundquadrates zu erzielen gewesen. – Moderne Messungen haben verblüffend genaue Maße des Pyramidenkörpers zu Tage gebracht – nach M. Haase: „Die größte Abweichung der Seitenlängen zum theoretischen Mittelwert wurden mit 3,2 Zentimetern an der Nordkante festgestellt. [...] Die größte Differenz zu einem rechten Winkel beträgt an der Nord-Ost-Ecke lediglich 58''." [101]

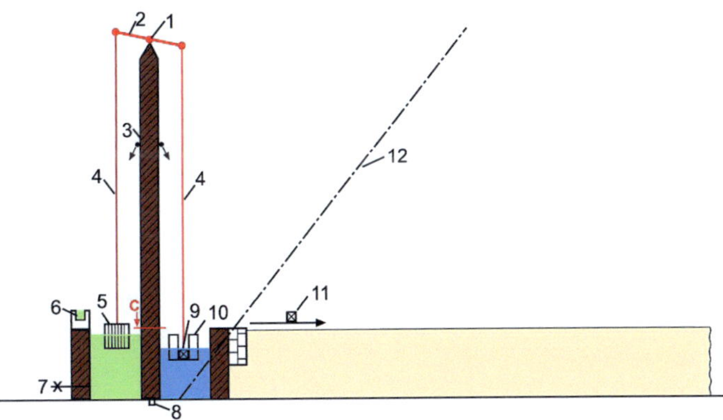

Abb. 171 Schema, – Lage der „Hebeschiffe" und Transportschiffe nach Abb. 170 Schnitt A–A

1 *Auflager*

2 *Hebelbalken*

3 *Stützmauer – möglicherweise zu beiden Seiten stabilisiert durch Halteseile*

4 *Zugseile*

5 *„Hebeschiff" mit Wasserballast*

6 *Wasserzulauf für Wassertanks*

7 *Wasserablaufventil*

8 *Pfostenloch*

9 *Steinquader*

10 *Steintransportschiff*

11 *Transport des gehobenen Steins in die Pyramide hinein*

12 *Pyramidenaußenkante*

Abb. 172 Meine Assistentin Frau Nusara setzt einen Pfosten der Stützmauer

Nach Darstellung der tatsächlichen Platzverhältnisse bei Baubeginn wird die Beschreibung der Pyramidenbau-Modellversuche fortgeführt:

Es folgt die Erklärung für Anlieferung sowie Hub und Transport von jeweils sechs Standardblöcken à 2,5 Tonnen Gewicht.

Doch zuvor zeigt Frau Nusara in Abb. 172 wie die Pfosten für die so wichtige Stützmauer in den vorbereiteten Pfostenlöchern fixiert werden.

Anmerkung:
Die Beschreibung erfolgt mit Hilfe des Modells (Abb. 173), jedoch bezogen auf die wahren Größenverhältnisse an und in der Pyramide.

Abb. 173 zeigt die der Pyramide (9) zugewandte Seite der Stützmauer (3) mit fünf Steinhebemaschinen des Cheops an der südlichen Ostseite der Pyramide. Die Stützmauer und die Pyramide sind am Grund durch den etwa 10,5 Meter breiten Pyramidenumlaufkanal miteinander verbunden. Der Kanal ist vorn und hinten geschlossen, da nur ein wassergefüllter Ausschnitt gezeigt werden kann.

Zum besseren Verständnis ist die Stützmauer auf der linken Seite offen, um einen Blick auf die wichtigen Stützbalken (2) zu gestatten, die auf den Pfostenlöchern (1) stehen.

Beschreibung des Arbeitsablaufes – Vorbereitung:
Das Transportschiff (10), beladen mit sechs Standardblöcken (8) von insgesamt 15 Tonnen Gewicht (ohne Hebezubehör) fährt direkt unter die Steinhebemaschine (14). Die Steinquader schwimmen unterhalb der Wasseroberfläche (7).

Das Schiff hat in diesem Fall unter der Nutzung der Hydrostatik nur 9 Tonnen Steingewicht zu tragen. Dieser Umstand wirkt sich bei der Dimensionierung der Schiffskörper und der Größe der Schleusenkammern positiv aus. Gleichzeitig können kleinere Schiffsgrößen auch besserer manövriert werden.

Auf der anderen Seite der Stützmauer schwimmt das „Hebeschiff“ (Abb. 166 Nr. 2) im Wassertank Nr. 49. Die Hebemaschine (12) befindet sich in Bereitschaftsstellung:

- Das „Hebeschiff“ schwimmt am Höchstwasserstand des Wassertanks (Nr. 49).
- Der Kraftarm des Hebelbalkens (13) ist nach oben gerichtet und mit dem „Hebeschiff“ über Zugseile (3) verbunden.
- Der Bauch des „Hebeschiffes“ ist mit Ballastwasser so weit gefüllt, dass es einschließlich Eigengewicht über 30 Tonnen wiegt.
- Der Rumpf des „Hebeschiffes“ ist so bemessen, dass das Schiff einschließlich Ballast dennoch sicher schwimmfähig ist.

Abb. 173 Rückseite der Maschinen-Stützmauer mit Teilstück des Pyramidenumlaufkanals – der Pyramide zugewandte Seite – Modell im Maßstab 1:10

hier: – Maschine vor dem Heben in Bereitschaftsstellung
– Transportschiff mit sechs Standardblöcken à 2,5 t Gewicht

Hinweis: – Maßangaben beziehen sich auf Originalgrößen des Pyramidenbaus

1 Pfostenlöcher entlang der Pyramiden-Ostseite
2 Senkrechte Verstärkungsbalken der Stützmauer in den Pfostenlöchern
3 Stützmauer für die Hebemaschinen
4 Wassertanks (vgl. Abb. 166)
6 Pyramidenumlaufkanal (Teilausschnitt)
8 sechs Standardblöcke unter der Wasseroberfläche schwimmend – 15 t Gesamtgewicht
11 Verstärkungsbalken für die Stützmauer
13 Holzschienen für Schlittentransport
15 Zugseile des „Hebeschiffes"
5 vier Hebemaschinen nicht im Einsatz
7 Wasser
9 Pyramidenkörper
10 Transportschiff
12 Zugseil
14 Steinhebemaschine des Cheops
16 3fach-Hebelbalken der Hebemaschine

Beschreibung des Arbeitsablaufes – Heben der sechs Steinquader in fünf Phasen (Abb. 166):

Phase I: Das benötigte Wasser kann von Wasserträgern über Treppen zu dem 10,8 Meter hohen Wassertank Nr. 49 (Abb. 166), wie auch zu den übrigen 37 Tanks, getragen werden. Denkbar ist auch, dass das Wasser aus aufgemauerten „Brunnen" zuläuft. Es besteht auch die Möglichkeit, Wasser zu nutzen, das aus der Pyramide kommt (8), nachdem die Hebe- und Verlegemaschinen im Pyramideninneren gearbeitet haben.

Der Hebevorgang beginnt in dem Moment, in dem Wasser aus dem Wasserbehälter Nr. 49 abgelassen wird. Das Wasser läuft dem Ablassventil (16) über eine Leitung zu, die hier über dem Boden des Tanks Nr. 50 verlegt ist.

Phase II: Aufgrund seiner vertikalen Fahrt nach unten hebt das „Hebeschiff" die auf der anderen Seite der Stützmauer befindlichen Steinblöcke aus dem Transportschiff heraus (Abb. 173).

Abb. 174 Steinhebemaschine des Cheops Nr. 49 hat 6 Standardblöcke à 2,5 t Gewicht aus dem Transportschiff herausgehoben

Hinweis: – Maßangaben beziehen sich auf Originalgrößen des Pyramidenbaus

Phase III: Es sind zwei Hübe nötig, wobei ein Absetzen mit sicherem Abstützen der Steinquader erforderlich ist. Am Ende des 2. Hubes befinden sich die Blöcke etwa auf einer Höhe von 6,8 Metern (Abb. 175).

Abb. 175 6 Standardblöcke bis auf etwa 6,8 m gehoben

hier: Die Standardblöcke werden auf 6 Holzschlitten abgesetzt, die auf 12 Holzschienen stehen
Anmerkung: Holzschienen verschiebbar – Originalmaßangaben

Phase IV: Dies ist der Zeitpunkt, in dem zwölf Holzschienen mit sechs Holzschlitten unter die Steine geschoben werden. Danach wird das „Hebeschiff" mittels Zuführung von Wasser in den Tank Nr. 49 so lange vertikal nach oben gefahren, bis auf der anderen Seite der Stützmauer die Steinquader auf den Transportschlitten liegen und die Zugseile so weit entspannt sind, dass man sie von den Steinen abnehmen kann (Abb. 175).

Anmerkung:
Als nicht gut gelöst muss das „Zwischenparken" der zwölf Holzschienen einschließlich der sechs Schlitten unter der Hebemaschine Nr. 50 gewertet werden (Abb. 173). Dieses Verfahren führt zu Verzögerungen in der Bautätigkeit, da von zwei Maschinen jeweils nur eine im Einsatz ist.

Besser wäre das Stapeln von sechs oberen Schienen auf sechs untere Schienen. Die Steinquader müssen eine Ausrichtung etwa wie in Abb. 175 haben und bis zu einem Meter über dem Schienenstapel schweben. Danach werden die sechs oben liegenden Schienen einschließlich der drei Transportschlitten in Position gebracht. Nun kann der „Sechser-Block" um 90° gedreht und so abgesetzt werden, dass jeder einzelne Stein auf seinem Transportschlitten liegt (Abb. 175).

Phase V: Nach dem Schmieren der Schienen mit Kerzenwachs können die Steinquader mit Hilfe von Seilen in den Pyramidenkörper hineingezogen werden (Abb. 176).

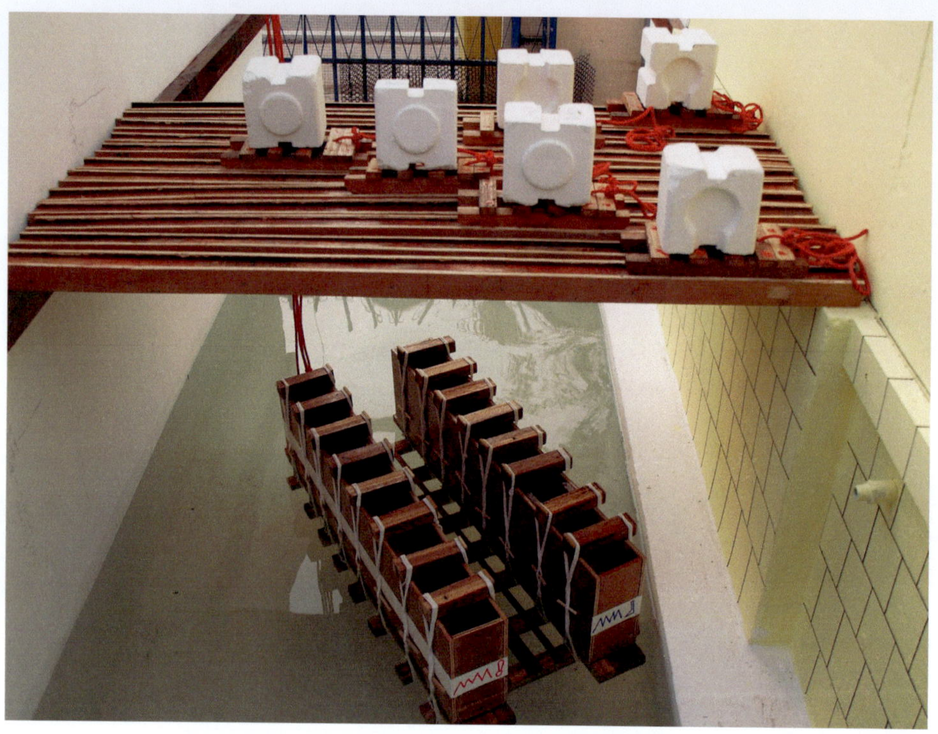

Abb. 176 Sechs Standardblöcke werden auf Schienen zur Pyramide transportiert – darunter: entladenes Steintransportschiff ist aufgeschwommen

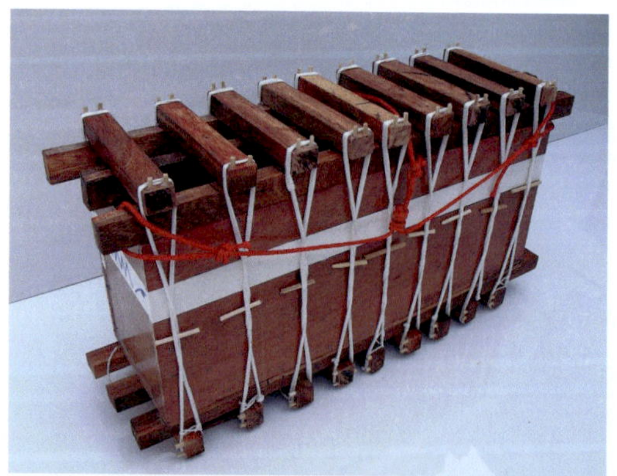

Abb. 177 „Hebeschiff" (vgl. Abb. 166)
Länge: 6,6 m, Breite: 2,0 m, Höhe: 2,6 m (Originalmaße)

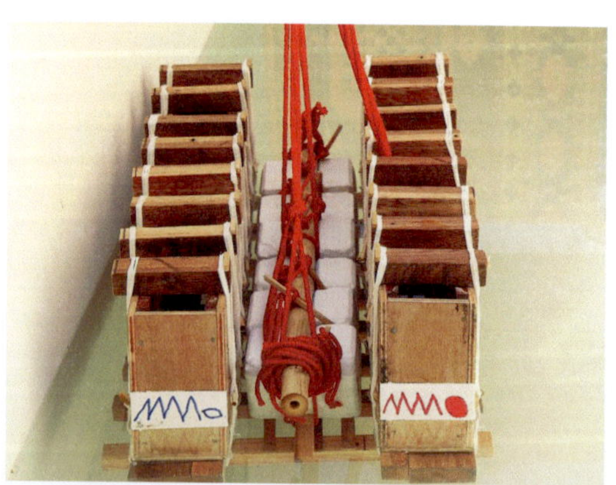

Abb. 178 Transportschiff (vgl. Abb. 173) mit sechs Standardblöcken unter des Wasseroberfläche
Länge: 8,0 m, Breite: 3,7 m, Höhe: 2,1 m (Originalmaße)

4.2.4.3 7 Hebewerke des Cheops – Hebekraft bis 60 t – das Modell

Die Technik des Steinehebens für die Barken in den sieben Schiffsgruben des Cheops wurde bereits ausführlich beschrieben. Es fehlt aber noch die Bestätigung der Hypothese, dass diese Schiffe tatsächlich im Stande waren, die Hubarbeit für schwere und schwerste Steingewichte zu bewältigen. In diesem Zusammenhang ist für die Beurteilung der Hebevorgänge besonders die Tatsache von großem Nutzen, dass uns mit der Barke des Cheops die stärkste Hebeeinheit (Hebewerk Nr. 3) des AR erhalten blieb. Auch in diesem Falle gilt wiederum der Pyramidensatz des G. Goyon:

„Wer das Schwere kann, der kann auch das Leichte."

Aus diesem Grunde ist es möglich, das Königsschiff exemplarisch auch für die Hebetechnik der übrigen sechs in den Schiffsgruben des Cheops schwimmenden Schiffseinheiten (Abb. 86) heranzuziehen. Da der Nachweis für die Richtigkeit der „Barkentheorie" am Original nicht möglich ist, wird die Beweisführung mit Hilfe eines Modells versucht. Auf Grund dessen, dass sich das Königsschiff im Bootsmuseum aus Platzgründen nicht als ganzer Schiffskörper von der Seite fotografieren lässt, wird hilfsweise das Modellschiff der Königsbarke im Versuch (vgl. Abb. 181 und 182) – exakt mit Blick auf eine Schiffsseite – schwimmend in Wasser gezeigt.

Zum weiteren Verständnis wird auch in Abb. 180 das Hebewerk Nr. 3 (Barke des Cheops in der Schiffsgrube Nr. 3 schwimmend) in ganzer Länge schematisch dargestellt. Wegen der zentralen Bedeutung von dicken haltbaren Zugseilen für das Heben von Schwergewichten wird als zusätzlicher Beleg dafür Abb. 179 angefügt.

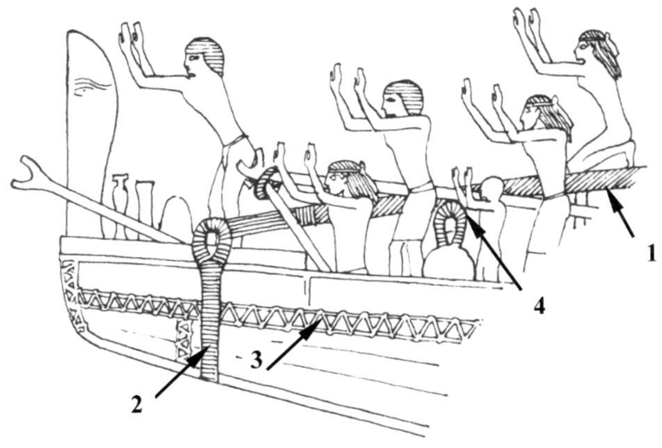

Abb. 179 Nachweis von besonders dicken Zugseilen – gut erkennbar auf Reliefs

hier. Abbildung aus dem Grab des Pharao Sahure (AR)

1 Spanntrosse

2 Ein Stropp (Seil) am Vorschiff für die Befestigung der Spanntrosse (1) (B. Landström)

3 Trossengurt

4 Stein mit kräftigem Stropp (Vermutung von B. Landström)

Anmerkung zu Trosse und Stropp:
Seile 15-17 cm Durchmesser – geschätzt nach Oberschenkeln der Arbeiter

Funktionsbeschreibung in Kurzform (Abb. 180):

a) Das „Hebeschiff" (4), schwimmend in der der Schiffsgrube Nr. 3 hebt mit seiner Gewichtskraft über die Hebelbalken (9) den Monolithen (17) aus dem Transportschiff (16) heraus, das im Pyramidenumlaufkanal (15) schwimmt.

b) Der Hebevorgang des Monolithen (17) erfolgt in zehn Stufen bis hinauf auf die Balken (24).

c) Der Monolith (17) wird auf den Balken (24) zum Transportdamm (26) hin verschoben und anschließend auf Holzschlitten (23) in die Pyramide hineingeschleift.

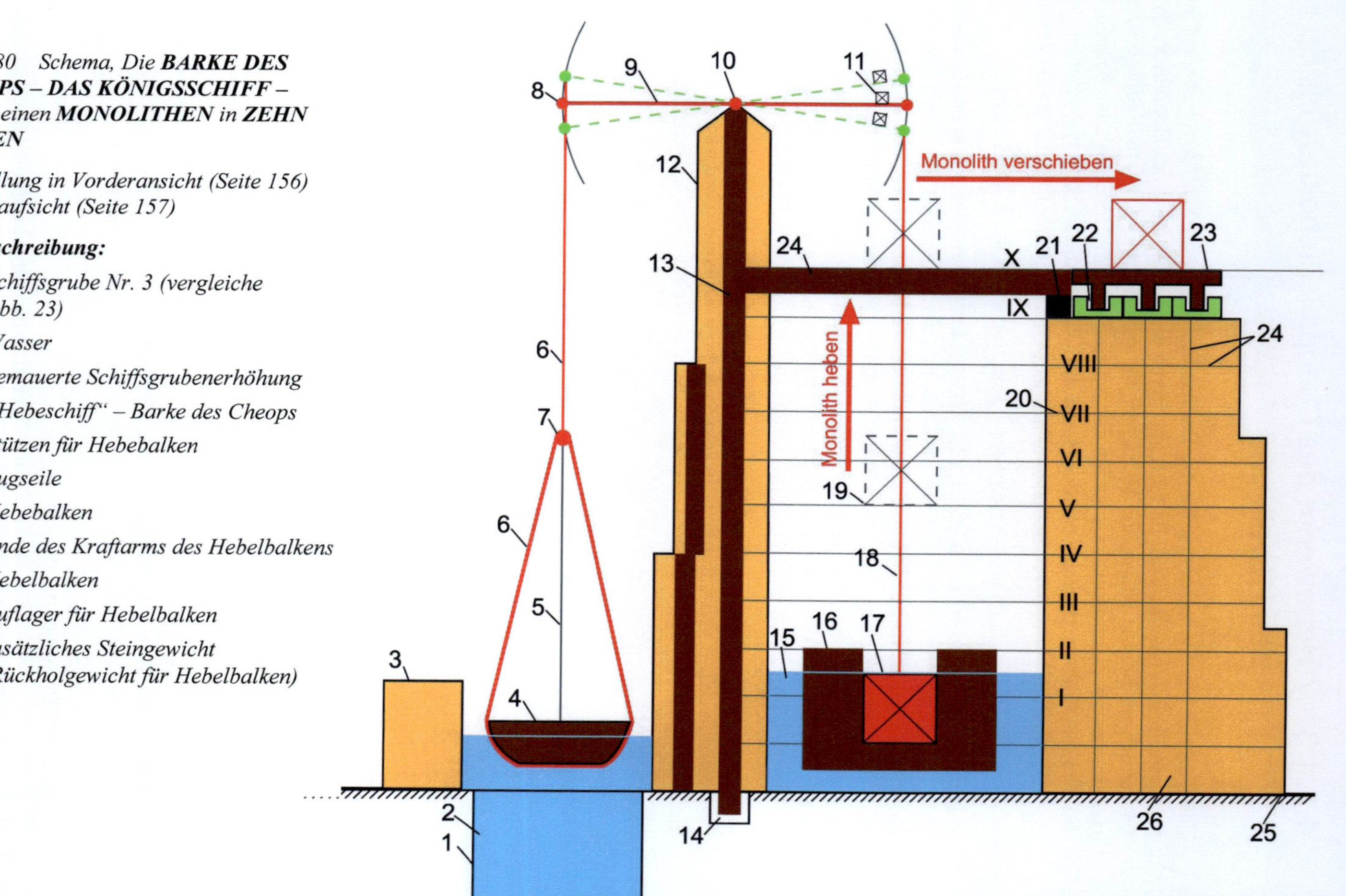

Abb. 180 Schema, Die ***BARKE DES CHEOPS – DAS KÖNIGSSCHIFF – HEBT*** *einen* ***MONOLITHEN*** *in* ***ZEHN STUFEN***

Darstellung in Vorderansicht (Seite 156) und Draufsicht (Seite 157)

Bildbeschreibung:

1 *Schiffsgrube Nr. 3 (vergleiche Abb. 23)*
2 *Wasser*
3 *gemauerte Schiffsgrubenerhöhung*
4 *„Hebeschiff" – Barke des Cheops*
5 *Stützen für Hebebalken*
6 *Zugseile*
7 *Hebebalken*
8 *Ende des Kraftarms des Hebelbalkens*
9 *Hebelbalken*
10 *Auflager für Hebelbalken*
11 *zusätzliches Steingewicht (Rückholgewicht für Hebelbalken)*

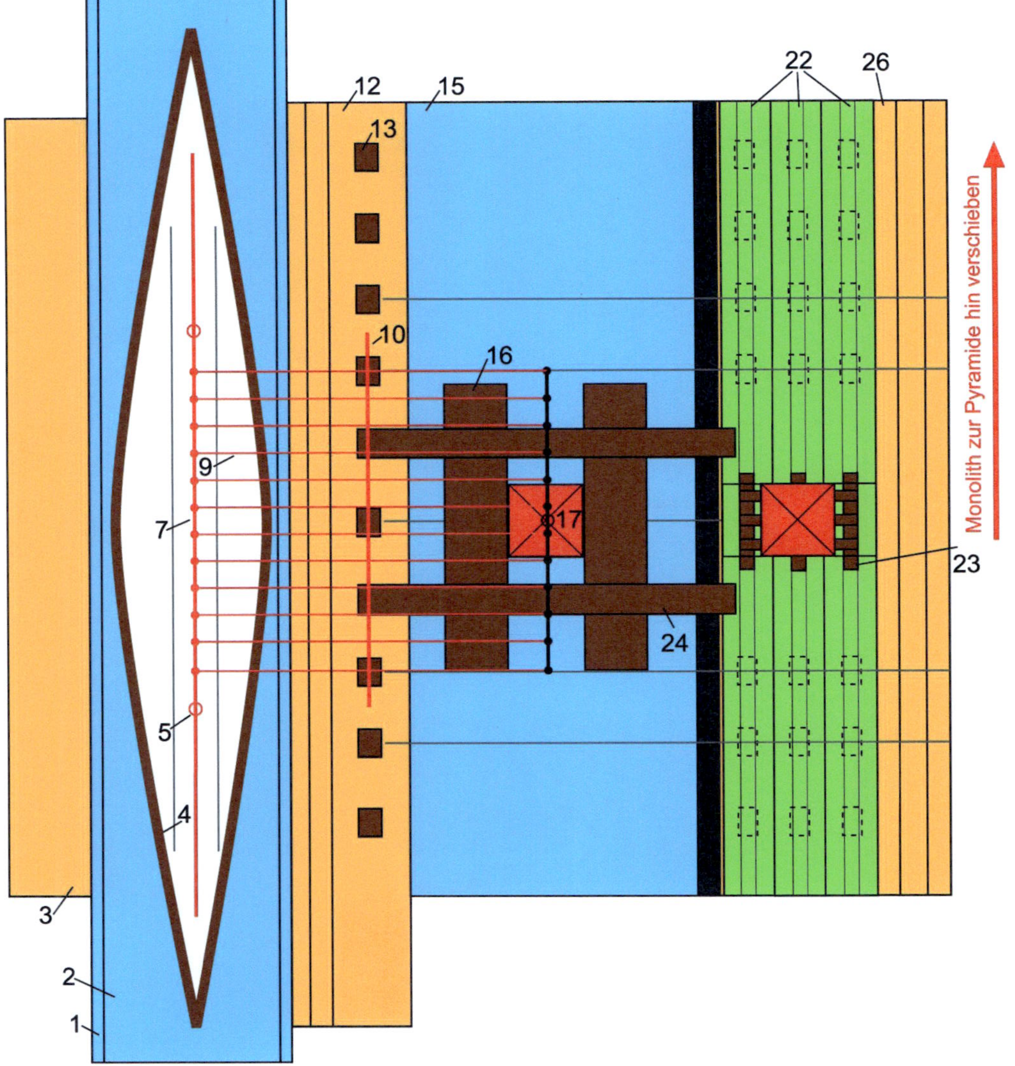

12 steinerne Stützmauer
13 Zedernholzbalken zur Verstärkung
14 Pfostenlöcher – Verankerung für Holzbalken (vgl Abb. 164 und 165)
15 wassergefüllter Pyramiden- Umlaufkanal
16 Transportschiff
17 Monolith
18 Zugseile
19 Position des Monolithen nach Hubphasen I-V (abgesetzt auf Abstützbalken)
20 10 Hubphasen des Monolithen
21 Granitbalken zur Verstärkung
22 Holzschienen
23 Zedernholz-Transport-Schlitten
24 Holzbalken-Verstärkungen und Stützen
25 Ebene des Giza-Plateaus
26 Transportdamm

Anmerkung:
Die senkrechten Stützbalken, die nach jedem Hub des Monolithen unter die waagerechten Balken (24) zu schieben waren, sind zu Gunsten der Übersichtlichkeit der Darstellung nicht eingezeichnet.

Der eigentliche Beweis für die „Barkentheorie“ wird in Abb. 181 und 182 geführt.

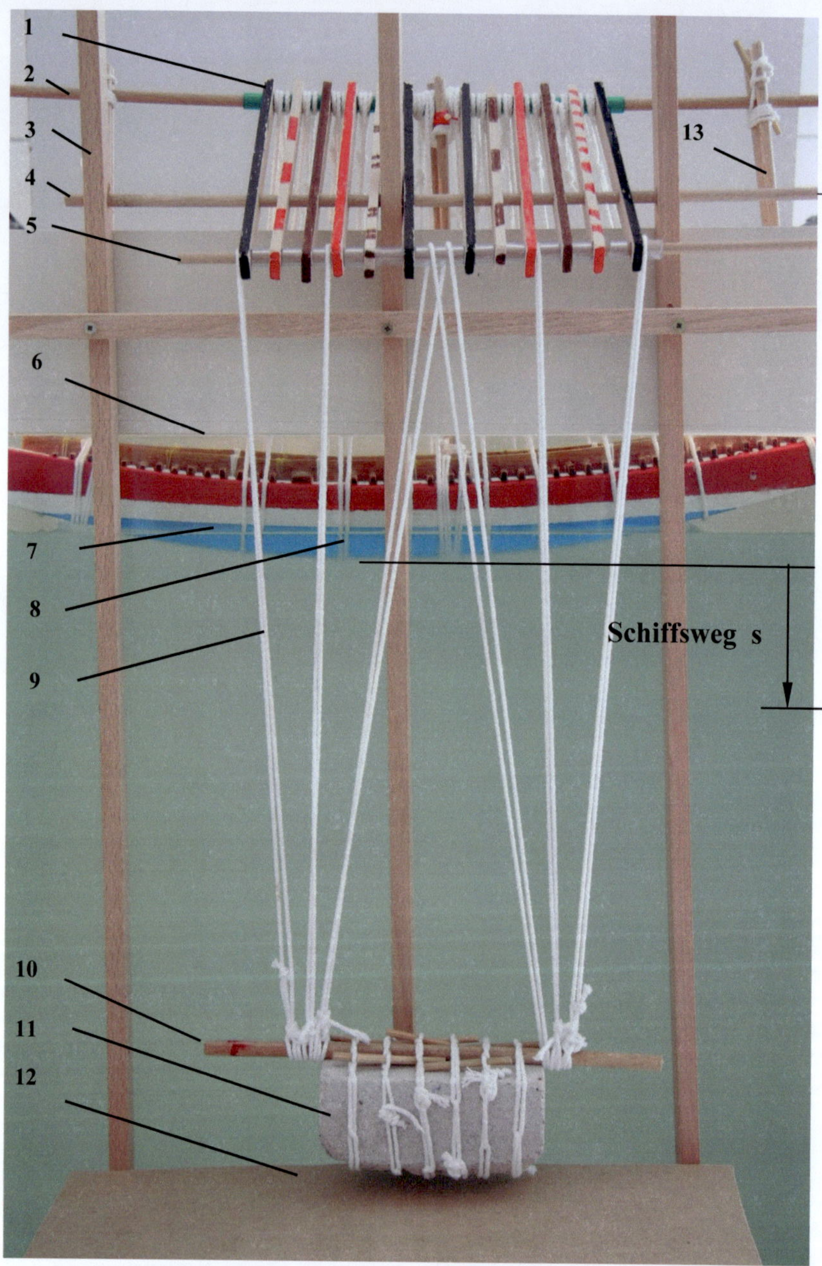

*Abb. 181 Die **BARKE DES CHEOPS HEBT** einen **MONOLITHEN** – Modellversuch*
*Hebephase: **Vor dem Hub***

Abb. 182 Die ***BARKE DES CHEOPS HEBT*** *einen* ***MONOLITHEN*** *– Modellversuch*

Hebephase: ***Nach dem Hub*** ***Ergebnis: Schiffsweg (s) = 2 · Steinweg (s_1)***

Abb. 181/182 ***Die Barke des Cheops – das Königsschiff – hebt einen Monolithen*** *– Darstellung im Modell*

hier: – Modellschiff als Knickspant in Abweichung vom Rundspant des Originals, Wasser als Ballast
– 12 Hebelbalken aufgeteilt im Verhältnis Kraftarm : Lastarm = 2:1

Bildbeschreibung:

1 12 Hebelbalken
2 Hebebalken der Barke
3 Hölzerne „Stützmauer" für Auflager
4 Rundbalken für die Drehpunkte der Hebelbalken
5 Verbindung der Lastarmenden der zwölf Hebelbalken
6 Obere Fensterbegrenzung des Wassertanks
7 „Hebeschiff"
8 Zugseile unter dem Schiff durchgezogen
9 Zugseile zwischen Hebelbalken und Steinblock
10 Hebevorrichtung für Steinblock
11 Steinblock (Monolith)
12 Bodenauflager für Monolithen
13 Stütze des Hebebalkens

Anmerkung: Wasserablaufventil des Wassertanks ist nicht sichtbar.

Abb. 181: ***„Hebeschiff" in Bereitschaftsstellung***
– „Hebeschiff" schwimmt an höchster Position
– Kraftarme weisen nach oben
– Lastarme weisen nach unten
– Steinquader ruht am Boden

Abb. 182: ***„Hebeschiff" hat gearbeitet***

Ergebnis: ***– Wasser ist teilweise abgelassen***
– „Hebeschiff" ist abgesunken um den Schiffsweg s
– Steinquader ist angehoben um den Steinweg s_1

$$s = 2 \cdot s_1$$

Dazu schwimmt ein Modellschiff der Barke des Cheops in einem eigens dafür angefertigten Wassertank, der die Schiffsgrube Nr. 3 des Cheops darstellen soll. Der zu hebende Steinblock befindet sich außerhalb des Wassertanks.

Heben des Steinblocks

a) Vorbereitungs-Phase – Bereitschaftsstellung

- Dazu ist das „Hebeschiff" mittels Wasserzuführung aufgeschwommen.
- Es befindet sich entsprechend des Höchstwasserstandes am „Oberen Totpunkt" (OT).
- 12 Hebelbalken sind mit dem zu hebenden Steinblock (11) durch Zugseile verbunden, die unter dem Schiffsboden durchgezogen sind.
- Die Lastarme der Hebelbalken weisen nach unten.
- Die Kraftarme weisen nach oben.
- Das „Hebeschiff" wiegt einschließlich Ballast 1200 Gramm; Ballast ist Wasser.

Der zu hebende Stein liegt am Boden; er wiegt einschließlich Hebezubehör 600 Gramm.

b) Arbeitsphase – Heben des Steinblockes (11)

- Wasser wird aus dem Tank abgelassen.
- Das „Hebeschiff" macht eine Fahrt vertikal nach unten.
- Gleichzeitig wird der Steinblock über die Hebelbalken angehoben – es erfolgt damit der erste Hub.

Ergebnis:
Entsprechend der Aufteilung der Hebelarme: Kraftarm : Lastarm = 2:1,

entspricht die Hubhöhe des Steinblockes dem halben Weg, den das „Hebeschiff" nach unten zurückgelegt hat.

Das am Modell gewonnene Ergebnis ist durchaus auf das Original zu übertragen. Es darf angenommen werden, dass die mit Ballast beschwerte Barke des Cheops (Gesamtgewicht etwa 120 Tonnen) den schwersten bekannten Steinblock aus dem AR (etwa 60 Tonnen) gehoben haben könnte.

Da der Beweis nur am Modell und nicht am Original durchgeführt werden konnte, ist die Bestätigung der aufgestellten Hypothese lediglich mit dem Attribut – **weitgehend** – zu versehen. Eine endgültige Verifizierung können nur Versuche am Original erbringen.

Anmerkung zu dem Schema Abb. 180:
Unter Berücksichtigung der Länge der Hebelarme – vom Hebeschiffsmittelpunkt bis zum Hebepunkt des Monolithen – gehe ich davon aus, dass die Hebelarme im Maßstab 1:1 aufgeteilt waren. Wegen der Dicke der Stützmauer wäre ein auf die Hälfte gekürzter Lastarm wie in Abb. 181 und 182 zu kurz gewesen.

Auch bei der Hebelarmaufteilung (1:1) hätte das Hebeschiffsgewicht (120 Tonnen) ausgereicht, den schwersten bekannten Monolithen (etwa 60 Tonnen Gewicht) vertikal nach oben zu befördern.

Für das Herausheben der Monolithen (17) aus dem Transportschiff (16) sind zehn Hübe vorgesehen (I – X). Nach jedem Hub ist der Monolith mit Hilfe der Querbalken (24) sicher abzustützen und von den Zugseilen zu lösen. Das „Hebeschiff" kann danach mittels Wasserzufuhr wieder nach oben „fahren". Nach erneutem Anschlagen der Zugseile (18) erfolgt der nächste Hub.

Bei der eingezeichneten Länge der Hebelbalken und deren Aufteilung (1:1) gehe ich davon aus, dass nur fünf bis sechs Hübe nötig waren, um den Monolithen auf den 20 Meter hohen Transportdamm zu befördern.

Zusammenfassung:
Wegen der gewaltigen Ausmaße der Großen Pyramide hat jeder Autor Probleme bildliche Lösungsvorschläge zum Pyramidenbau so darzustellen, dass sie auch in stark verkleinerter Form richtig, deutlich und aussagekräftig sind. – Mir geht es natürlich genauso.

Insbesondere wirken die Menschen, die das gewaltige Werk zustande gebracht haben, auf der Großbaustelle wegen ihrer Winzigkeit geradezu verloren. Bezogen auf das vorliegende Buch kommt erschwerend hinzu, dass Transport, Heben und Verlegen der vielen Bausteine eine in sich schlüssige Bautechnologie ergeben soll.

Zum besseren Verständnis und verbunden mit der Absicht, die Bauvorgänge als ein „Ganzes" darzustellen, habe ich **die Pyramide im Maßstab 1:100 so nachgebaut, dass ein Einblick in die Bauvorgänge der ersten Fünfjahres-Zeitphase ermöglicht wird.**

Es erscheint mir sinnvoll, das Pyramidenmodell gerade an dieser Stelle der Abhandlung zu verwenden, weil die Verifizierung der Hebe-Theorie thematisch zwischen dem Transport und dem Verlegen der Schwergewichte liegt.

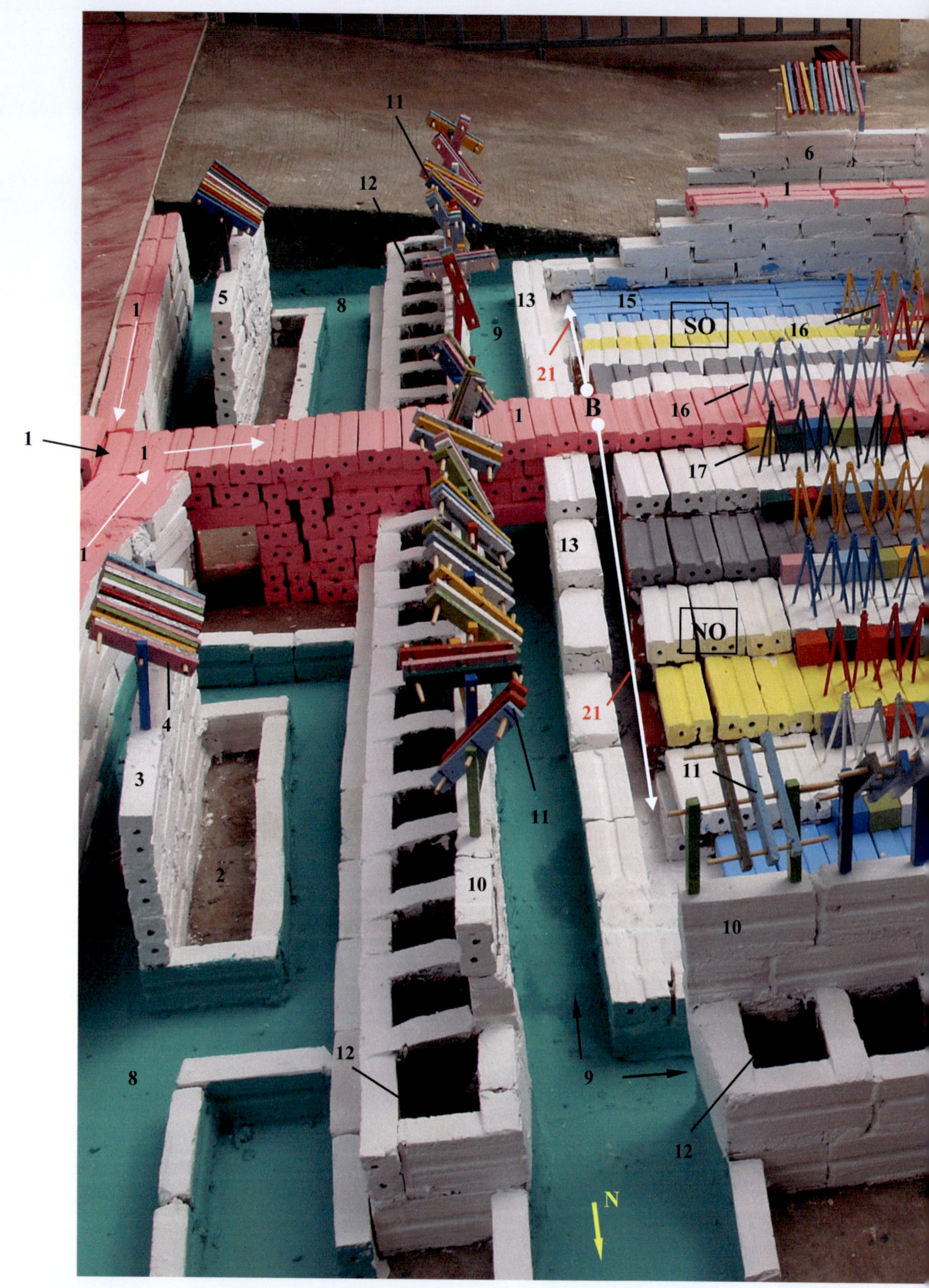

Abb. 183 **MODELL** *der* **CHEOPS-PYRAMIDE** *mit* **HEBE-** *und* **VERLEGEMASCHINEN** *– Maßstab 1:100 – Blick auf die Arbeitsabläufe in der ersten Fünfjahres-Bauphase*

inweis: – „Hebeschiffe" und Zugseile der 38 Hebemaschinen und 7 Hebewerke des Cheops sind nicht montiert
– 72 Verlegemaschinen sind in Form von Dreiecksböcken nur angedeutet

Abb. 183 Modell der Cheops-Pyramide – Maßstab 1:100, Darstellung einer Phase aus der Bauzeit der ersten 5 Jahre – Blickrichtung aus Nord

1	*Transportdämme*
2, 3, 4	*Bootsgrube, Stützmauer und 12 Hebelbalken von Hebewerk Nr. 1 (vgl. Abb. 23)*
5	*Hebewerk Nr. 3 (vgl. Abb. 23)*
6	*Hebewerk Nr. 4 (vgl. Abb. 23)*
7	*Hebewerk Nr. 5 (vgl. Abb. 23)*
8	*Kanal für Monolithen-Transport zu den Hebewerken*
9	*Pyramidenumlaufkanal*
10	*Stützmauer auf den über 100 Pfostenlöchern entlang der Pyramidenostseite und -nordseite*
11	*38 Dreifach-Hebelbalken für 38 Hebemaschinen des Cheops*
12	*38 Wassertanks für 38 Hebemaschinen des Cheops*
13	*Stufen für Anlandung und Absetzen der gehobenen Steinblöcke an der Ostseite*
14	*treppenförmige Anordnung des Pyramideninneren – aufgeteilt in die Sektoren Nordost (NO),Südost (SO), Südwest (SW) und Nordwest (NW)*
15	*etwa 3 Meter hoher Felsensockel aus Naturstein (blau)*
16	*72 Steinverlegemaschinen auf den Pyramidenstufen (angedeutet durch Dreieckböcke) – 36 Maschinen im NO-Sektor und 36 Maschinen im SO-Sektor*
17	*12x 216 Standardblöcke von den Verlegemaschinen abgesetzt vor den Pyramidenstufen*
18	*zwei Wassertanks mit je 12.000 m³ Fassungsvermögen – erhöht über den Verlegemaschinen*
19	*Fundamente der Wassertanks – später in den Bau integriert*
20	*Schleusen für die einheimischen Steinblöcke – Südwest-Ecke*
21	*Zwei geplante Transportrampen in die Pyramide hinein von **B** in Richtung **Nord** und **Süd***

Anmerkung:

*Abb. 183 zeigt eine Pyramiden-Bauphase, die zeitlich im ersten 5-Jahresrhythmus liegt und mit mehr als der Hälfte der gesamten Pyramidenbaumasse abgeschlossen werden soll. Dieses Ziel, das bereits bei 28,5 - 30 Metern Pyramidenhöhe (vgl. H_1 und Abb. 4) erreicht wird, ist unbedingt einzuhalten, damit wegen dann auftretender erschwerter Hebe- und Platzverhältnisse für die restlichen 50 % Baumasse weitere **15 Jahre Bauzeit** zur Verfügung stehen.*

- *Die Steinbelieferung der Pyramidensektoren NW und SW erfolgt über die Rampe (Abb. 184 Nr. 8) auf der Innenmauer des Pyramidenumlaufkanals entsprechend der Neigung (Abb. 184 Nr. 9) von den Hebemaschinen auf der Nordseite aus.*
- *Die Steinbelieferung der Pyramidensektoren NO und SO, kommend von den 22 Maschinen an den Rampen auf der Ostseite des Plateaus (vgl. auch Abb. 118 Nr. 6a) erfolgt von **B** (Abb. 183 und 184) in Richtung **Nord** und **Süd** in die Pyramide hinein – Rampen im Modell noch nicht installiert.*

Abb. 184 Modell der Cheops-Pyramide – Maßstab 1:100, Blickrichtung aus Südost

1 Pyramidenumlaufkanal
2 Hebewerke Nr. 3, 4, 5 (vgl. Abb. 23)
3, 4 Transport-/Versorgungsrampen
5 38 Hebewerke des Cheops entlang der Nord- und Ostseite
6 jeweils 6 Pyramidenstufen in den Sektoren NO, SO, SW, NW
7 72 Steinverlegemaschinen mit 2592 abgesetzten Steinquadern
8 Möglichkeit für eine Rampe – mit Neigung wie bei (9)
10 Holzschienen zu den Verlegemaschinen (Hin- und Rückweg) – auf den anderen Pyramidenstufen nicht eingezeichnet

Abb. 185 Modell der Cheops-Pyramide – Maßstab 1:100, Blickrichtung aus Nordost

1 Pyramidenumlaufkanal
2 Transportrampen
3 Hebewerk Nr. 1 (vgl. Abb. 23)
4 Hebewerk Nr. 2 am Aufweg (vgl. Abb. 23)
5 Hebewerk Nr. 4 (vgl. Abb. 23)
6 Hebewerk Nr. 5 (vgl. Abb. 23)

Abb. 184 Modell der Cheops-Pyramide – Maßstab 1:100, Blickrichtung aus Südost (siehe auch Abb. 1)

Abb. 185 Modell der Cheops-Pyramide – Maßstab 1:100, Blickrichtung aus Nordost

Anmerkung:
Es ist zu berücksichtigen, dass in der ersten Bauphase die Quadranten SW und NW fertig gestellt wurden. Der Transport der Steine erfolgte von der Nordseite. Nachdem die Nord-Maschinen die Blöcke auf den Transportdamm (Abb. 184 Nr. 8 mit Neigung nach 9) gelegt hatten, fuhren die Steine zunächst in Westrichtung und dann in Südrichtung auf den Pyramidenstufen zu den Verlegemaschinen. Für die letzten drei Stufen (9 Meter) hat man die Quader über kleine Rampen vom Damm (A) zu den Verlegemaschinen gebracht. Nach Fertigstellung des halben Pyramidenstumpfes auf der Westseite erfolgte der Bau der zweiten Hälfte, wie auf den Quadranten NO und SO in Abb. 183 vorgesehen.

In Anlehnung an Herodot ist das Pyramidenmodell in Treppen angelegt, wobei jede Stufe einer realen Höhe von 3 Metern entspricht. In Abb. 183 und 184 sind einschließlich Pyramidenkern (blau) sieben Stufen sichtbar. Das entspricht einer realen Höhe von ca. 21 Metern. Es fehlen also noch drei weitere Stufen, um bei einer Höhe von ca. 30 Metern 50 % der gesamten Steinmasse verbaut zu haben. Der Pyramidenstumpf schließt dann entsprechend dem Modell nach der 30. Steinlage in ca. 30 Meter Höhe ab. An der realen Cheops-Pyramide wird diese Höhe nach der 33. Steinlage – einschließlich des Pyramidenkerns mit drei Steinlagen à 1 Meter Höhe – erreicht. In Abb. 20 (Tabelle) ist der Pyramidenkern nicht berücksichtigt.

Zum Erreichen des angestrebten Zieles ist es geradezu notwendig, den Baukörper treppenförmig vorzubereiten. Dabei ist der aus Naturstein belassene Felskernsockel (blau) mit einer Höhe von 3 Metern berücksichtigt. Da die Längenverhältnisse im Maßstab 1:100 dargestellt sind, entspricht ein Standardblock im Modell der Größe von 1 Kubikzentimeter. Vier solcher Steine sieht man auf Transportschlitten liegend auf der Versorgungsrampe (Abb. 184 Nr. 4). Weitere Schlittengespanne befinden sich auf der oberen weißen Pyramidenstufe (**SO-Quadrant**) auf roten Schienen (Abb. 184 Nr. 10).

Die Gesamthöhe der Transportschlitten mit ihren Bausteinen (hier Holz) von etwa 1,5 Zentimetern gibt einen Vergleich zur Körpergröße eines realen Bauarbeiters von vielleicht 150 Zentimetern. 1.000.000 dieser Modell-Quader entsprechen dem Volumen des Originalblocks auf selbiger Abbildung, der zufällig rechts neben dem Pyramidenmodell steht. Die Klinkerbausteine, aus denen das Pyramidenmodell im Wesentlichen besteht, haben pro Stein jeweils ein Volumen, das 230 Pyramidenbausteinen von jeweils einem Kubikzentimeter entspricht.

Auf der Nord- und Ostseite (Abb. 183) sind insgesamt 38 Hebemaschinen des Cheops angeordnet (11). Die Wassertanks, die Stützmauern und die Hebelbalken sind nach der Referenzlinie der 100 Balkenlöcher ausgerichtet (Abb. 167 und 170).

Die Schiffs-Hebewerke Nr. 3 (Barke des Cheops) und Nr. 1 sieht man auf der Ostseite. Aus Platzgründen wurde der Transportkanal (8) der Großhebewerke Nr. 1 und Nr. 3 nach Abb. 23 direkt an die Hebemaschinen der Ostseite gesetzt. Die Hebewerke Nr. 4 und Nr. 5 sind auf der Südseite zu erkennen. Zwei Wassertanks (18) können bis zu 12.000 Kubikmeter bevorraten, lassen sich aber noch weiter aufmauern und danach teilweise in die Pyramide integrieren.

Auf den Pyramidenstufen der Quadranten NO und SO warten 72 Steinverlegemaschinen auf die Anlieferung der Pyramidenblöcke.

Fazit:
Aufbauend auf vorgefundene, bekannte Kenntnisse zum Pyramidenbau (Abschnitt 3.1) wurde mit Hilfe von Beschreibungen und Analysen die Bauproblematik fortgeführt und am Beispiel der Hebetechnik konkretisiert. Unter Berücksichtigung der Fähigkeiten der alten Ägypter – z. B. Nutzung

Abb. 186 Modell der Cheops-Pyramide – Maßstab 1:100, Blickrichtung aus Südwest auf Schleusen und Schleuseneinfahrten (1) für die „einheimischen" Steinblöcke

des Hebelgesetzes und der Hydrostatik sowie Verwendung der Schiffsgruben, des Königsschiffes, der Zugseile, der Zedernhölzer, der Steine, des Umlenkblocks, des Giza-Plateaus und der Wasserstraßen – **wurde die „Barkentheorie" entwickelt**.

Große Schiffe in wassergefüllten Schiffsgruben und kleine Schiffe in kleinen Wassertanks bildeten unter der Nutzung von Wasserzulauf und -ablauf, Hebelbalken und Zugseilen hervorragende Steinhebemaschinen, die diesen Ausdruck auch tatsächlich verdienen.

Wegen der Einfachheit dieser Maschinen, verbunden mit größter Effizienz, handelt es sich vermutlich um die maßgeblich eingesetzte Steinhebe-Technologie beim Bau der Cheops-Pyramide.

Zahlreiche erfolgreich durchgeführte Modellversuche unter Berücksichtigung der Aussagen des Herodot unterstützen die aufgestellte These. – Natürlich bleibt die Bestätigung der „Barkentheorie", bezogen auf Monolithe von 40 bis hin zu 60 Tonnen Gewicht, wie bereits besprochen, dem praktischen Nachweis mit einem 44 Meter langen „Hebeschiff" vorbehalten.

Aus diesem Grunde kann die aufgestellte Hypothese „Maschinen heben die Steinblöcke" – bezogen auf das Heben von Monolithen – nicht endgültig bestätigt, aber doch mit dem Attribut „weitgehend bestätigt" versehen werden.

4.2.4.4 Maschine des Cheops – Hebekraft für 3 t – das ORIGINAL (nach der Idee des Verfassers)

Es ist mir gelungen, einen 2,5 Tonnen-Standardblock des Cheops (Nachbau) zu heben. Die verwendete Hebemaschine besteht aus zwei Komponenten:

- Maschinengestell und Hebelbalken
- Wassertank und „Hebeschiff".

In Abb. 2 befindet sich die Steinhebemaschine in Bereitschaftsstellung:

- Dazu schwimmt das „Hebeschiff" entsprechend dem Höchstwasserstand im Wassertank am oberen Totpunkt.
- Das „Hebeschiff" ist so weit mit Ballastwasser gefüllt, dass sein Gesamtgewicht etwa dem doppelten Gewicht des Steinquaders entspricht.
- Der Körper des „Hebeschiffes" ist so bemessen, dass seine Schwimmfähigkeit einschließlich Ballast gewährleistet ist.
- Der Standardblock ruht am Boden.
- Ein Steingewicht auf dem Lastarm hält die Zugseile zwischen Kraftarm und „Hebeschiff" auch dann auf Spannung, wenn der Standardblock abgenommen ist.
- Eine Messstange am „Hebeschiff", eingeteilt in Ellen, Hände und Finger, zeigt die jeweilige Schwimmhöhe des „Hebeschiffes" im Wassertank – Referenzpunkt ist die Oberkante des Wassertanks.
- Die Abb. 187, 188, 189 und 190 zeigen die wesentlichen Bauteile der Steinhebemaschine.

Abb. 187 „Steinhebeschiff" zum Heben eines Standardblocks des Cheops von 2500 kg Gewicht plus 350 kg Hebezubehör

Hauptmaße des „Hebeschiffes":
Länge: 3,80 m
Breite: 1,35 m
Höhe: 1,10 m
Gewicht: ca. 5,8 t einschl. Wasserballast
Material: Zedernholz
Verstärkungen: Zedernholzbalken 10 x 10 cm

Abb. 188 „Hebeschiff" schwimmend im Wassertank – Blickrichtung von oben auf drei Längsstringer und acht Querbalken – Ballast ist Wasser

„Schiff" mit Zugseilen am Kraftarm des Hebelbalkens angeschlagen

Abb. 187 Das „Steinhebeschiff" zum Heben eines Standardblocks – auf dem Wege zum Wassertank (rechts)

Abb. 188 „Hebeschiff" schwimmend im Wassertank

1 Ballastwasser im „Hebeschiff" 2 Wasserstand des befüllten Wassertanks

Abb. 189 Hebelbalken auf dem Wege zum Maschinengestell, „Hebeschiff" schwimmt bereits im Wassertank – Länge des Hebelbalkens etwa 5,50 m, Gewicht ca. 780 kg

Abb. 190 Zusammentreffen von „Hebeschiff" und Standardblock des Cheops (Nachbau) – Zufallsfoto – Wasserablaufventil des „Hebeschiffes" befindet sich auf der Stirnseite gegenüber

Abb. 191 Nach dem Hub: Absetzen des Standardblocks (Maschinenentlastung)
Fleißige „Ägypter" (Kinder des Dorfes HUANA in Thailand) füllen Wasser in den Wassertank

Abb. 192 Absetzen und Sichern des Standardblocks des Cheops (Nachbau)

Ergebnis:
Das „Hebeschiff" schwimmt nach oben – der Steinquader bewegt sich nach unten und wird auf dem Holzbock abgesetzt (Abb. 192).

Anmerkung:
Die kleine Fahne (Abb. 191 Nr. 1) sitzt auf einer am „Hebeschiff" befestigten Messstange – eingeteilt in Ellen, Hände und Finger. Als Referenzpunkt zur Ermittlung der Schwimmhöhe des „Hebeschiffes" (siehe auch Abb. 29) dient die Oberkante des Wassertanks.

Hinweis:
Nach Herodot trugen im AR Männer die Lasten auf dem Kopf und nicht wie hier, heute in Ägypten üblich, die Frauen.

Abb. 187 und 190 zeigen das „Hebeschiff", gebaut aus festem Zedernholz. In Abb. 188 sieht man die Verstärkungen des „Hebeschiffs" in Längs- und Querrichtung im Bereich des Schiffdecks. Drei Längsstringer sind dem Cheops-Schiff nachempfunden. Weitere Verstärkungen befinden sich im Schiffsinneren. Als Ballast wurde Wasser gewählt. Der rechteckige Bootskörper hat natürlich nicht die schöne Form des Königsschiffes. Doch hat die hier gewählte Form den großen Vorteil, dass die durch Seile verbundenen Decks- und Bodenbalken bei Aufhängung des Bootes praktisch keine Kräfte auf die Schiffswände erzeugen. – Zu bedenken ist, dass das Schiffsgewicht einschließlich Ballast immerhin etwa 5800 Kilogramm beträgt.

Abb. 189 zeigt den Hebelbalken kurz vor der Endmontage auf dem Rundbalken des Maschinengestells und das schwimmende „Hebeschiff" (ohne Ballast) im Wassertank. Später wird das Schiff mit Wasser befüllt, und zwar so lange, bis es zur weißen Wasserlinie absinkt.
Abb. 190 lässt einen Größenvergleich zwischen dem Steinquader und dem „Hebeschiff" zu. Das Foto entstand zufällig in dem Moment des Steintransports zur Hebemaschine.

Die Krönung der gesamten Versuchsreihe ist natürlich die Bewältigung von 2850 Kilogramm Hebegewicht (Steinquader plus Hebezubehör) was auf Abb. 193 dokumentiert wird. Dazu ist nach der Bereitstellungsphase (Abb. 2) nur noch das Ventil (Abb. 193 Pfeil unten) zu öffnen – danach fährt das „Hebeschiff" vertikal von oben nach unten und hebt mit Hilfe seiner Gewichtskraft über den Hebelbalken den Standardblock-Nachbau.

Als Versuchsergebnis wird vom Autor eine Hubhöhe von 101 Zentimetern gemessen. Für die Beurteilung des Hebeversuches ist zu berücksichtigen, dass der Hebelbalken im Lager auf den Rundbalken aufgelegt ist [Abb. 193, Rundbalken (gelb mit Kreuz)].

Das hat zur Folge, dass bei übermäßiger Neigung des Hebelbalkens die Gefahr des Abrutschens besteht. Obwohl das „Hebeschiff" noch nicht am Grund aufsitzt, wird aus Sicherheitsgründen bei 101 Zentimetern Hubhöhe der Hebevorgang beendet. Dazu ist lediglich das Abflussventil am Wassertank zu schließen. Auf dem Lastarm liegt ein 33 Kilogramm schweres Steingewicht, das eine Drehbewegung des Hebelbalkens rechtsherum begünstigt. Dadurch wird die Spannung der Zugseile auf der Kraftarmseite auch dann bewirkt, falls der Steinquader abgeschlagen ist und das „Hebeschiff" zum Zwecke des nächsten Hubs nach oben fährt.

In Abb. 191 sieht man Wasserträger, die für das Steigen des Wasserstandes im Wassertank sorgen. Mit Aufschwimmen des „Hebeschiffes" sinkt der Steinquader. Dadurch wird sein sicheres Absetzen und die Entlastung aller tragenden Maschinenteile erreicht (Abb. 192). Auf Abb. 191 ist auch zu beobachten, dass die thailändischen Mädchen die Wasserbehälter im Gegensatz zu den Jungen auf dem Kopf tragen – ganz so wie es auch heute in Ägypten üblich ist. Doch im alten Ägypten war das anders. In Herodots Historien ist zu lesen, dass vor nunmehr 2500 Jahren die Männer die Lasten auf dem Kopf und die Frauen auf den Schultern trugen. [102]

Eine Fahne mit der Nr. 85 kennzeichnet die Hebemaschine und die Betreuungsmannschaft. Der Stab unter der kleinen Fahne links im Bild zeigt, wie bereits besprochen, über den Referenzpunkt „Oberkante Wassertank" die jeweilige Arbeitshöhe des „Hebeschiffes" an. In Vitrinen des Ägyptischen Museums sind ähnliche Stäbe ausgestellt, deren damalige Funktion durchaus dem hier angesprochenen Zweck entsprochen haben könnte (Abb. 193, vgl. dazu Abb. 29). So ist es durchaus denkbar, dass das Loch am Bug der Schiffsgrube Nr. 6 (Abb. 27 und 28) auch als Referenzpunkt für einen ähnlichen Messstab gedient haben könnte.

Hatte man im AR den Wunsch, Steingewichte 10, 20 oder gar 30 Meter emporzuheben, so war es nur erforderlich, das Maschinengestell mit dem Hebelbalken entsprechend hoch anzuordnen.

Abb. 193 ***STEINHEBEMASCHINE DES CHEOPS*** *– Arbeitsprinzip Maschine des Herodot – hebt Standardblock des Cheops (Nachbau)*

Hebegewicht: *2850 kg einschließlich Hebezubehör und „Ohren“ für 2 Tragebalken*
Hubhöhe: *101 cm, gemessen vom Autor*
Wassertank (innen): *Länge: 4,8 m, Breite: 2,6 m, Höhe: 2,8 m*
Material: *Kalksandsteine plus Stahlverstärkungen (im AR wohl Kalkstein)*
Wichtiges Detail: *Wasserablaufventil des Wassertanks (Pfeil) – hier aus Kunststoff, im AR Holz oder Stein*

Vgl. Abb. 2: Standardblock noch am Boden

Bei Hubhöhen von 100 Zentimetern waren die gewünschten Höhen dann mittels zwischenzeitlichen Absetzens stufenweise zu erreichen. Wesentlich größere Hubhöhen waren durch Montage der Hebelbalken wie auf Abb. 156 und 157 möglich. Ein Abrutschen des Hebelbalkens war dann ausgeschlossen, weil Lager und Rundbalken auf der Mitte der Hebelbalkenachse angeordnet sind.

Auch die Verlängerung der Hebelbalken, verbunden mit einer Anpassung der Wassertank-Höhen, führte zu wesentlich größeren Hubhöhen.

Unsere Kinder haben die Seitenwand des Wassertanks mit Hieroglyphen und anderen ägyptischen Darstellungen bemalt. Es ist auch ein Boot darunter, das nach meinem Verständnis große Ähnlichkeit mit den im Bau befindlichen Booten aus dem Grab des Ti aufweist. Am Schiffsboden befinden sich natürlich **nicht Ruderriemen**, sondern die **Zugseile eines „Hebeschiffes"**.

Doch was bedeutet die schnittige Form, verglichen mit unserem plumpen kastenförmigen „Hebeschiff"? Das Befragen der Kinder ergab, dass niemand ein Viereckschiff auf den Tank gezeichnet hätte. – Auch die Kinder wollten der Nachwelt ein formschönes Schiff hinterlassen. So vermag man auch die alten Ägypter zu verstehen, die aus diesem Grunde wohl das Gleiche taten.

Kein Künstler kam auf den Gedanken, der Nachwelt voller Stolz vom Pyramidenbau mit Hilfe rechteckiger Kästen zu berichten! – Was für die damalige Zeit galt, gilt auch noch heute!

Abb. 194 Dahschur-Boot (Sesostris III)
Länge: 9,74 m
Breite. 2,45 m
Höhe: 1,20 (mittschiffs)
Field Museum of Natural History, Chicago

Auch die dreieckigen Gebilde links oben könnten eine wichtige Mitteilung enthalten, denn sie sind den herrlichen Bemalungen auf den Negadeh II-Krügen entnommen.

Gibt man uns zur Kenntnis, dass die großen Pyramiden damals in Stufen und mit Hilfe von Schiffen gebaut wurden – ganz so wie wir es in Thailand im Kleinen nachgewiesen haben?

Das untrügliche Gefühl der heute lebenden Kinder wie auch die Intention der damaligen Künstler, schön geformte „Hebeschiffe" darzustellen, wird erhärtet durch die beiden Experten für alte ägyptische Schiffe – N. Jenkins und B. Landström.

Ohne es zu beabsichtigen geben beide Autoren gleichzeitig auch einen entscheidenden Hinweis darfür, dass **Herodot** uns wohl zu seinen" Steinhebewerken" – den „machanas" – vor 2500 Jahren auch den passenden „**Maschinenantrieb**" mitteilen wollte. Das wird deutlich durch die Aussage von N. Jenkins unter Berücksichtigung der Abbildungen 59 und 194:
„Doch die Eigentümlichkeit der Dahschur-Boote soll uns hier nicht beschäftigen. **Uns interessiert stärker ihre Bauweise, und die entspricht genau der von Herodot beschriebenen kurzen Holzstücke.**" [103]

„Herodot hat den ägyptischen Schiffbau im fünften Jahrhundert vor Christus beschrieben, der sich zu seiner Zeit in den vorausgegangenen zweitausend Jahren wahrscheinlich nicht sonderlich verändert hatte: »*Aus dem Akazienbaum schneiden sie Planken von drei Fuß Länge, die sie zusammenfügen wie Ziegelgänge (einer Mauer), und aus denen sie den Rumpf erbauen: Sie fügen diese Drei-Fuß-Längen mit langen, dicht gesetzten Holzdübeln zusammen; wenn sie in dieser Weise (aus den Planken) einen Rumpf gebaut haben, strecken sie Querbalken darüber.* […]« [104] – „[…] Dwarsbalken quer übers Schiff, die ihm Festigkeit verleihen.“ [105]

… Und man transportierte anschließend die Boote zu ihrem Arbeitsplatz an den Pyramiden, erfahren wir im folgenden Zitat: „Wir erinnern uns, dass die Dahschur-Boote zusammen mit den Resten eines Schlittens gefunden worden sind, **der augenscheinlich dem gleichen Zweck diente, die Boote vom Flussufer zum Gräberfeld zu ziehen**.“ [106]

ERSTAUNLICH! **Große, extrem schwere Boote wurden aus dem Wasser herausgeholt und über Land auf Holzschlitten zu ihrem Arbeitsplatz an den Pyramiden geschleppt.**

- Zehn Meter lange Boote
- extrem dicke Planken (Abb. 194)
- fest gefügt durch Dwarsbalken und Deckverstrebungen
- zusammengefügt aus „kurzen Hölzern des Herodot“

weisen überdeutlich auf den Einsatz der Dahschur-Boote als „Hebeschiffe“ auch im Neuen Reich hin.

Dazu passt auch ein Bild im Grab des Gaufürsten Chumhotep aus dem Mittleren Reich in Beni Hasan, auf das sich B. Landström bezieht: „[…] Auf jeden Fall handelt es sich eindeutig um **kurze Holzstücke**, die wie Ziegel zusammengesetzt werden, wie Herodot es ausgedrückt hat, und zumindest in diesem Fall sind die Teile erheblich regelmäßiger geschnitten als bei den Dahschur-Booten.“ [107]

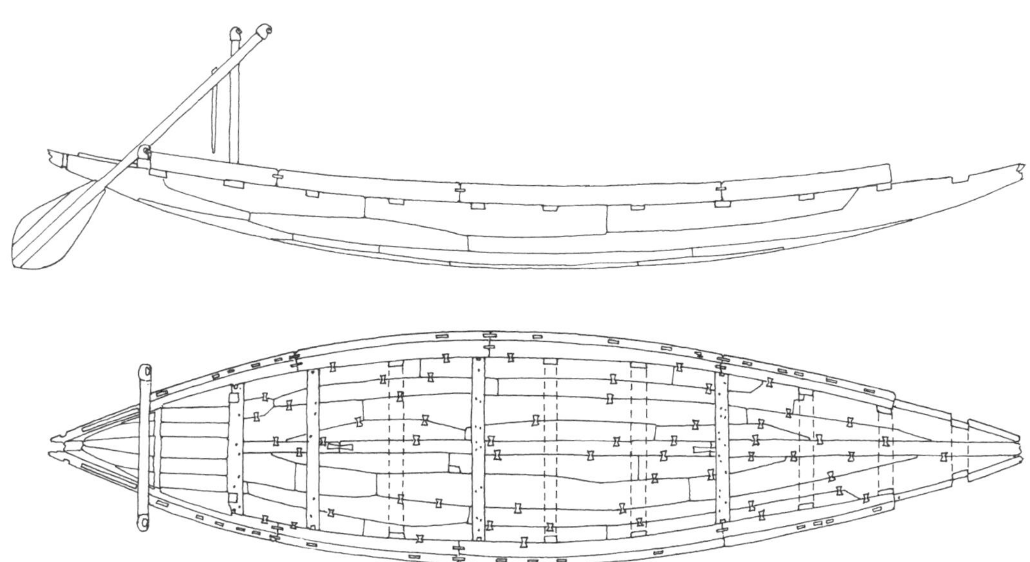

Abb. 195 Plankenplan der Dahschur-Boote nach B. Landström

„MASCHINEN AUS KURZEN HÖLZERN“ – diese Wortwahl des Herodot in seinen Historien mag sich durchaus auch beziehen auf **Maschinengestelle,**
Wassertanks und
„Hebeschiffe“.

Dienten die sechs Dahschur-Boote demnach möglicherweise als **Maschinenantriebe**?
– denn N. Jenkins zitiert B. Landström bezüglich der „Eigentümlichkeit“ der Dahschur-Boote, wonach sie als Fahrtenschiffe ungeeignet waren: „Ist es wirklich denkbar, so fragt er, dass »der mächtigste König des Mittleren Reichs in einem solch armseligen Fahrzeug zu Grabe getragen worden ist? «“ [108] **Besonders Abb. 58 verstärkt das bisher Vorgetragene:** Es ist durchaus möglich, dass tiefe Holzeinschnitte im Inneren des Königsschiffes durch schrumpfende Hanfseile in Verbindung mit Ballastwasser erzeugt wurden, während sich die Cheopsbarke als „Hebeschiff“ schwimmend im Einsatz befand – ein abschließendes, äußerst wichtiges Indiz.

Zusammenfassend darf angenommen werden, dass es zu unterschiedlichen Pyramidenbauzeiten auch unterschiedliche „Hebeschiffe“ gab:

- bei Cheops solche aus „langen und kurzen Hölzern“
- bei Unas solche aus „einem einzigen Holz“ (Grab des Ti)
- bei Sesostris III solche aus „kurzen Hölzern“.

Bezogen auf alle im AR heute bekannten und nach oben beförderten Steinblöcke wird die Hypothese „Die Steinblöcke werden mit Hilfe von Maschinen gehoben“ weitgehend bestätigt.

4.3 Hypothese III: Die Steinblöcke werden mit Hilfe von Maschinen verlegt – Hydrostatik, „Hebeschiffe“, Umlenkblöcke

4.3.1 Maschinen verlegten die Steine von Stufe zu Stufe – Setzen von oben nach unten

Nach Abb. 196 ist die Pyramide mit Hilfe von Treppen-Stufen so vorbereitet, dass ein zügiges Verlegen der Baublöcke vorgenommen werden kann. 36 Steinverlegemaschinen warten im NO-Quadranten und weitere 36 im SO-Quadranten auf ihren Einsatz.

Abb. 196 Modell der Cheops-Pyramide – Maßstab 1:100, Blickrichtung aus Ost
hier: – 72 Steinverlegemaschinen auf Pyramidenstufen
– 72 bereits verlegte Steinstapel á 36 Blöcke ergeben 2592 Standardblöcke vor den Verlegemaschinen

Abb. 197 Detailansicht aus Abb. 196
hier: – 36 Steinverlegemaschinen des Cheops auf Steinstufen im NO-Quadranten
– 36 bereits verlegte Steinstapel (1) á 36 Blöcke ergeben 1296 Standardblöcke vor den Maschinen NO

Abb. 196 Modell der Cheops-Pyramide – Steinverlegemaschinen in den Quadranten NO und SO

Abb. 197 Ausschnitt aus Abb. 196 – 36 Verlegemaschinen mit 36 abgesetzten Steinstapeln (1) NO

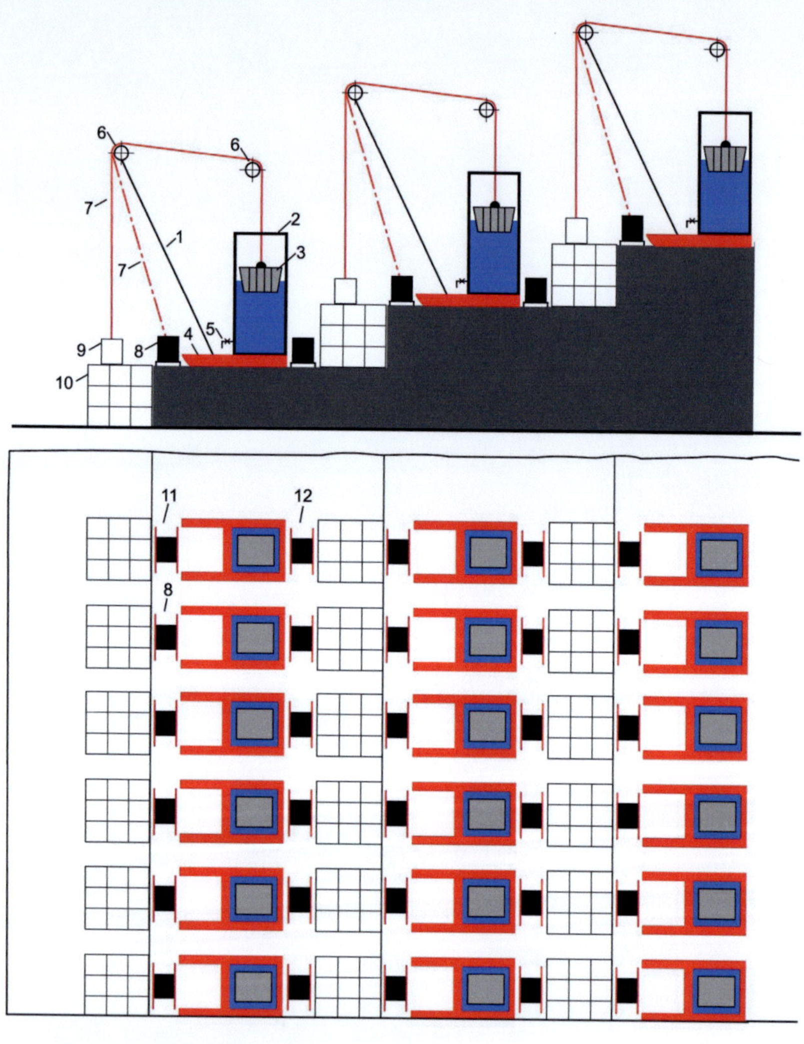

Abb. 198 Schema, ***36 STEINVERLEGEMASCHINEN DES CHEOPS***
in Vorderansicht (oben) und Draufsicht (unten)

1	*Maschinengestell*	*7*	*Zugseile*
2	*Wassertank*	*8*	*Steinquader auf Transportschlitten angeliefert*
3	*„Hebeschiff"*	*9*	*Steinquader abgesetzt*
4	*Transportschlitten*	*10*	*jede Maschine verlegt 27 Steinquader*
5	*Wasserablass-Ventil*	*11, 12*	*freigehaltene Transportwege*
6	*Seil-Umlenkblöcke*		

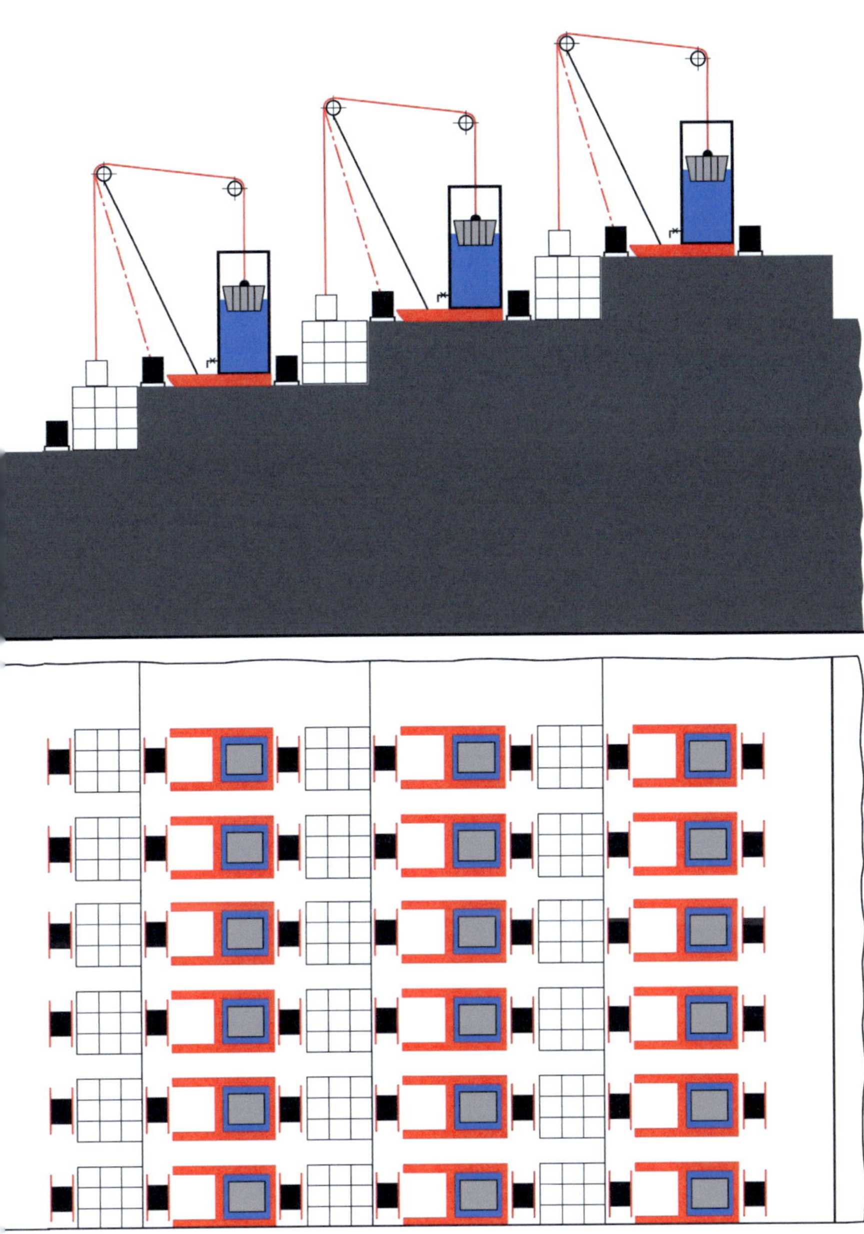

Mit Hilfe der Abb. 198 werden weitere Informationen gegeben, die helfen, eine genauere Vorstellung hinsichtlich der Funktion und der Platzanordnung der Verlegemaschinen zu erhalten. 36 Steinverlegemaschinen werden sowohl in der Draufsicht als auch in der Vorderansicht gezeigt.

Zur besseren Übersicht sind nur 27 Steinquader pro Maschinenstapel eingezeichnet, während im Versuch (Abb. 199) 36 Steinquader pro Maschinenstapel verlegt sind, damit es keine Lücken zwischen den einzelnen Stapeln gibt.

Abb. 199 und 200 zeigen sechs Verlegemaschinen bei der Arbeit. Dazu wurde ein Modell-Ausschnitt von sechs Pyramiden-Stufen im Maßstab 1:10 gebaut. Auf jeder Stufe steht eine Verlegemaschine. Vor den Maschinen, auf den darunter liegenden Stufen befinden sich bereits abgesetzte Stapel mit jeweils 36 Steinquadern.

Zum besseren Verständnis dient Abb. 200 mit sechs Verlegemaschinen nebeneinander und 216 Steinen vor den Maschinen.

Für beide nebenstehenden Abbildungen gilt: **Nach Verlegen des jeweils letzten Steinquaders konnten sechs Maschinen auf ihren bereits verlegten Steinstapeln vorrücken.**

Abb. 199 Sechs Steinverlegemaschinen des Cheops ***hintereinander*** *auf ihren Pyramiden-Stufen – Modell im Maßstab 1:10 – Stufenhöhen 0,3 m*

- *die 216 Steinquader (bunt) bestehen aus Beton (Eigenherstellung)*
- *Einzelgewichte der Steinquader: 2 kg*
- *Wasserverbindungsleitungen zwischen den Maschinen sind nicht installiert*
- *unter den 6 Steinstufen: Andeutung des stehengebliebenen Felsensockels aus Naturstein (blau)*

Abb. 200 Sechs Steinverlegemaschinen des Cheops in einer Reihe ***nebeneinander***

hier: – sechs Steinstapel à 36 Bausteinen zur besseren Übersicht mit Zwischenräumen verlegt

Abb. 199 *Sechs Steinverlegemaschinen auf Pyramidenstufen hintereinander*

Abb. 200 *Sechs Steinverlegemaschinen auf Pyramidenstufen nebeneinander*

Die Stufenhöhen der Pyramidentreppe entsprechen, wie bereits erwähnt, drei Meter in der Realität. Ihre Längen sind mit 11,5 Metern so bemessen, dass vor und hinter jeder Verlegemaschine der Steintransport über eine „Straße" gewährleistet ist [Abb. 201 Nr. 3 (rot und gelb)].

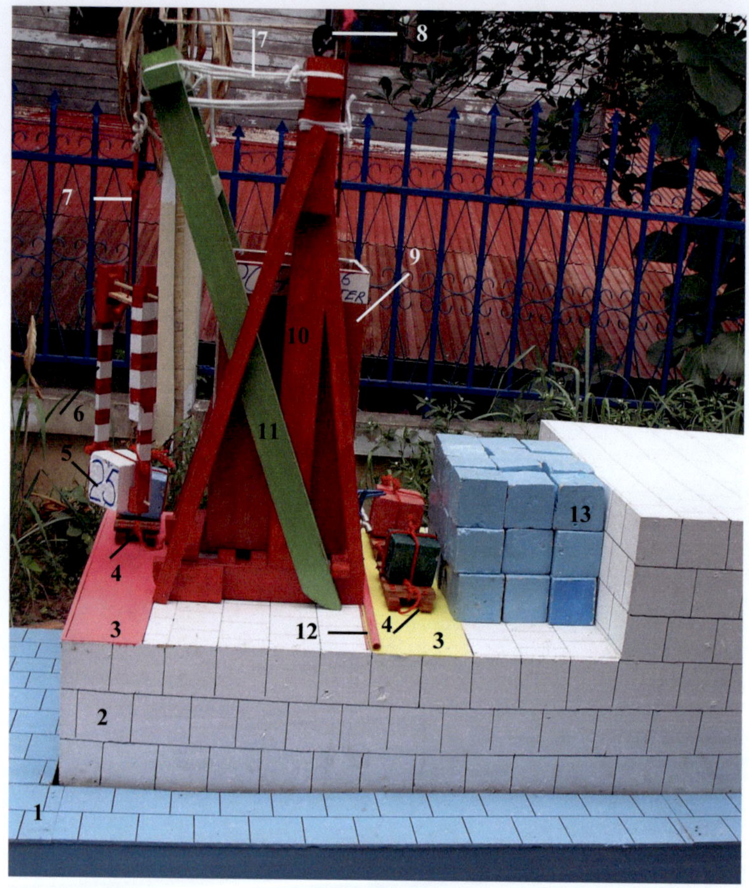

Abb. 201 Detailansicht aus Abb. 199 – Steinverlegemaschine des Cheops auf Pyramidenstufe – Modell im Maßstab 1:10 – genannte Maße in Originalgröße

1 Natursteinsockel, Höhe ca. 3 m
2 Pyramidenstufe: Höhe 3 m , Länge 11,5 m
3 zwei Transportstraßen für Schlittengespanne
4 Transportschlitten
5 Steinquader etwas angehoben
6 Hebevorrichtung
7 Zugseile
8 Seilumlenkblöcke (hier: festgesetzte Stahlrollen)
9 Wassertank und darin schwimmendes „Hebeschiff" (Ballast ist Wasser)
10 Maschinengestell
11 beweglicher Ausleger
12 Wasserleitung für Verlegemaschine (hier nur angedeutet)
13 bereits verlegter Steinstapel der Verlegemaschine von der nächst höheren Pyramidenstufe

Es waren zunächst 72 Steinverlegemaschinen im Einsatz. Während eines 11-Stunden-Arbeitstages ließen sich 792 Steinquader verlegen, wenn jede Maschine pro Stunde einen Stein einfügte. Die Zielvorgabe mit 764 Steinen pro Tag (Abb. 19) konnte demnach eingehalten werden.

Auch die rechtzeitige Anlieferung der Steine zu den Verlegemaschinen war gesichert:
Falls 13 von den 19 in Abb. 183 eingebauten „Maschinen des Cheops" während eines Arbeitstages jede Stunde einen Arbeitshub mit jeweils sechs Steinen durchführten (vgl. auch Abb. 174 und 175), ergäben sich bei 11 Hüben pro Tag 858 angelieferte Steine.

Falls der 11,5 Meter breite Pyramidenumlaufkanal aus Platzgründen für die 13 Hebemaschinen 11 Arbeitsgänge pro Tag nicht zuließ, traten die 22 „Maschinen des Cheops" an den Transportdämmen auf der Ostseite in Aktion (Abb. 118 Nr. 6a).

Die Steinquader erreichten über die T-förmigen Transportdämme die Position B in Abb. 183. Von hier aus wurden sie über zwei Transportrampen (21), die noch zu installieren waren, zu den jeweiligen Pyramidenstufen gebracht. Es handelte sich demnach um Rampen mit einem Gefälle, über die die Bausteine in Richtung **Norden und Süden, nach unten in das Pyramideninnere** und anschließend auf den Pyramidenstufen horizontal nach Westen zu den Verlegemaschinen transportiert wurden.

„Und sie bauten ihre Pyramiden von oben nach unten", sagte sinngemäß auch der Historiker Herodot und bestätigt damit das zuvor Gesagte.[109]

4.3.2 72 Steinverlegemaschinen in zwei Gruppen – Fügen von 36 Bausteinen mit nur einer Wasserfüllung

Nilwasser nicht nur außerhalb, sondern auch im Inneren der Pyramide! Ich gebe zu, dass es sich bei dieser These für manch einen unseren Zeitgenossen um eine zunächst etwas abstrakte Vorstellung handeln mag. Betrachtet man aber den bereits belegten Umstand, das auf Giza genügend Wasser vorhanden war und auch die eingesetzten Steinverlegemaschinen zufriedenstellend arbeiteten, bleibt nur noch die Beschreibung über die Handhabung, den praktischen Umgang mit dem Medium Wasser übrig.

Als Voraussetzung für das Funktionieren der vorgestellten Verlegetechnologie wurden wie bereits besprochen, zwei Wassertanks zur Belieferung der Maschinen auf der Nord- und Südseite errichtet (Abb. 183 Nr. 18). Etwa 12.000 Kubikmeter Wasser pro Speicher waren so hoch angeordnet, dass das Wasser den 12 am höchsten gelegenen Maschinentanks über offene Leitungen zufließen konnte (Abb. 202). Die Zulaufleitungen waren dazu etwa 14 Meter erhöht über den Pyramidenstufen angebracht. – So konnte die benötigte Energie in Form von Wasser den Steinverlegemaschinen mit Hilfe eines Gefälles natürlich zulaufen. Auch die Speisung der beiden Wasserspeicher war unproblematisch - denn Wasserträger konnten über die Pyramiden-Quadranten NW und SW (Abb. 183) die erforderlichen Wassermengen herbeitragen, ohne den eigentlichen Baubetrieb auf der anderen Pyramidenseite zu stören. Der Vorteil der Anordnung von 2 x 36 Maschinen bestand darin, dass für 72 Verlegevorgänge nur zwei Wasserfüllungen nötig waren – je eine für die oberen sechs Maschinen (Abb. 202 Nr. 201) jeder Gruppe.

4.3.3 Versuch zum Nachweis der Steinverlegetechnik – 6 Maschinen auf Pyramidenstufen hintereinander

An dieser Stelle soll mit Hilfe eines Versuches der Beweis geführt werden, dass die vorgestellte Steinverlegetechnik damals tatsächlich durchführbar war.

a) Versuchsaufbau für das Setzen der Bausteine

Es wird die Maschinenanordnung nach Abb. 199 verwendet. Danach stehen sechs Steinverlegemaschinen stufenförmig erhöht in Reihe hintereinander (Abb. 205). Die Höhe der einzelnen Stufen beträgt hier im Modell 30 Zentimeter – entsprechend 3 Meter an der Cheops-Pyramide.

Zum besseren Gesamtverständnis soll das Schema Abb. 202 dienen. Dazu sind die Wassertanks der Maschinen Nr. 201 bis 206 von oben nach unten in Seitenansicht herausgezeichnet. Besonders hingewiesen wird auf drei Ventile, die jeder Maschinentank in Bodennähe besitzt (3). Die Wassertanks sind über „geschlossene" Rohrleitungen so miteinander verbunden, dass jede Maschine – beginnend mit Nr. 201 – in der Lage ist, nacheinander zu arbeiten. Der Verlegevorgang der Steinquader wird mit Hilfe der Wasserzufuhr aus dem Vorratstank (6) eingeleitet.

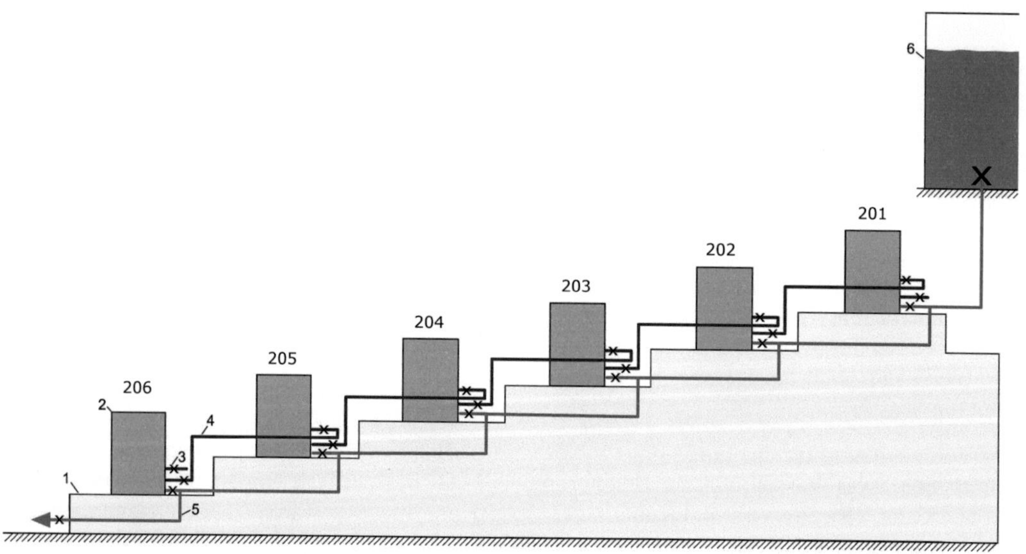

Abb. 202 Schema, Funktion von sechs Steinverlegemaschinen auf Pyramiden-Stufen, nach Abb. 198 und 199 hier: Maschinentanks mit Wasserleitungen herausgezeichnet

1 Pyramidenkörper
2 Wassertank
3 Ventile
4,5 Wasserleitungen
6 Vorratstank

Anmerkung: Die drei Ventile jedes Wassertanks liegen im Original nebeneinander

b) Versuchsbedingungen für das Setzen der Bausteine:

Abb. 203 „Hebeschiff" der Steinverlegemaschinen – Maßstab 1:10

hier: Verstärkungen im Decksbereich, Aufhängung ohne Druckausübung auf die Bordwände

Außenmaße: 20 x 20 x 20 cm
Ballast: Wasser
Gewicht einschl. Ballast: 6 kg
Werkstoff: Holz

Abb. 204 Wasserleitungen im AR – nach der Idee des Verfassers

hier: – Bambusrohre verbunden mit Ledermanschetten
– unterschiedliche Rohrdurchmesser möglich

Abb. 205 Sechs Steinverlegemaschinen des Cheops im Versuch auf Pyramidenstufen nach Abb. 199 und 202

hier: – Modell im Maßstab 1 : 10
– Wassertanks verbunden durch Plastikleitungen (geschlossenes Wassersystem) und Ventile
– Wasserleitungen im AR möglicherweise Bambusrohre, verbunden mittels Ledermanschetten

Wassertanks Nr. 201 - 206:

– Innenmaße:	*– Länge:*	*28 cm*
	– Breite:	*23 cm*
	– Höhe:	*60 cm*
– Wasservolumen:		*38,6 l*
– Werkstoff:		*Holz*

Beschreibung zu Abb. 205:

- 6 Steinverlegemaschinen stehen jeweils vorn auf ihren Pyramidenstufen, ihre Gesamthöhe liegt bei etwa 110 Zentimetern.
- Sechs „Hebeschiffe" (Abb. 203) sind so weit mit Ballastwasser gefüllt, dass ihr jeweiliges Gesamtgewicht 6 Kilogramm beträgt, sie aber dennoch allein sicher schwimmfähig sind.
- Die Höhe der Wassertanks beträgt 60 Zentimeter, sie sind leer, ihre Ventile sind geschlossen, die „Hebeschiffe" sitzen am Grund auf.
- Sechs Steinquader à 2,5 Kilogramm Gewicht liegen unter den Maschinenauslegern und sind mit Hilfe von Zugseilen lose über zwei Umlenkblöcke mit ihren „Hebeschiffen" verbunden.
- Die Wassertanks der 6 Steinverlegemaschinen sind durch Plastikleitungen miteinander verbunden; im AR bestanden diese Wasserleitungen möglicherweise aus Bambusrohren, abgedichtet durch Ledermanschetten (Abb. 204).
- Die Wasserzufuhr geschieht entgegen Abb. 202 hier im Versuch nicht mit Hilfe von Wasservorrattanks, sondern durch Anschluss an eine Hauswasserleitung.
- Das Stufenmodell ist zum Schutz gegen Regen mit einer Plastikplane abgedeckt.

c) Versuchsdurchführung für das Setzen der Bausteine

- Sechs Steinverlegemaschinen bei der Arbeit
- 03. März 2009, Ort: Nongbualamphu, Thailand

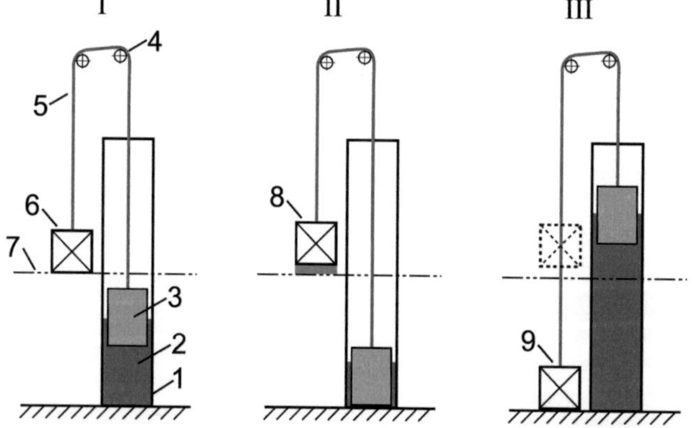

Erklärung zu I, II und III:

1 Maschinentank/Wasserstand
2 Wasser
3 Hebeschiff
4 Umlenkblock
5 Zugseile
6 Steinquader
7 Pyramidenstufe, 0,3 m erhöht
8 Steinquader in der Schwebe
9 Steinquader abgesetzt

*Abb. 206 Schema, die 3 wesentlichen Positionen von „**Hebeschiff**" und **Steinquader** während des Modellversuches mit den jeweiligen Wasserständen in den Wassertanks der Verlegemaschinen*

hier: I „Hebeschiff" aufgeschwommen (20 cm), Steinquader liegt vor der Maschine
II „Hebeschiff" abgesenkt (10 cm), Steinquader leicht angehoben
III „Hebeschiff" aufgeschwommen (45 cm), Steinquader abgesetzt

Abb. 207 Schema, Wassertanks 201 - 203 mit den Wasserständen während der Setzphasen der Bausteine

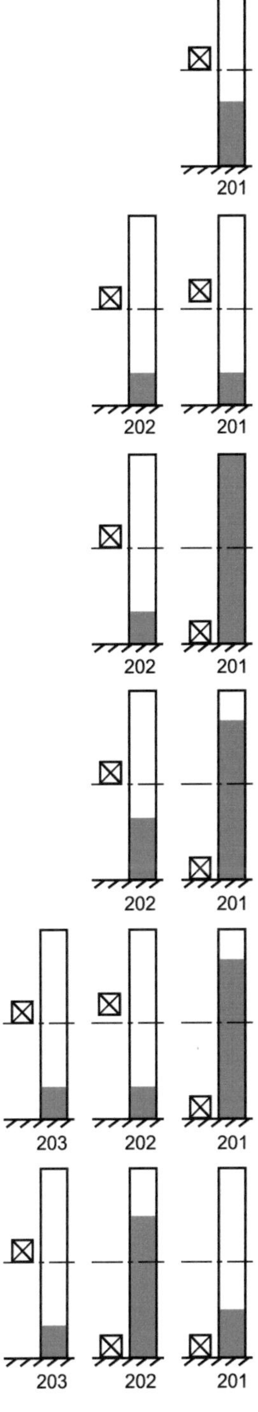

Phase 1

20 cm Wasser von Wasserzulaufleitung nach Tank (201)

<u>Folge:</u> ➞ „Hebeschiff" (201) schwimmt auf, danach Spannen der Zugseile

Phase 2

10 cm Wasser von (201) ➞ (202)

<u>Folge:</u> ➞ „Hebeschiff" (201) schwimmt auf, danach Spannen der Zugseile

Phase 3

50 cm Wasser von Zulaufleitung nach Wassertank (201),

<u>Folge:</u> Stein (201) abgesetzt.

Phase 4

10 cm Wasser von (201) ➞ (202),

<u>Folge:</u> „Hebeschiff" (202) schwimmt auf.

Phase 5

10 cm Wasser von (202) ➞ (203),

<u>Folge:</u> Stein (202) wird angehoben.

Phase 6

35 cm Wasser von (201) ➞ (202),

<u>Folge:</u> Stein (202) wird abgesetzt, Wasserstand (201) = 15 cm.

Abb. 208 Schema, Wassertanks 201 – 205 mit den Wasserständen während der Setzphasen der Bausteine

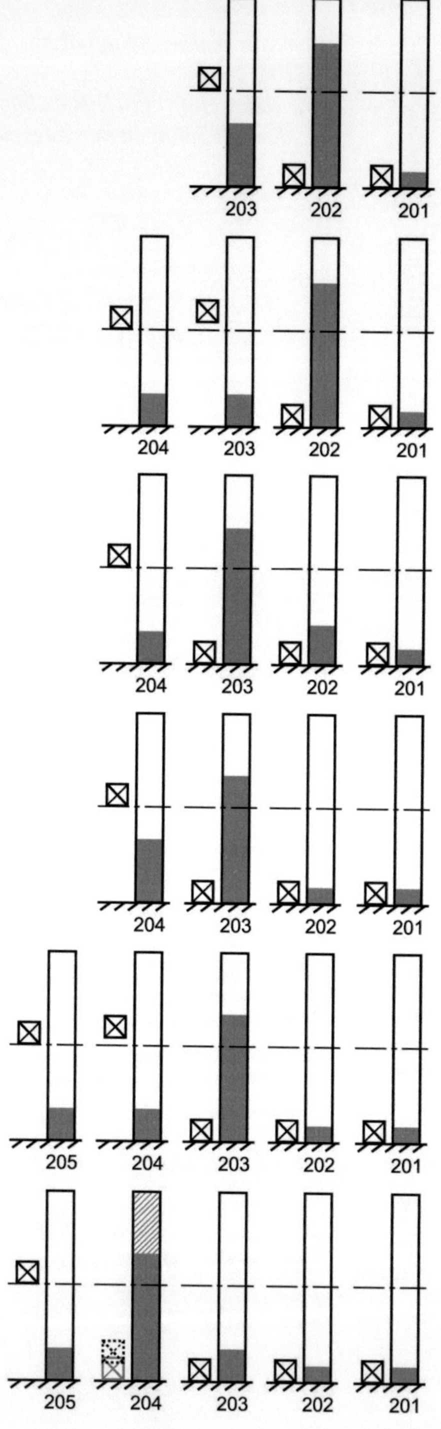

Phase 1

10 cm Wasser von (201) → (203)
<u>Folge:</u> „Hebeschiff" (203) schwimmt weiter auf – Wasserstand = 20 cm

Phase 2
10 cm Wasser von (203) → (204)
<u>Folge:</u> Stein (203) ist angehoben

Phase 3
32,5 cm Wasser von (202) → (203),
<u>Folge:</u> Stein (203) ist abgesetzt,
Wasserstand Tank (202) = 12,5 cm,
Wasserstand Tank (203) = 42,5 cm

Phase 4
2,5 cm Wasser von (203) → (204),
7,5 cm Wasser von (202) → (204),
<u>Folge:</u> „Hebeschiff" (204) schwimmt auf.

Phase 5
10 cm Wasser von (204) → (205),
<u>Folge:</u> Stein (204) ist angehoben.

Phase 6
30 cm Wasser von (203) → (204),
<u>Folge:</u> Stein (204) <u>nur</u> 24 cm abgesenkt (gestrichelter Stein).
Es fehlen 6 cm! Zum Ausgleich: 20 cm Wasser von Wasserzulaufleitung nach (204)
<u>Folge:</u> Stein (204) ist abgesenkt.

Abb. 209 Schema, Wassertanks 201 – 206 mit den Wasserständen während der Setzphasen der Bausteine

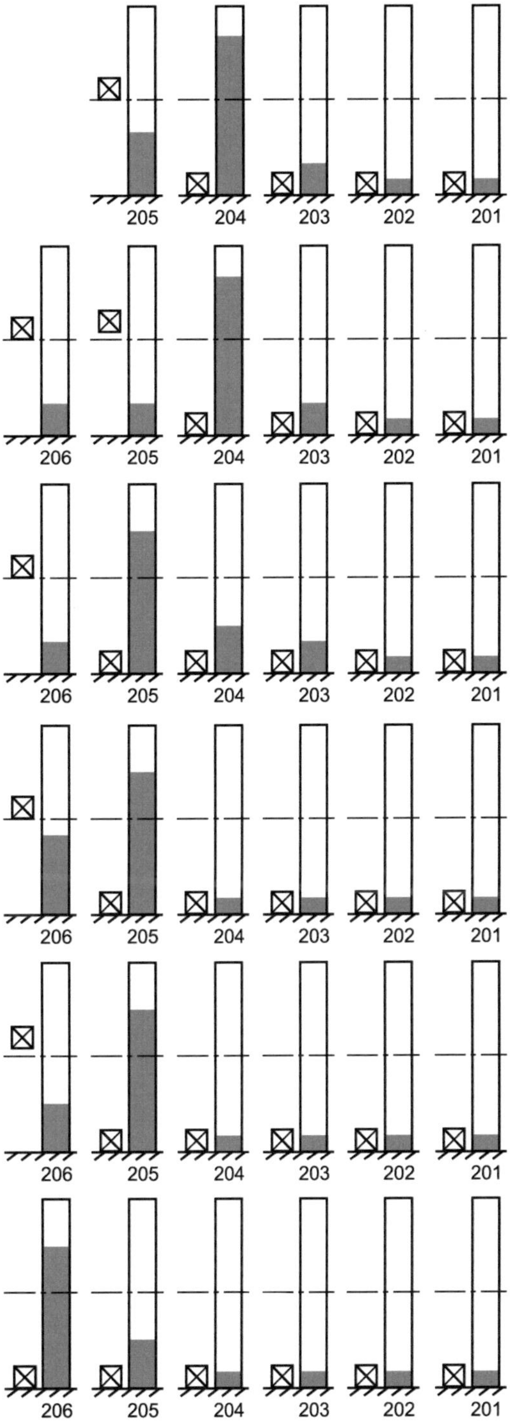

Phase 1

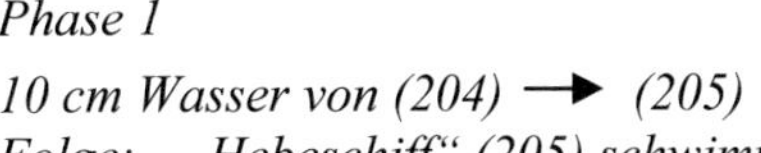

10 cm Wasser von (204) → (205)
Folge: *„Hebeschiff" (205) schwimmt nach oben.*

Phase 2
10 cm Wasser von (205) → (206)
Folge: *„Hebeschiff" (205) sinkt.*
Stein (205) ist angehoben.

Phase 3
35 cm Wasser von (204) → (205),
Folge: *Stein (205) ist abgesetzt,*
Wasserstand Tank (204) = 15 cm,
Wasserstand Tank (205) = 45 cm

Phase 4
5 cm Wasser von (203) → (206),
10 cm Wasser von (204) → (206),
Folge: *„Hebeschiff" (206) schwimmt nach oben, Wasserstand =25 cm.*

Phase 5
10 cm Wasser von (206) → nach draußen.
Folge: *Stein (206) ist angehoben.*
Wasserstand Tank (205) = 45 cm

Phase 6
30 cm Wasser von (205) → (206),
Folge: *Stein (206) ist abgesenkt.*
Wasserstand Tank (205) = 15 cm
Wasserstand Tank (206) = 45 cm

Ergebnis: *Alle 6 Steine sind abgesenkt!*

d) Versuchsergebnis für das Setzen der Bausteine

6 Steinquader à 2,5 Kilogramm sind vor ihren Pyramidenstufen abgesetzt.

Nach Abbildungen 207 bis 209 wären die erforderlichen 6 Arbeitsgänge für das Verlegen der Steine mit dem Füllen eines einzigen Wassertanks – (201) – **theoretisch** möglich gewesen.

Im Versuch konnte dieser ideale Wert nicht erreicht werden. Aufgrund dessen, dass die 3 Ventile an jedem einzelnen Wassertank nicht direkt am Boden angebracht werden konnten, waren 90 Zentimeter Wasser erforderlich (60 Zentimeter Wassertankhöhe + 30 Zentimeter zusätzlich).

Gesamtergebnis:
Für das Arbeiten von 6 Steinverlegemaschinen mit dem Ziel des Absetzens von 6 Steinquadern waren für 6 Wassertanks nur 1 6/12 Tankfüllungen notwendig.

e) Versuchsbeurteilung für das Setzen der Bausteine

Der im Modellversuch ermittelte Wert von 1 ½ Tankfüllungen für das **Anheben, Absenken** und **Absetzen** von 6 Steinquadern lässt sich auf die Wirklichkeit des damaligen Pyramidenbaus übertragen.

Für die Erstellung des Pyramidenkörpers ist aber folgendes zu beachten:
Zunächst wurden die Quadranten Nordwest (NW) und Südwest (SW) mit Hilfe der Hebemaschinen des Cheops von der Nordseite aus unter Einsatz von 72 Steinverlegemaschinen gebaut, wie bereits besprochen. Dazu schleifte man die Baublöcke über eine Rampe (Abb. 184 Nr. 8) mit der Neigung (9) in Richtung Westen. Es stand also bereits die Hälfte des 28-30 Meter hohen Pyramidenstumpfes (S-W-N) ehe die 72 Verlegemaschinen (nach Abb. 183) die zweite Pyramidenhälfte (S-O-N) mit den Quadranten SO und NO erstellten.

Das eigentliche Fügen der Bausteine geschah dann in der folgenden Weise:
Sobald die Steine auf den „Straßen" (Abb. 201 Nr. 3) unter die Ausleger der Verlegemaschinen gefahren waren, wurden sie ein wenig angehoben, und zwar nur so weit, dass sie nach vorne ausschwingen konnten.

Anschließend verlegte jede Maschine 36 Blöcke. Es waren jeweils 2 x 36 Maschinen im Einsatz (Abb. 198). Nachdem jede Maschine die Steine, beispielsweise 3 x 4 x 3 m, gestapelt hatte, fuhr sie auf dem Steinstapel weiter vor (Abb. 198 bis 200) und verlegte die nächsten Blöcke.

Während die Verlegemaschinen vorrückten, konnten hinter ihnen neue Treppen vorbereitet und mit freien Maschinen besetzt werden. Die Maschinen ließen sich mit leeren Wassertanks mühelos transportieren.

Nach Abb. 183 waren nur 72 Verlegemaschinen im Einsatz. Es wäre zu prüfen, ob der Pyramidenumlaufkanal zusätzliche Kapazitäten für Steintransport-Schiffe zuließ, denn die Anzahl der ankommenden Schiffe wurde im Wesentlichen durch die täglich zu verbauenden Pyramidensteine bestimmt.

Eine gewisse Schwierigkeit bestand in der flexiblen Verbindung eines geschlossenen Rohrsystems von jeweils 36 Wassertanks, denn die Wasserleitungen mussten bei jedem Vorrücken der Maschinen mit ihnen etwa 3 Meter mitwandern. Die damalige Verwendung von Rohrleitungen aus Bambusrohren, verbunden durch Ledermanschetten (Abb. 204) kann natürlich nicht nachgewiesen werden. Eine Hypothese in dieser Richtung muss deshalb aber nicht unbedingt verworfen (falsifiziert) werden, denn meine Befürchtung, Bambusrohre könnten reißen, haben sich nicht bestätigt. Selbst wochenlanges Lagern im Wasser und an der Sonne, führten nicht zu Undichtigkeiten. Zu bedenken ist auch, dass die Bambusrohre im Innern aufgebohrt werden mussten und einzelne Teilstücke deshalb wohl nicht länger als 1,5 Meter sein konnten.

Eine weitere wichtige Maßnahme für das Gelingen des Gesamtwerkes war die Notwendigkeit, die Steinblöcke auf ihrem Transport über die Pyramidenstufen auf Holzschienen zu setzen. Auf geschmierten U-förmigen Hölzern konnten die Transportschlitten gut rutschen, sowohl beladen zu den Verlegemaschinen hin als auch leer wieder zurück.

Die wenigen benötigten Schlepper bewegten sich zwischen den Schienen und fanden deshalb auf trockenen Pyramidensteinen den notwendigen Halt. Unter diesen Bedingungen war es möglich, die Steinblöcke termingerecht an ihre Verlegeorte zu bringen. Dagegen war der Transport von 764 Steinblöcken ohne Schienen, mit Hilfe von 40-60 benötigten Schleppern pro Block, nicht denkbar (vgl. Abb. 220 und 221). Kanten unterschiedlich hoher Steine der Bodenschicht und das geringe Platzangebot schlossen diese Möglichkeit aus.

An dieser Stelle der Gesamtabhandlung zum Pyramidenbau lassen sich auch einige Angaben zur damaligen Arbeiterschaft machen. In Anlehnung an die Aussagen von M. Lehner konnte für die erforderlichen Arbeiter sogar eine entsprechende Unterteilung vorgenommen werden, denn unter Berücksichtigung der vorgestellten Verlegetechnologie ergibt sich eine erstaunlich geringe Arbeiterzahl, wobei sich zwei Umstände besonders begünstigend auswirken:

- Zum einen werden die Steinblöcke der Quadranten NO und SO von den Hebemaschinen des Cheops (Ostseite) direkt aus den Transportschiffen herausgehoben (vergleiche dazu auch Abb. 170) und auf die Transportschlitten (Abb. 184 Nr. 10) der 12 Pyramidenstufen abgesetzt. Aus diesem Grunde ergibt sich für den Schlepp-Transport der Steine in Richtung West zu den Verlegemaschinen hin nur der sehr kurze Weg von durchschnittlich 57,5 Metern auf möglicherweise mit Kerzenwachs geschmierten Holzschienen.
- Zum anderen werden Arbeiter weder zum Füllen noch zum Entleeren der Wassertanks benötigt, weil das erforderliche Wasser aufgrund von Gefälle den Tanks zufließt und durch Öffnen von Ventilen auch wieder verlässt.

Für die Wasserregulierung reduziert sich die Tätigkeit des Bedienungspersonals im Wesentlichen auf Öffnen und Schließen der Ventile an den Wassertanks. Entsprechend der zu verbauenden Anzahl von 764 Steinen pro Tag (Abb. 19) ergeben sich täglich 11 Fahrten mit einer Gruppe von 12 Schiffen – bei einem 13-Stunden-Arbeitstag, also alle 1,18 Stunden eine Fahrt.

12 Schiffe · 6 Steine/Schiff · 11 Fahrten/Tag = 792 Steine/Tag

Damit ergibt sich für jede Verlegemaschine die Notwendigkeit, etwa stündlich einen Steinblock abzusetzen. Nach ganz grober persönlicher Schätzung lässt sich nunmehr auch annähernd die benötigte Arbeiterzahl ermitteln – unter Berücksichtigung der Tätigkeiten für

- Bedienung, Wartung und Versetzen von Maschinen, Leitungssystemen und Schienen
- Transport, Absetzen und Einfügen der Steine:

72 Maschinen · 20 Arbeiter/Maschine · 4 Schichten/Tag ≈ 6000 Mann/Tag

Diese etwa 6000 Arbeiter wurden nach Aufzeichnungen aus dem AR fast militärisch untergliedert zum Pyramidenbau eingesetzt. Das belegt besonders die Aussage von M. Lehner, der sich zunächst sehr allgemein äußert, aber danach mit Hilfe eines Schemas sehr speziell eine Unterteilung von Cheops' Arbeiterschaft vornimmt:

„Geschickte Bauleute und Handwerker standen wahrscheinlich permanent im Dienst des Pharaos. Über ihre genaue Zahl lässt sich nur spekulieren, aber wir wissen, dass die Masse der Arbeiterschaft aus Kolonnen dienstverpflichteter Bauern von je etwa 2000 Mann bestand. Jede Kolonne umfasste zwei je 1000köpfige Mannschaften, deren jede in fünf *zaa* genannte Gruppen (das wurde in ptolemäischer Zeit mit dem griechischen »phyle« – »Stamm« – übersetzt) zu je 200 Leuten zerfiel. Jede Phyle bestand aus zehn Abteilungen zu 20 Mann (oder 20 zu zehn). Die im Wettstreit liegenden Mannschaften hatten jeweils eigene, auf den herrschenden König lautende Namen wie »Cheops' Freunde« oder »Menkaures Trunkenbolde«. Die fünf Stämme einer Mannschaft hatten immer die gleichen Namen: Großer (oder Steuerbord-), Asiatischer (oder Backbord-), Grüner (oder Bug-), Kleiner (oder Heck-) und Letzter (oder Guter) Stamm.“ [110]

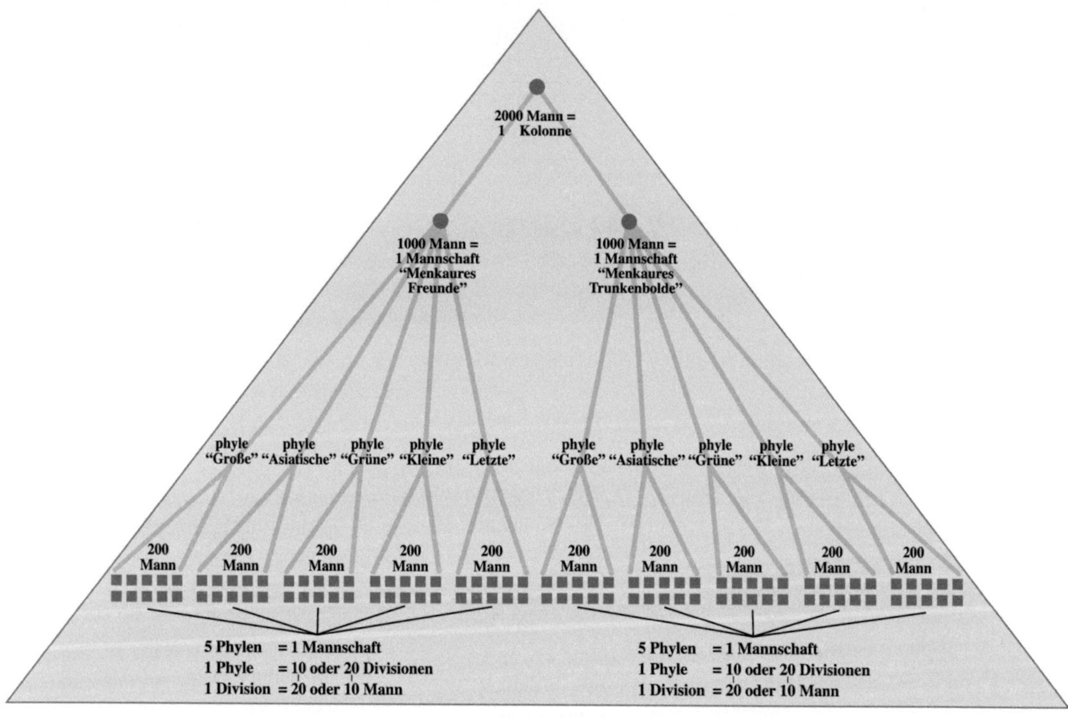

Abb. 210 Schema, Organisation der Arbeiterschaft beim Bau der Cheops-Pyramide
– Umzeichnung nach M. Lehner
– (Unterteilung einer Kolonne in Mannschaften, Phylen und Divisionen (Trupps)

Erklärung:

1 Kolonne mit 2000 Mann	=	*2 Mannschaften (je 1000 Mann)*
	=	*10 Phylen (je 200 Mann)*
	=	*100 Divisionen (Trupps) je 20 Mann*

Von ganz besonderer Aussagekraft ist der Hinweis von M. Lehner, wonach den fünf Phylen Schiffsteile oder -seiten zugeordnet waren:

- Große Phyle = Steuerbord-Seite (Stb) – [rechte Schiffsseite]
- Grüne Phyle = Bug des Schiffes – [Vorderschiff]
- Kleine Phyle = Heck des Schiffes – [hinterer Schiffsteil, achtern]
- Asiatische Phyle = Backbord-Seite (Bb) – [linke Schiffsseite]
- Letzte oder „Unterste“ Phyle = es ist keine schiffsentsprechende Bezeichnung bekannt, sie ließe sich aber als „Vollkommen“ oder „Schön“ übersetzen

Frage:
Wird hier auf dem Wüstenplateau von Giza aufgrund der Einteilung der Arbeiterschaft nach Schiffsmannschaften die Bedeutung von „Schiff“ und „Wasser“ für den Pyramidenbau besonders hervorgehoben?

Ich entnehme daraus einen eindeutigen Hinweis darauf, dass „Schiffe“ unter der Nutzung der Kraft des Wassers auf der **„Baustelle Giza“** den TRANSPORT, das HEBEN und das VERLEGEN der Bausteine tatsächlich vornahmen.

Nunmehr ist es möglich, in Anlehnung an die Organisation der Arbeiterschaft vor 4600 Jahren auch eine Einteilung der Beschäftigten nach der vorgestellten Steinverlege-Theorie vorzunehmen.

Unter der Prämisse „Maschinen verlegten die Bausteine“ könnten damals 6000 Pyramidenarbeiter für die ersten fünf Baujahre der Cheops-Pyramide in einem täglichen Vier-Schichten-Rhythmus wie folgt unterteilt worden sein:

Arbeitszeit	Trupps	Arbeiter	Reserve	Arbeiter gesamt
6 – 9	72	1440	60	1500
9 – 12	72	1440	60	1500
12 – 15	72	1440	60	1500
15 – 18	72	1440	60	1500
6 – 18	**288**	**5760**	**240**	**6000**

Abb. 211 Tabelle Unterteilung der Arbeiterschaft beim Bau der Cheops-Pyramide in Trupps à 20 Mann pro Steinverlegemaschine – entsprechend 1,5 Mannschaften à 1000 Mann

hier: – ein Arbeitstag mit 12 Arbeitsstunden während des Verlegens von Pyramiden-Blöcken mit 72 Steinverlegemaschinen

Kurze Zusammenfassung der Versuchsbeurteilung:
Insgesamt ist die beschriebene Verlegetechnik der Pyramidenbausteine sehr einfach und deshalb den Kenntnissen der alten Ägypter durchaus angepasst. Dennoch handelt es sich bei diesem Teilaspekt des Pyramidenbaus, eingebettet in die Abläufe des Transports und des Hebens der Blöcke, um eine äußerst ausgefeilte Baumethodik, die auch die zeitlichen Vorgaben erfüllt.

Zusammengefasst kann aber die Hypothese „Die Steinblöcke werden mit Hilfe von Maschinen verlegt" nur mit dem Prädikat „weitgehend verifiziert" bezeichnet werden. Das nicht nachgewiesene Material für ein Rohrleitungssystem – Bambusrohre mit Ledermanschetten – machen eine Einschränkung der Hypothesenbestätigung notwendig.

4.4 Hypothese IV: 100.000 Mann bauen die Cheops-Pyramide – 70.000 Arbeiter sind Sklaven

4.4.1 Die Suche nach der Wahrheit – moderne Ägyptologen und der Historiker Herodot im Widerstreit

„Wer baute die Pyramiden? Sklaven, wie in Hollywood-Filmen dargestellt? Jüdische Sklaven gar, wie der frühere israelische Ministerpräsident Menachem Begin einmal mutmaßte?" fragt die Basler Zeitung am 13.01.2010 und gibt auch sogleich die Antwort: „»Alles falsch«, sagen ägyptische Archäologen […].»**Von wegen Sklaverei – für Pyramiden-Bauer gab es Bier und Ehre**«" [111]

Die Basler Zeitung war nicht alleine, denn viele angesehene Blätter und Magazine äußerten sich im Internet etwa zeitgleich in dieselbe Richtung.

Folgt man dieser einhelligen sehr massiven Argumentation, so ist eigentlich die Überlieferung des griechischen Historikers Herodot hinfällig, wonach von Pharao Cheops versklavte Menschen seine Pyramide bauten.

Dazu auch Spiegel online: „Die Pyramiden-Erbauer haben laut Hawass regelmäßig Fleisch gegessen und in Drei-Monats-Schichten gearbeitet. 10.000 von ihnen hätten mehr als 30 Jahre benötigt, um eine der Pyramiden fertig zustellen. Das ist nur ein Zehntel der Arbeitskraft, die nach den Berichten des griechischen Geschichtsschreibers Herodot notwendig war. Der konnte allerdings auch nicht aus erster Hand berichten: Er besuchte Ägypten um das Jahr 450 vor Christus – als die Pyramiden schon mehr als 2000 Jahre alt waren." [112]

Was war geschehen? Weshalb ist die damalige Bauarbeiterzahl an den Pyramiden plötzlich derart aktuell, werden Sie, lieber Leser, fragen.

Am 11.01.2010 gab die ägyptische Altertumsbehörde über Reuters eine Pressemitteilung mit den folgenden Kernaussagen bekannt:

Ägyptische Archäologen haben am Montag mehr als 4000 Jahre alte Gräber ganz in der Nähe der Cheops-Pyramide gefunden. Es handelt sich dabei um 12 Skelette aus der 4. Dynastie (2575-2467 v. Chr.). Man fand auch Gefäße für Bier und Brot, beigegeben mit dem Ziel, die Toten auch im Jenseits gut zu versorgen.

Bis hierhin handelte es sich bei der Pressemitteilung um wichtige Informationen – Mitteilungen aus dem „Antiken Ägypten" des AR.

„Doch welche Erkenntnisse zogen die heutigen Ägyptologie-Wissenschaftler aus dem bemerkenswerten Fund?", war die spannende Frage. Immerhin handelte es sich hier um die Menschen, die die Pyramiden bauten und nicht etwa um Pharaonen, die die Pyramiden bauen ließen. – Zeugen einer längst vergangenen Zeit, von der wir doch so wenig wissen.

Meine sehr gespannte Erwartungshaltung wich leider alsbald jäher Ernüchterung. Dies geschah in Form weiterer Informationen, aber auch äußerst eigenwilliger Schlussfolgerungen durch den Leiter der ägyptischen Antikenverwaltung, Dr. Zahi Hawass.

Erneut die Basler Zeitung: „Hawass zufolge arbeiteten etwa **10.000 Arbeiter** – nicht 100.000, wie Herodot schilderte – in Schichten zu drei Monaten. Zu ihrer Verpflegung wurden demnach jeden Tag 21 Rinder und 23 Schafe herangeschafft. Die Arbeiter stammten aus armen ägyptischen Familien und wurden so hoch geachtet, dass jene, die ihre Arbeit mit dem Leben bezahlten, mit einer Bestattung nahe den Pyramiden und Grabbeigaben für das Jenseits geehrt wurden." [113]

„Auf keinen Fall wären sie so ehrenvoll bestattet worden, wenn sie Sklaven gewesen wären.", ergänzt Dr. Z. Hawass.[114]

Eigentlich müsste an dieser Stelle die spannende fiktive Auseinandersetzung erfolgen:

Historiker Herodot gegen Dr. Z. Hawass …

… zu zwei von einem Millionenpublikum gestellten Fragen (I und II)
mit den bis heute vorhandenen unbefriedigenden Antworten:

	Fragen	Antworten	
		Herodot	Dr. Z. Hawass
I	Wie viele Pyramidenarbeiter bauten (beispielsweise) die Cheops-Pyramide?	**100.000**	**10.000**
II	Bestand die von Cheops rekrutierte Arbeiterschaft aus Sklaven oder freien Ägyptern?	**Sklaven**	**Freie Männer aus dem alten Ägypten**

Abb. 212 (Tabelle) Größe und Herkunft der Arbeiterschaft des Pharao Cheops

4.4.2 Die Bedeutung von Arbeitergräbern an der Cheops-Pyramide – 612 Skelette beginnen zu „sprechen"

Eigentlich Schade! – denn zu einer fachlichen Auseinandersetzung zwischen Historiker (auch manchmal als Geschichtswissenschaftler bezeichnet) und Ägyptologe wird es wohl nicht kommen. Leider gilt die vorgetragene Theorie

„10.000 (Zehntausend) Menschen bauten die Pyramiden" und

„Die Pyramidenarbeiter bei Cheops waren keine Sklaven"

heute offenbar als richtig und „quasi" bewiesen.

Das liegt ganz einfach daran, dass Herr Dr. Z. Hawass, häufig gemeinsam mit dem Ägyptologen M. Lehner, seit Jahren in diese Richtung argumentiert. Hinzu kommt, dass Dr. Z. Hawass als Leiter der ägyptischen Antikenverwaltung auch ein Medienstar ist, der aufgrund seiner überragenden Kenntnisse über das alte Ägypten weltweite Achtung und Bewunderung findet. Egal ob er vor Schülern, Studenten, Professoren oder der Presse seine Kenntnisse und Erkenntnisse vorträgt, geschieht dies immer mit einer Überzeugungskraft, die allein aus seiner Position und seinem überwältigenden Fachwissen heraus gar keinen Widerspruch aufkommen lässt.

Auch ich käme niemals auf die Idee, diesem Mann zu widersprechen – ihm, dem man schon zu Lebzeiten ein »Weiterleben« nach dem Tode prophezeit – wie es in der sehr informativen Fachzeitschrift „KEMET" unter „Zahi Hawass – ein Portrait" nachzulesen ist: „Möglicherweise wird Dr. Zahi Hawass wie seine ehrwürdigen altägyptischen Vorfahren Unsterblichkeit erlangen, denn er ist eine der Persönlichkeiten, deren Name auf der CD für die Mars-Expedition Rover 2003 verzeichnet wurde." [115]

... Und doch ist es merkwürdigerweise dieser angesehene Wissenschaftler, der einen ganz wichtigen Hinweis für die **Richtigkeit von Herodots Aussagen** liefert – und damit ungewollt seine eigene Theorie in Frage stellt.

In diesem Zusammenhang darf angemerkt werden, dass man bereits vor 2010 mehrere **Pyramiden-Arbeitsersiedlungen** gefunden hat, wie u. a. **„workmen's barracks"** (westlich der Chephren-Pyramide), **Arbeitercamps** (südöstlich der Mykerinos-Pyramide), **Siedlungsreste** (südlich des Taltempels des Mykerinos) und **Arbeiterdorf an der „Krähenmauer"** (südöstlicher Rand des Giza-Plateaus, Heister-Ghurop aus dem Arabischen) – vgl. Abb. 243.

Zu diesen Ausgrabungen hat C. Winter in der Fachzeitschrift „Sokar (1/2003) mit Fotos und Schemata sehr detailliert berichtet, ohne aber auf das Wesentliche einzugehen – nämlich **600 Skelette von Pyramidenarbeitern** in den Gräbern an der „sogenannten" Krähenmauer.

Dr. Z. Hawass hatte die Gräber bereits im April 1990 entdeckt, nachdem ein stolperndes Pferd den entscheidenden Hinweis lieferte. Mit den folgenden Worten ordnet Dr. Z. Hawass diesen Fund vom 15.04.1990 hinsichtlich seiner Bedeutung ein: **„Das war wirklich eine wichtige Entdeckung, die hatte in vielerlei Hinsicht noch tiefere Bedeutung für Ägypten und Ägyptologie als die Entdeckung des Grabes von Tutanchamun im Jahr 1922.**" [116]

Dazu ergänzt B. Fagan: „Hawass hat mehr als 600 Grabkammern von Pyramidenarbeitern ausgegraben, manche waren kaum mehr als einen oder zwei Quadratmeter groß. Keiner der Arbeiter wurde einbalsamiert, zu jener Zeit war dies ein Privileg der Eliten, aber ihre Gebeine sind vom harten Leben unablässiger Mühsal gezeichnet. Arthritis und durch Knochenarbeit verursachte degenerative Rückenleiden waren weit verbreitet. Viele der Arbeiter starben jung.“ [117]

Abb. 213 Verbogene Wirbelsäule eines Pyramidenarbeiters aus dem AR

www.zdf.de wird noch deutlicher unter „Im Dienste des Pharao – verkrümmte Wirbelsäule eines Arbeiters – Überlastete Wirbel, zerstörte Gelenke“:

„Alle zwei bis drei Minuten musste einer der riesigen 2,5 Tonnen schweren Blöcke in das Denkmal eingearbeitet werden. Und dies ohne Pause, sieben Tage die Woche, 30 Jahre lang. Knochenfunde machen deutlich, dass die Menschen an die Grenzen ihrer Belastbarkeit gingen. Die begrabenen Arbeiter starben im Alter von 30-35 Jahren. Extreme Belastung hatte viele der Gelenke zerstört, die Rückenwirbel ruiniert. Unfälle waren an der Tagesordnung. Rutschte ein tonnenschwerer Steinquader ab, und zerquetschte Arme oder Beine eines Arbeiters, dann blieb nur die Amputation, um das Leben des Menschen zu retten!“ [118]

Auch der Ägyptologe Dr. M. Gutgesell zeigt die verbogene Wirbelsäule eines Pyramidenarbeiters aus dem AR mit dem Hinweis „**Nach fünf Jahrtausenden werden die Toten wiedererweckt** [...]“ [119]

Doch was „sagen“ uns die Arbeiter? Welche weiterführenden Informationen geben sie uns von der ihnen auferlegten Mühsal eines kurzen Lebens? Hier nun der Versuch einer Deutung mit Hilfe der Wissenschaft, die prädestiniert ist, Skelette zum **„Sprechen“** zu bringen – die Anthropologie:

Abb. 214 Verbogene Wirbelsäule aus dem Skelett eines Pyramidenarbeiters des AR

„Kürzliche **Untersuchungen** an Skeletten von Arbeitern, die die **Pyramiden**, Grabmäler und Tempel der Pharaonen bauten, ergaben, dass die Arbeiter **unterernährt**, **krank und überarbeitet** waren. Wie eine ägyptische Anthropologin erklärte, litt ein Großteil der Arbeiter an Arthritis. Sie stellte auch fest, dass die Arbeiter harte Arbeitsbedingungen ertragen mussten. **»Ihre Wirbelsäule war vom Tragen schwerer Lasten gekrümmt, und bedingt durch Knochenentzündungen, hatten sie körperliche Beschwerden«**, schlussfolgert sie. Untersuchungen von Schädeln, Wirbelsäulen sowie von Finger- und Zehenknochen, die auf Friedhöfen ausgegraben worden waren, **erbrachten Beweise** für diese Krankheiten. Sie konnten jedoch nicht an Überresten festgestellt werden, die in Begräbnisstätten der höheren Klasse gefunden wurden. Die Anthropologin schätzt, dass ein Arbeiter eine Lebenserwartung zwischen 18 und 40 Jahren hatte, wogegen Angehörige der privilegierten Klasse zwischen 50 und 70 Jahre alt wurden.“ [120]

Besonders deutlich und verständlich übersetzt die ägyptische Anthropologin Dr. A. M. Sarry El-Din die „Sprache“ der über 4000 Jahre alten Pyramidenarbeiter-Skelette in Form von eigener Stellungnahme zu persönlich durchgeführten Untersuchungen:
„Gleichwohl mussten sich die Menschen auch mit Krankheit, Alter und Tod auseinandersetzen, und für die Arbeiter war das Leben sicherlich hart. »Das lässt sich an ihren Skeletten erkennen.«, sagt die Humananthropologin Azza Mohamed Sarry El-Din, die die Knochenreste vom Friedhof untersucht. »Bisher habe ich mir 175 Skelette angesehen, je zur Hälfte Männer und Frauen. Fast alle dieser Leute litten an Arthritis. Die Lendenwirbel sind meist eng zusammengedrückt, wie bei Menschen, die Schwerstarbeit verrichten. Damit hatte ich gerechnet – aber ich war erstaunt, diese Art der Arthritis auch bei Frauen zu finden.« Die Forscherin legt die Nackenwirbel und Lendenwirbel einer Frau aus, die mit Anfang 30 gestorben ist, und deutet auf die aufgerauhten, verschlissenen Knochenränder. **»Sie muss von Kind an schwere Lasten auf dem Kopf getragen haben«,** sagt Sarry El-Din, **»sonst hätte es nicht zu diesen Schäden kommen können. [...] Ihre Knochen zeigen stärkere Schäden, als man es von einfacher Hausarbeit erwarten würde – oder selbst als Folge des Tragens leichter Gewichte auf dem Kopf.«“** [121]

Folgerung und Erkenntnis:
Die Anthropologin Dr. A. M. Sarry El-Din kommt aufgrund ihrer Untersuchung von 175 Pyramidenarbeiter-Skeletten aus der Zeit des AR zu dem Befund, dass

jahrelanges **TRAGEN** schwerer Lasten zu den
verbogenen und gestauchten Wirbelsäulen führte.

Diese auf Wissenschaftlichkeit basierende Aussage kann als ein wesentlicher Hinweis dafür gewertet werden, dass

jahrelanges **TRAGEN schwerer WASSERBEHÄLTER**
auf dem **Kopf** und/oder den **Schultern** zu den
vorgefundenen Verformungen der Wirbelsäulen
geführt haben kann.

Die folgenden Abbildungen zeigen einige unterschiedliche Möglichkeiten des Wassertragens zu Zeiten des AR:

Abb. 215 Mehrere Wasserträger mit Joch (Tragebalken)

Darstellung eines von Kanälen durchzogenen Gartens (rechts), Landarbeiter tragen ein Schulterjoch, an dem zwei kugelförmige Wasserkrüge hängen.

Sakkara, Grab des Mereruka, 6. Dynastie, um 2330 v. Chr.

Abb. 216 Ziegenhautschlauch auf dem Rücken
hier: – Wasserverkäufer (Saqa) um 1923

Abb. 217 Wasserschlauch? –
auf den Schultern
hier: – Sandsteinrelief altes Ägypten, in Karnak,

Abb. 218 Tragetechnik mit Joch
hier: – Wasserträger auf Relief

Abb. 219 2 Wasserträger mit Joch
hier: – Tragetechnik nachgestellt

Im Gegensatz zum **TRAGEN** schwerer Lasten käme es beim **SCHLEPPEN** tonnenschwerer Steinblöcke (Abb. 220 und 221) zu „konvexer Skoliose“, so wie es u. a. aus der Sportmedizin bekannt ist. Man spricht in diesem Fall von einer „gegenläufigen Verbiegung“ der Wirbelsäule. Eine langjährige Belastung der linken Körperseite hätte eine bogenförmige Deformierung der Wirbelsäule nach **rechts** – eine langjährige Belastung der rechten Körperseite eine bogenförmige Deformierung der Wirbelsäule nach **links** – zur Folge.

Abb. 220 20 Mann schleppen einen Steinquader des Cheops (1000 kg Gewicht, Nachbau) mit Hilfe eines Schlittens aus Zedernholz, Photo 2007, Thailand

Abb. 221 25 Mann schleppen den selben Stein (Abb. 220) – selbst bei Vergrößerung der Schleppmannschaft um 25 % liegt auch hier ganz deutlich eine einseitige Belastung der Wirbelsäule vor!

Da die Anthropologin verbogene Wirbelsäulen nach links und nach rechts bei den untersuchten Skeletten nicht festgestellt hat, können die 175 Pyramidenarbeiter zu Lebzeiten auch KEINE STEINSCHLEPPER gewesen sein.

Daraus ergibt sich als weiterführende Erkenntnis:

> Die Häufung der durch Tragen schwerer Lasten hervorgerufenen verbogenen und gestauchten Wirbelsäulen bei 175 von 600 untersuchten Pyramidenarbeitern aus dem AR, in Verbindung mit der „Barkentheorie“ eigenen Pyramiden-Bautechnik des Wasser-Tragens und des damit verbundenen ausreichenden Platzangebotes für die Arbeiter, mögen ein starkes Indiz dafür sein, das für Cheops tatsächlich 70.000 Männer, Frauen und vielleicht auch Kinder im wahrsten Sinne des Wortes geschuftet haben.
>
> **– Und aus welchem Grunde sollen sie keine Sklaven gewesen sein?**

Falls man weitere 30.000 (Facharbeiter, Arbeiter, Beamte, Priester etc.) zugrunde legt, ist die Größe der Arbeiterschaft mit 100.000 Beschäftigten für die Erstellung der Cheops-Pyramide, unter Berücksichtigung der gestellten gewaltigen Aufgabe, durchaus realistisch.

Zur Antwort der Frage bezüglich der Sklaven-Thematik passt auch das folgende Zitat: „Ob Pharao, Beamter, Priester oder Arbeiter – für die Grundversorgung jedes Ägypters kam der Staat auf. Während den einfachen Leuten täglich ein Liter Bier und ein großes Brot zustanden, erhielten die Oberen Fleisch, Weißbrot, Süßigkeiten, Obst und vieles mehr. Die Ernährung der sogenannten kleinen Leute war nicht abwechslungsreich. A**ber sie genügte, die Menschen bei Kräften zu halten.**“ [122]

Die Konsequenz:
„[…] **aber es genügte, die Menschen bei Kräften zu halten** […]“ entnehmen wir Zitat 122 – ihnen soviel zu geben, dass sie gerade noch lebten und gleichzeitig noch die Kraft hatten, gut arbeiten zu können. Dabei wurde auch in Kauf genommen, dass ihre Wirbelsäulen verbogen und ihr schon sehr kurzes Leben noch kürzer wurde.

15 Liter Wassergewicht konnte man problemlos auf 20 oder gar 30 Kilogramm pro Mann erhöhen – mit dem Ergebnis, dass statt 70.000 **nur** noch 35.000 Wasserträger zu versorgen waren. Dazu passt auch sehr gut der Bericht des „Vaters der Geschichtsschreibung“, wie Herodot häufig genannt wird. Er beschreibt das Szenario an der großen Pyramide wie folgt: „Bis zu König Rhampsinitos, so erzählt man, herrschte in Ägypten vollkommene Ordnung und großer Reichtum. Aber Cheops, sein Nachfolger, stürzte das Land ins größte Unglück. Er schloss nämlich alle Tempel und hinderte die Leute zunächst am Opfern. **Dann zwang er alle Ägypter dazu, für ihn zu arbeiten**; die einen mussten Steinblöcke aus den Steinbrüchen im arabischen Gebirge bis an den Nil schleppen. Nachdem die Blöcke auf Schiffen über den Fluß geschafft waren, trug er anderen auf, sie zu übernehmen […] **Zu je 100.000 Menschen** arbeiteten sie gruppenweise daran, jede Gruppe drei Monate.“ [123] [124]

Nun steht natürlich auf den Knochen der 612 Arbeiterskelette nicht „**Ich war ein Sklave**“ – aber der diagnostizierte erbärmliche Zustand zum Zeitpunkt des Todes der geschändeten Menschen passt absolut auf Leibeigene – **nicht** aber auf Ägypter, die freiwillig Gesundheit und Leben für den Pharao hingaben.

Diese Einschätzung des Arbeiterdaseins vor über 4000 Jahren an den Pyramiden wird merkwürdigerweise auch von M. Lehner und Dr. Z. Hawass geteilt: „Wahrscheinlich führten sie aber eine ziemlich erbärmliche Existenz (M. Lehner)“ [125]

„»Die meisten Skelette weisen Osteophyten auf«, erklärt Hawass. Solche Knochenauswüchse bilden sich bei chronischer Schwerstarbeit. Die Männer starben im Schnitt mit 30 bis 35 Jahren. Hawass: »**Die haben sich regelrecht totgeschuftet.**«“ [126] – und der Ägyptologiewissenschaftler unterstützt damit die Sklaven-Theorie von Herodot, wie auf Seite 196 bereits angedeutet.

Die Aussagen der beiden Wissenschaftler werden nochmals erhärtet durch die Internetausgabe „Pharmazeutische Zeitung“, unter „Staublungen beim Pyramidenbau“: „Die Arbeitsmedizin hat eine lange Tradition. Schon altägyptische Wandmalereien und Hieroglyphen zeugen vom gefährlichen Alltag auf den Riesenbaustellen der Pyramiden und Paläste. Mumienfunde lassen Rückschlüsse auf Lungenerkrankungen durch das Einatmen verpesteter Luft zu. **Die großen Monumente und Meisterwerke, die heute den Ruf der ägyptischen Hochkultur ausmachen, wurden Handwerkern und Künstlern bereits vor über 4000 Jahren zum Verhängnis. Starben sie nicht unter sengender Sonne an Entkräftung im Steinbruch, schädigte nicht selten die enorme Staubentwicklung bei der Bearbeitung der Steine ihre Lungen irreversibel.**“ [127]

Unter Berücksichtigung der oben angeführten fachärztlichen Argumente und Erkenntnisse kann eigentlich aus dem Fund der 12 Skelette vom Januar 2010 **nicht** gefolgert werden:

12 Arbeiter, ehrenvoll begraben in der Nähe der Pyramiden sind Beweis dafür, dass 100.000, 36.000 oder gar nur 10.000 Pyramidenarbeiter „freie" Mitarbeiter des Cheops waren.

In diesem Zusammenhang ist zu bedenken, dass 30.000 Facharbeiter im Falle ihres Todes wohl nach Hause zu ihrer Heimaterde gebracht wurden.

Wo aber blieben die anderen 70.000, von denen über 30 Jahre lang täglich viele starben? Ruhen sie möglicherweise westlich der Pyramiden im Sand der Libyschen Wüste? – Verbrennung der toten Körper dürfte wohl damals wegen der Holzknappheit Ägyptens nicht stattgefunden haben.

Persönliche Anmerkung:
Die Ägyptologen M. Lehner und Dr. Z. Hawass möchte ich bitten, ihre Aussagen bezüglich der Pyramidenarbeiter-Anzahl und Sklaven-Thematik noch einmal zu überdenken. „So wäre es zumindest im Sinne der Wahrheitsfindung wichtig, Millionen interessierten Menschen mitzuteilen, in wieweit Ihre Thesen **bewiesen** oder **nicht bewiesen** sind. Besonders Sie, als geradezu herausragende Ägyptologie-Wissenschaftler haben bei der Meinungsfindung auch für zukünftige Generationen eine besondere Verantwortung – oder möchten Sie, dass ägyptische Kinder in 300 oder gar 500 Jahren möglicher Weise in ihren Schulbüchern lesen: **»Der Maschinenbauer H. Neubacher hat bereits im Jahre 2010 die richtigen Schlüsse aus Skeletten von Pyramidenarbeitern des AR gezogen – dem großen Dr. Z. Hawass war diese Erkenntnis damals nicht vergönnt!«**

Heutzutage vermögen sowohl Mediziner als auch Betroffene zu beurteilen, ob ein menschlicher Körper durch **Ziehen** oder **Tragen** schwerer Lasten verformt wurde."

Zusammenfassung:

1. Die Hypothese: **„100.000 Mann bauen die Cheops-Pyramide"** kann unter Berücksichtigung der vorgestellten Pyramidenbau-Technologie – **TRANSPORT, HEBEN und VERLEGEN** der Bausteine einschließlich der benötigten 70.000 Wasserträger als **weitgehend verifiziert** betrachtet werden.

2. Die Hypothese **„70.000 Arbeiter sind Sklaven"** kann **nicht verifiziert** – muss aber auch **nicht gänzlich verworfen** werden. Auch die Ägyptologie legt bis zum heutigen Tage keine Beweise für die Stützung einer gegenteiligen These vor.

   Betrachtet man aber die geschundenen Pyramidenarbeiter in ihren Gräbern, so dürfte eine weiterführende Suche nach der Wahrheit wieder aktuell werden. – Dazu sollten die Untersuchungsergebnisse weiterer Pyramidenarbeiter-Skelette abgewartet werden. Falls auch in Zukunft erbärmliche Gesundheitszustände und verbogene Wirbelsäulen in der bereits vorgefundenen Art nachgewiesen werden sollten, fänden Herodots Aussagen zu dieser Thematik zusätzliche Unterstützung.

5 Die „Vergessene Bautechnologie" – Pyramiden, Obelisken und Megalithenbauwerke

Auf dem Petersplatz in Rom können Besucher heutzutage einen herrlichen Obelisken bewundern – 331 Tonnen schwer, 25,37 Meter hoch (nach Prof. D. Arnold) und gefertigt aus Granit (Abb. 222).

Abb. 222 Obelisk auf dem Petersplatz in Rom Foto 2009

Der Architekt Domenico Fontana transportierte diesen gewaltigen Stein im Jahre 1586 vom Circus Vatikanus, wo er bis dato stand, zu seinem neuen Aufstellungsort auf die Piazza di San Pietro und errichtete ihn erneut. „Fontana hatte den ganzen Platz vor der im Bau befindlichen Peterskirche zur Maschine gemacht." [128] (Abb. 223)

Verteilt über eine riesige Arbeitsfläche wirkten 40 oder gar 50 stehende Seilwinden (Göpel), 75 Pferde und 900 Arbeiter derart gut zusammen, dass sie diesen Koloss erfolgreich aufrichteten.

Dennoch erhebt sich die Frage, weshalb die Römer einen derartigen Aufwand betrieben – immerhin installierten sie die wohl größte Maschine aller Zeiten. Ging es nicht einfacher? Weshalb nutzte man nicht die Kenntnisse der alten Ägypter – stand doch dieser Obelisk bis etwa 30 v. Chr. in der ägyptischen Hafenstadt Alexandria, bis er dann nach Rom transportiert wurde.

Demnach muss auch dieser Obelisk irgendwann einmal, wie beispielsweise die Obelisken der Königin Hatschepsut (zwei à 320 Tonnen Gewicht) und der des Pharao Sesostris I (121 Tonnen Gewicht) vorher aufgestellt worden sein.

Doch wie machten es die alten Ägypter? Bei der Beantwortung dieser Frage liegt insbesondere die Zeit des AR (2600-2137 v. Chr. – nach Prof. D. Arnold) im Dunkeln. Eines ist aber ziemlich sicher – die damaligen Baumeister verfügten als Hilfsmittel **nicht** über drehbare Seilwinden, wie etwa 4000 Jahre später D. Fontana. – **Nicht einmal das Hochhieven eines Schiffsankers mit Hilfe von Seilwinden ist für die Zeit des AR belegt.**

Allgemein wird in der Literatur immer wieder von Sandhaufen gesprochen, mit deren Hilfe man die Giganten aufstellte. Da ich diese Technik für etwas abenteuerlich – nicht durchführbar – halte, habe ich eine eigene Methode für das Aufrichten von Obelisken entwickelt – in Anlehnung an die Möglichkeiten im AR. Dieser Gedanke wurde bereits in meinem ersten Buch [129] vorgetragen und ich möchte ihn an dieser Stelle wiederholen, weil es bisher keine allgemein anerkannte Theorie gibt.

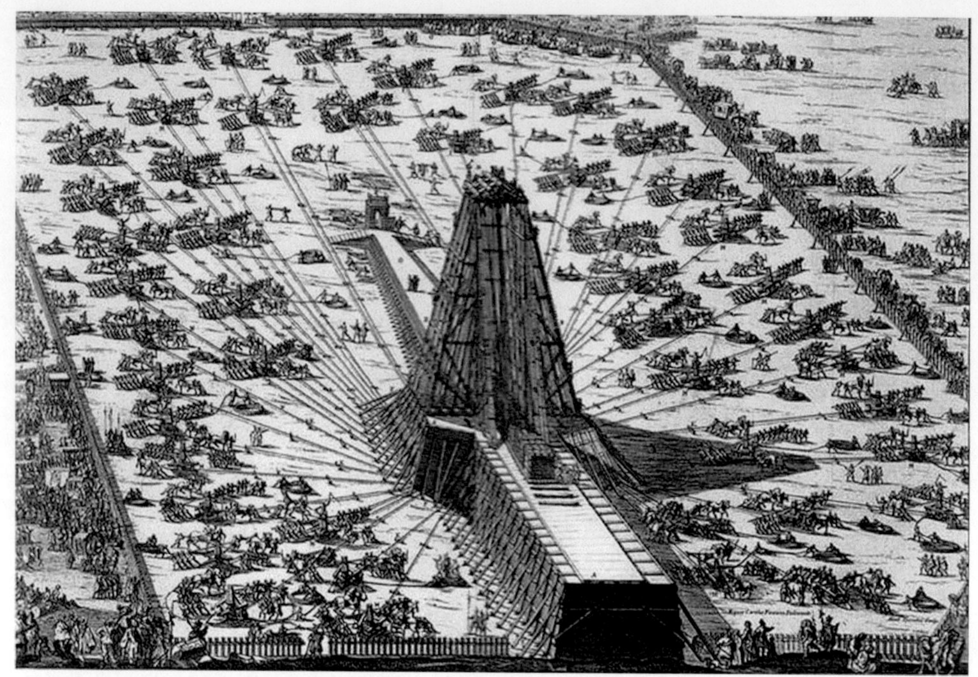

Abb. 223 ***Der Architekt D. Fontana errichtet den Obelisken auf dem Petersplatz in Rom im Jahre 1585*** *– Gewicht: 331 t – Höhe: 25,37 m – mit Hilfe von Menschenkraft, Tierkraft und Maschinenkraft*

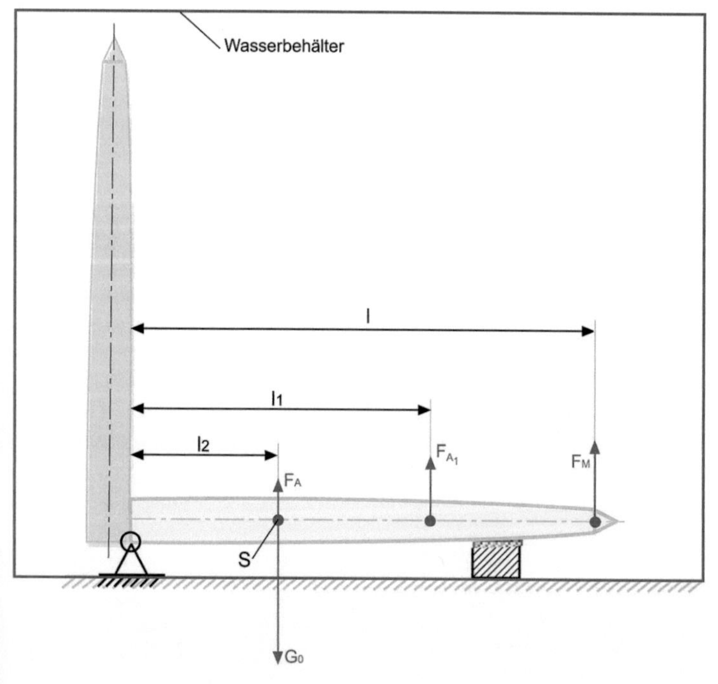

Abb. 224 Schema, ***AUFRICHTEN VON OBELISKEN*** *– Nach der Idee des Verfassers*

Aufstellen eines Obelisken, der in einem Wasserbehälter mindestens gleicher Höhe liegt.

Erklärung:

- G_O – *Gewichtskraft des Obelisken*
- S – *Schwerpunkt des Obelisken*
- F_M – *erforderliche Resthebekraft*
- l – *Hebelarm der Resthebekraft* F_M
- F_A – *Auftriebskraft des Obeliskenkörpers*
- l_1 – *Hebelarm der Schwimmkörper-Auftriebskraft* F_{A1}
- F_{A1} – *Auftriebskraft aller Schwimmkörper*
- l_2 – *Hebelarm der Auftriebskraft des Obelisken* F_A

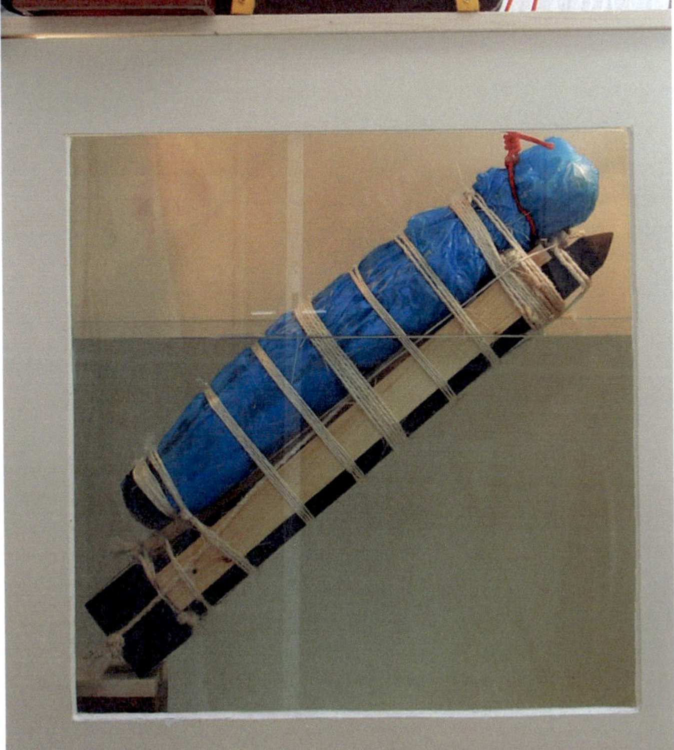

Abb. 226 Gerippe des Schwimmkörpers
hier: Weidenkorb

Abb. 227 Modell-Obelisk
Höhe: 70,7 Zentimeter
Gewicht: 8,2 Kilogramm,
Marmor aus Burma, hergestellt in Thailand

Abb. 225 ***AUFRICHTEN*** *eines* ***MODELL-OBELISKEN*** *im* ***WASSERTANK***

mittels Auftrieb des Obelisken (schwarz) und eines Schwimmkörpers (blau) sowie zusätzlicher Steinhebemaschine – Drehpunkt ist die untere Kante des Obeliskenfußes

hier: – Schwimmhaut aus Plastik, im AR wohl Tierhäute – Wasserabflussventil der Hebemaschine (1)

In Anlehnung an die erfolgreiche Aufstellung eines Modell-Obelisken in einem Wassertank (Abb. 225) darf angenommen werden, dass auch die alten Ägypter auf die gleiche Art ihre Tonnen schweren „Stein-Nadeln“ (aus dem Griechischen) von der liegenden in die senkrechte Position überführten.

Kurzbeschreibung für das Aufrichten eines Obelisken

1. Der Obelisk wird in liegender Position mit Hilfe einer Holzverschalung regelrecht „verpackt“ und dadurch gegen Zerbrechen geschützt.
2. Auf der Länge des Obelisken werden Schwimmkörper angebracht – und zwar so, dass der Obelisken-Stein über die Fußkante gedreht werden kann.
3. Der verpackte Obelisk liegt einschließlich seiner Schwimmkörper in einem wasserdichten, aus Lehmziegeln oder Kalksteinen gefertigten Wasserbehälter, dessen Höhe die Länge des Obelisken übersteigt.
4. Der obere Teil des Obelisken wird mit Hilfe von Zugseilen mit einer oder mehreren „Maschinen des Herodot“ verbunden, die erhöht auf dem Wassertank platziert sind.
5. **Mit Auffüllen des Wassertanks wirken die Auftriebskräfte des Obeliskensteinkörpers, der Holzverschalung und der Schwimmkörper vertikal nach oben.**
6. Die erforderlichen Restaufrichtekräfte erzeugen die „Maschinen des Herodot“ zusammen mit Seilmannschaften.
7. Das Aufrichten des Obelisken geschieht stufenweise entsprechend der Hubhöhen der oben arbeitenden Maschinen.
8. Nach jedem Hub ist ein Abstützen des Obelisken in der jeweils errichteten Aufstelllage nötig, um die Zugseile nach Aufschwimmen der „Hebeschiffe“ in den Wassertanks der „Herodot-Maschinen“ erneut anzuschlagen.

Momentengleichung für das Aufrichten von Obelisken in Wasserbehältern

Ermittlung der Resthebekraft F_M (nach Abb. 225)

$$G_O \cdot l_2 = (F_A \cdot l_2) + (F_{A1} \cdot l_1) + F_M \cdot l$$

$$\boxed{F_M = \frac{l_2 (G_O - F_A) - (F_{A1} \cdot l_1)}{l}}$$

Zu erwartendes Ergebnis:
Wie im Modellversuch war wohl ein kontrolliertes Aufrichten der Riesensteine möglich. Diese Aussage hat Gültigkeit für das Aufstellen aller Obelisken durch die alten Ägypter.

Abb. 228 Größter Obelisk auf der Erde
Gewicht: 1168 t, Länge: 41,75 m
unfertig und zerbrochen im Steinbruch von Assuan/Ägypten

Sogar für den 1168 Tonnen schweren unfertigen Obelisken, der noch heute im Granitsteinbruch von Assuan liegt, wäre die vorgestellte Aufstell-Technologie geeignet gewesen.

In diesem Zusammenhang darf angenommen werden, dass die Baumeister von damals **bereits vor Baubeginn** die einfache aber sehr effektive Technik des **Transports** und des **Aufrichtens** des Riesensteines mit Hilfe der **Hydrostatik** kannten – andernfalls hätten sie die Fertigung dieses „Monstersteines" wohl niemals in Auftrag gegeben.

Weitere Beispiele für die Nutzung der Hydrostatik beim damaligen Transport und Auftürmen von Megalithen mögen die folgenden Beispiele sein:

Auch in verschiedenen anderen Ländern unserer Erde gibt es Bauwerke, deren Erstellung man sich wegen verwendeter Riesenbausteine bis heute nicht erklären kann.

Um auch hier Licht in das Dunkel um die damalige Bautechnik zu bringen, wird gezeigt, dass Menschen auch außerhalb Ägyptens wohl die „Kraft des Wassers" nutzten, um Megalithe aufzurichten oder zu transportieren, zu heben und abzusetzen.

Aus diesem Grunde werden einige bekannte Beispiele angeführt, bei denen man noch heute die Leistungen jahrtausende alter Kulturen bewundern kann:

Abb. 229 Dolmen von Lehmsieck, Schleswig-Holstein, Deutschland

hier: der Deckstein mit einem Gewicht von etwa 9 t wurde hochgehoben und auf den unteren Steinen abgesetzt

Zeit: Jungsteinzeit

Abb. 230 Jungsteinzeitliches Hünengrab in Wenningstedt, Sylt, Deutschland

hier: drei Megalithe mit je etwa 20 t Gewicht wurden bis zu etwa 2 m hochgehoben und auf stehende Steine abgesetzt.

Zeit: etwa 2600-2200 v. Chr.

Abb. 231 Stonehenge, Südengland

hier: etwa 4-6 t schwere Granitplatten wurden auf ca. 7 m hohe, über 20 t schwere, kreisförmig angeordnete Megalithe gehoben und abgesetzt. 1. Bauphase etwa 3100 v. Chr.

Abb. 232 Baalbek, Stadt im Osten des Libanon, „STEIN DES SÜDENS" – Stone of the pregnant woman (Stein der schwangeren Frau)

Gewicht: ca. 1300-2000 t, geschätzt
Länge: 21,5 m, Breite: 4,6 m, Tiefe: 4,33 m
hier: der wohl schwerste bekannte jemals für einen Bau behauene Stein auf der Erde
Liegeplatz: Steinbruch im Libanon
Zeit: etwa letztes Quartal, 1. Jahrhundert v. Chr. (Baubeginn)

An dem antiken Bauwerk „Stonehenge" lässt sich die Lösung der Problematik bezüglich des Hebens und Absetzens von Megalithen auch für die angeführten Beispiele Abb. 229 und 230 erklären. Dabei könnte man damals durchaus wie folgt vorgegangen sein:

1. Entsprechend der „Ringe", die noch heute in großen Kreisen um die Steinansammlung in der Mitte verlaufen, wurde eine oder mehrere wasserdichte Steinmauern errichtet – vielleicht 18 Meter hoch.

2. Zunächst wurden die stehenden 7 Meter hohen Megalithe mit Hilfe der Hydrostatik in Kreisform aufgerichtet (vgl. Abb. 225) – eine zusätzliche kreisförmige „innere" wasserdichte Steinmauer mag hier nötig gewesen sein.

3. Die oben zu platzierenden 4-6 Tonnen schweren Steinplatten wurden ähnlich Abb. 78 (Hebevorrichtung nicht erforderlich), unter Wasser schwimmend, in die gefluteten „Großringe" hineingefahren.

4. Danach erfolgte ein Auffüllen des Areals und zwar so lange, bis sich die „Steinschiffe" über den „Tops" der stehenden Steine befanden.

5. Zum Schluss wurden die Schiffe mit ihrer Steinlast so lange abgesenkt, bis die Steinplatten auf den „Tops" des 7 Meter hohen Steinkreises auflagen.

Zu Abb. 232: Auf dem Wege zu den Tempelanlagen hätten die damaligen Baumeister diesen Riesenstein [130] wie auch drei weitere 800 t-Megalithe nach meiner Meinung **nur** auf dem Wasserwege transportieren können.

Bei angenommenen 1425 Tonnen Gesamtgewicht hätte die Auftriebskraft des Wassers etwa 425 Tonnen an Tragekraft beigesteuert, falls man den Steinkörper unter der Wasseroberfläche nach Chephren-Methode (Abb. 136) oder wie in Schema (Abb. 233) transportiert hätte.

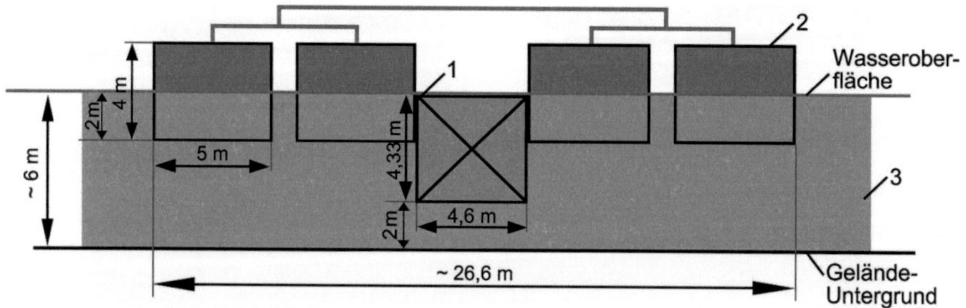

Abb. 233 Schema, Transportschiff für den größten behauenen Stein der Erde
*– Idee H. Neubacher nach A. Wirsching (**Doppeltes Doppelschiff**)*
hier: – vier Einzelschiffe mit je 25,0 m Länge
– wegen der unterschiedlichen Gewichtsangaben in der Literatur: 1425 t vom Autor angenommen

Ein doppeltes Doppelschiff wie oben abgebildet oder ein Doppelschiff nach Abb. 136 möglicherweise „verstärkt“ mit vielen zusätzlichen Schwimmkörpern wie aufgeblasene Tierhäute [131], Bambusrohre etc. hätten die restlichen 1000 Tonnen Steingewicht übernehmen können.

Auffällig ist die Gemeinsamkeit, dass wie beim Pyramidenbau auch bei allen Megalithen-Bauwerken reichlich Wasser in der Nähe vorhanden war (auch in Stonehenge). – Selbst die hier nicht aufgeführten Megalithe auf den Osterinseln sind von Wasser umspült. Sogar bei aufgestellten Steinen in der Wüste soll es einen See gegeben haben. Das gilt natürlich auch für den Riesenstein von Baalbek. Er liegt zwar erhöht auf etwa 1150 Meter über dem Meeresspiegel, doch das Mittelmeer ist nur ungefähr 50 Kilometer entfernt. – Es ist deshalb durchaus denkbar und auch wahrscheinlich, dass Wagen und Träger das begehrte Nass herbei schafften, um den steinernen Giganten nach Chephren-Art mit Hilfe von Schleusen zu seinem Einbauort zu „schippern“ und **auch auf die gleiche Art einige Meter zu heben und abzusetzen** – Schleusen auch deshalb, weil das Gelände ansteigend ist. Möglicherweise war aber auch reichlich Frischwasser (Fluss Litani) in Steinbruchnähe vorhanden – was sich aber meiner genauen Kenntnis entzieht.

Wasser im Überfluss – ein untrügliches Indiz für die Richtigkeit der vorgetragenen Theorie. Diese Aussage hat nicht nur Gültigkeit für die Lösung der Bauprobleme bei den Beispielen Abb. 228 bis 232, sondern wie bereits ausführlich beschrieben, in ganz besonderen Maße auch für die Errichtung der gigantischen ägyptischen Pyramidenanlagen.

„106 Pyramiden ziehen sich wie eine Kette durch Ägypten, doch ihre Königin ist die Cheops-Pyramide in Gizeh. […] In ihr liegt der Schlüssel zur gesamten ägyptischen Baukunst versteckt.“, sagt Götz Bolten am 14.09.2007 auf www.planet-wissen.de. „Der Bau war zur damaligen Zeit **eigentlich unmöglich.“,** so der Redakteur weiter und formuliert mit seiner Aufforderung: **„Eine Erklärung muß her […]“** [132] einen seit Generationen unerfüllten Wunsch der Menschheitsgeschichte.

Nach der Erstellung von drei Büchern in kurzer Folge, verbunden mit unzähligen Versuchen bin ich zu der Überzeugung gekommen, dass sich die gewaltigen Leistungen der Menschen im alten Ägypten nur dadurch erklären lassen, das bei all ihren Mega-Bauwerken immer die **gleiche Idee** zugrunde lag. Erst die Umsetzung dieses Kerngedankens in die Praxis, versetzte die Menschen in die Lage, ihre vorgegebenen Aufgaben problemorientiert zu lösen.

Insbesondere während der Zeiten des Pyramidenbaus zeigt die Verarbeitung von vielen Millionen Tonnen Stein zu exakten Bauwerken, die wir Pyramiden nennen, das der **TRANSPORT,** das **HEBEN,** und das **VERLEGEN** der Bausteine nur möglich war, weil eine einfache, aber übergreifend genutzte Technik eingesetzt wurde: **„DIE KRAFT DES WASSERS“** – allgemein **Hydrostatik** oder **Auftriebskraft** genannt!

Diese, dem Medium Wasser innewohnende, vertikal nach oben gerichtete Krafterzeugung auf alle in Wasser befindlichen festen Körper, beinhaltet die Antwort auf die von G. Bolten oben geforderte Erklärung.

Gleichzeitig ergibt sich daraus aber auch die Widerlegung des Postulats von der Unmöglichkeit des damaligen ägyptischen Pyramidenbaus.

Am Beispiel des Obelisken auf dem Petersplatz in Rom sehen wir, das D. Fontana im Jahre 1586 die Nutzung der Hydrostatik zur Erzeugung großer Kräfte nicht kannte. Wäre sie ihm geläufig gewesen, so hätte er sie auch eingesetzt. Nur 50-60 Männer wären als Team sicherlich ausreichend gewesen – denn das Bereitstellen der gewaltigen Kräfte zum Aufrichten des 330-Tonnen-

Monstersteins hätte im Wesentlichen der Auftrieb im steinernen Wasserbehälter des Obelisken erbracht.

D. Fontanas Obeliskenprojekt zeigt, dass diese einfache, aber äußerst effektive Technik zur Erzeugung großer Kräfte auf jeden Fall bereits vor 1586 verloren gegangen war – **man hatte sie ganz einfach vergessen und auch niemals wiederentdeckt**.

6 Schlussbetrachtung

E. v. Däniken, der sich auch mit dem Pyramidenbau beschäftigt, glaubt nicht daran, dass die alten Pyramidenbauer in der Lage waren, täglich auch nur einen Tonnen schweren Steinblock Richtung Pyramidenspitze zu befördern.

Für mich ist es in diesem Zusammenhang außerordentlich beruhigend, dass ich dem Erfolgsautor (bezogen auf Verkaufserfolge seiner Bücher) einen Weg aufzeigen kann, mit welcher Technik die Baumeister von damals in den ersten fünf Jahren der Cheops-Pyramiden-Bauzeit wohl täglich sogar 764 Standardblöcke à 2,5 Tonnen Gewicht **Transportieren, Heben** und **Verlegen konnten.**

In Anlehnung an die Aussagen des Historikers Herodot werden von mir entwickelte Maschinen vorgestellt, die das **Heben** und **Verlegen** der 2,5 Millionen Standardblöcke vornahmen, nachdem die Bausteine unter der Wasseroberfläche schwimmend mit Hilfe ihrer Transportschiffe die Baustelle erreicht hatten.

Transport, Heben und Verlegen der Blöcke funktionierte dermaßen gut aufeinander abgestimmt, so dass die vorgegebene Bauzeit von 7300 Tagen eingehalten werden konnte, ohne das es notwendig wurde, die „Außerirdischen“ des Herrn Däniken herbeirufen zu müssen.

Es darf als ein starkes Indiz für die Richtigkeit der in meinen drei Büchern vorgetragenen Bautheorie gewertet werden, dass viele wichtige Einzelhinweise von den alten Ägyptern selbst gegeben werden. Besonders bemerkenswert ist es, das diese über 4000 Jahre alten Mitteilungen auch davon zeugen, dass sie im Einklang mit den praktischen und theoretischen Fähigkeiten der damaligen Baumeister stehen.

Wichtige noch heute sichtbare ca. 4400 Jahre alte Zeugen mit Beweiskraft – eine Aufzählung:

A „Hebeschiffe“	- die gut erhaltene Barke des Cheops - die Dahschur-Boote - gut erkennbare Schiffsdarstellungen auf Negadeh II-Keramiken und Reliefs
B Hebezeuge	- 2 in Form und Maß qualitativ gut erhaltene Hebelbalken aus Zedernholz und 1 „Holzschlitten“ - gut erhaltener steinerner Seilumlenkblock - verschlissene Bindeseile der Barke des Cheops und ein gut erhaltenes geflochtenes Zugseil mit großem Durchmesser - gut sichtbare sehr dicke Seile als „Sprengtaue“ auf Reliefs im Grab des Pharao Sahure

C	Hebebalken	- gut erkennbare Kontruktionsmerkmale der Schiffsdarstellungen auf Reliefs im Grab des Ti
D	Wassertanks	- 7 gut erhaltene Schiffsgruben des Cheops - 5 kaum erkennbare Schiffsgruben des Chephren - gut erhaltene Doppelschiffsgrube des Unas aus Kalksteinen - 1 noch erhaltene Schiffsgrube in Abu Roasch
E	Verankerung und Position für Stützmauer von 38 Steinhebemaschinen des Cheops	- etwa 100 Pfostenlöcher auf der Pyramiden-Nordseite und Pyramiden-Ostseite
F	Wissen und Kenntnisse	- Satz des Pythagoras - Gesetz der Hydrostatik - Hebelgesetz - Kraft u. Gegenkraft – Reibung – Archimedisches Prinzip – Mathematische Grundlagen
G	Werkstoffe	- Kalkstein - Granit - Weichholz - Zedernholz aus dem Libanon - Kupfer u. a.
H	Bau- und Bearbeitungstechnik von Materialien	- 100 Pyramiden auf der Westseite des Nils
I	ausreichendes Platzangebot unter Berücksichtigung der Wassertheorie	- Giza-Plateau, Pyramiden-Baustelle, Pyramiden-Umland, Steinbrüche, Wasserstraßen, Gelände zwischen Giza-Plateau und Hafen des Chephren/Mykerinos
J	Grundlagen für Pyramidenbau: **Wasser**	- der Nil, alljährliche Nil-Überschwemmung bis an die Pyramiden heran, Kanäle, Wasserbecken und tiefe Senke an der Nordost-Seite als Transportstraßen und Wasserspeicher, Häfen des Cheops und des Chephren/Mykerinos

Falls die Hinweise A bis J nicht nur für sich allein, sondern als ein zusammenhängendes „GANZES“ betrachtet werden, wird eine Abhängigkeit der zehn Gegebenheiten untereinander deutlich.

Unter Berücksichtigung dieser **inneren Verknüpfung** kann durchaus wie bei einer mathematischen Gesetzmäßigkeit als Ergebnis „die Pyramiden-Bautheorie mit Hilfe der Kraft des Wassers“ abgeleitet werden.

Irgendjemand hat einmal gesagt: „Der Weg ist das Ziel.“, wahrscheinlich ohne sich darüber bewusst zu sein, in welch hervorragendem Maße diese Aussage insbesondere auf den Pyramidenbau zutrifft. – Am Beispiel der „Steinschlepp-Theorie“ mit Hilfe von Rampen gibt die Ägyptologie einen Weg vor, auf dem sich 6,25 Millionen Tonnen Stein mit großer Wahrscheinlichkeit wohl **nicht** zur Cheops-Pyramide verbauen ließen. Der Grund: 70.000 oder gar 100.000 benötigte Pyramidenarbeiter fanden auf Giza nicht den erforderlichen Arbeitsplatz vor – das Areal war einfach viel zu klein. Dieser Umstand zeigt ganz deutlich, dass die alten Baumeister mit der Wahl der Rampen-Methode einen Weg beschritten hätten, der mit Sicherheit nicht zum Ziel geführt hätte.

Legt man aber als Prämisse für den Bau der Cheops-Pyramide die Aussage des Herodot zu Grunde, wonach 100.000 Mann vom Pharao tatsächlich eingesetzt wurden, dann muss unter Berücksichtigung des geringen Platzangebotes auf Giza damals auch eine **ganz andere Pyramidenbau-Methode** gewählt worden sein.

Nicht Steineschlepper nach „Ben Hur-Methode" mit riesigen Lasten auf Holzschlitten, sondern Träger mit Wasserbehältern, aufgereiht in langen Kolonnen, prägten das Bild.

70.000 Mann (auch Frauen?) eingeteilt im Schichtbetrieb, konnten täglich mehrere tausend Tonnen Nilwasser über Treppen an der Nordost-Seite des Plateaus und über das sanft ansteigende Gelände vom Hafen des Chephren/Mykerinos zur Speisung des Kleinkanal-Systems auf Giza herbei tragen, ohne den Baubetrieb zu stören.

Bewertet man die Aussage des Herodot – 100.000 Mann bauten die Cheops-Pyramide – als richtig und zutreffend, dann bedingt dies, dass damals der Einsatz der „Kraft des Wassers" (Hydrostatik) ein **durchaus gangbarer Weg gewesen wäre, um das gesetzte Ziel zu erreichen**.

„Der Weg ist das Ziel." – Dieser Ausspruch bestätigt in diesem Falle wiederum seine Berechtigung, denn die „Barkentheorie" für das **Heben** und **Verlegen** sowie das **Transportieren** der Schwergewichte **unter Wasser** und **nicht über Wasser** weisen auf eine „allumfassende", den alten Ägyptern adäquate Gesamtbau-Technologie hin.

Es sind zwar aus der Zeit des AR keine kompletten Steinhebe- oder Verlegemaschinen gefunden worden, und doch ist es möglich, auf Grund der vielen von den alten Ägyptern selbst gegebenen Einzelhinweisen, diese Maschinen nachzubauen.

Einhergehend mit diesem Wissen wird uns Menschen von heute ein Blick in das reale Tun der alten Baumeister vermittelt, mit der Folge, dass auch „**Das dunkle Mysterium um den Pyramidenbau**" allgemeiner Erhellung weicht.

Obwohl eine nach meiner Überzeugung in sich geschlossene Bautechnologie vorliegt, bleibt doch als Phänomen die unerhört kurze Zeitspanne einer Technikentwicklung vom Pharaonengrab in einer Mastaba bis hin zur Bestattung des Pharaos in der perfekten Pyramide.

Zu dieser Thematik passt der Hinweis von G. Bolten (www.planet-wissen.de) auf einen interessanten Vergleich, den in diesem Zusammenhang einmal das Magazin „Der Spiegel" gemacht haben soll: **„Das ist so, als würde auf die Nutzbarmachung des Feuers sogleich der Bau der Atombombe folgen."** [133]

Diese Aussage betrifft tatsächlich ein Kernproblem des ägyptischen Pyramidenbaus, falls man den sehr kurzen Entwicklungszeitraum von der Mastaba über die Pyramiden des Djoser, die Pyramide von Meidum, die Knickpyramide, die „Rote" Pyramide bis hin zur Fertigstellung der Cheops-Pyramide zugrunde legt – insgesamt nur etwa 140 Jahre (nach Prof. D. Arnold).

Obwohl die alten Baumeister nach meiner festen Überzeugung die gleiche Bautechnologie verwendeten, so wie in diesem Buch beschrieben, müssen sie geradezu unter einem gewaltigen Zeitdruck in der Weiterentwicklung ihrer baulichen Fähigkeiten gestanden haben.

Um alle anfallenden Probleme zu lösen und innerhalb von nur 140 Jahren von der Stufenmastaba des Djosers zur Perfektion der Cheops-Pyramide zu kommen, waren wie bereits besprochen mindestens 5000 hervorragende Fachleute für eine **Entwicklungs- und Technikabteilung** zwingend notwendig.

Möglicherweise war es der geniale Baumeister und Wesir des Pharao Djoser, Imhotep, der in seiner weitsichtigen Planung diese wichtige Abteilung ins Leben rief oder, falls es sie schon gab, den zukünftigen Aufgaben anpasste.

Ein treffendes Beispiel für die Notwendigkeit einer permanenten Weiterentwicklung mag die Forderung nach kräftigen Hebelbalken gewesen sein, um immer größer werdende Steingewichte bewältigen zu können. Dazu darf angemerkt werden, dass es auch während der Zeit, in der ich mich mit der Pyramidenbau-Problematik befasste im „Kleinen" nicht wesentlich anders war als beim Pyramidenbau im „Großen". Obwohl ich nicht unter dem Zeitdruck der alten Baumeister stand, zeigt eine kurze Aufzählung der von mir entwickelten Hebelbalken in Originalgröße und Modellgröße insbesondere eine Zunahme der Hebequalität, die sich im Verlauf einer 5-jährigen Weiterentwicklung einstellte. Wie an diesem Beispiel aufgezeigt, erscheint es durchaus gerechtfertigt zu sein, auch den alten Baumeistern eine permanente Verbesserung ihrer Bautechnik zuzutrauen – und zwar auf allen Gebieten des Pyramidenbaus.

Dies ist umso wahrscheinlicher, wenn man berücksichtigt, dass die Technikabteilung des Cheops – besetzt mit hervorragenden Ingenieuren, Technikern, Facharbeitern und Arbeitern – wohl mindestens 1000 mal so groß war, wie meine „Mini-Entwicklungsabteilung" in Thailand.

Am Beispiel einer qualitativen Weiterentwicklung von Hebelbalken darf angemerkt werden, dass ohne ihr fachgerechtes Einfügen in die Gesamtbautechnologie der alten Ägypter, es uns heute möglicherweise nicht vergönnt wäre, die Cheops-Pyramide zu bewundern.

Sieben Hebelbalken und ein Umlenkblock geeignet zum Heben und Absenken von Steinblöcken – Tabelle unten und Abb. 235 bis 242 auf den folgenden Seiten

Abb.	Material des Hebelbalkens	Material der Lagerung	Aufhängung im Drehpunkt	Länge in m	Hubhöhe in m	Hebekraft in t	Veränderbare Hebellängen
236	Weichholz	Stein – hier Marmor	aufgelegt	9,0	2-2,5	0,5-1,2	ja
237	Weichholz	Stein – hier Marmor	aufgelegt	9,0	2-2,5	bis 1,5	ja
238	Zedernholz	Zedernholz	integriert durchbohrt	7,5	über 4,0	über 5,0	nein
239	Zedernholz	Zedernholz	aufgelegt	5,5	bis 1,0	bis 3,0	nein
240	Zedernholz (3 Balken)	Zedernholz	integriert durchbohrt	7,5	über 4,0	über 15,0	nein
241	Zedernholz	Zedernholz	aufgelegt	10,0	2-2,5	10,0-25,0	ja
242	Zedernholz	Zedernholz	aufgelegt	8,5	etwa 2,2	bis 25,0	ja

Abb. 234 (Tabelle) 7 Hebelbalken von Modell-Hebemaschinen – Maßstab 1:10
– Maßangaben übertragen auf Originalgrößen beim Pyramidenbau
– Abb. 239 – auch in Originalgröße sichtbar (Abb. 2 und 193)

Abb. 235 Umlenkblock zum Heben und Absenken von Steingewichten mit ca. 3,5 t Gewicht vgl. Originalumlenkblock aus dem Ägyptischen Museum, Kairo (Abb. 63)

hier: Umlenkblock – Originalgröße
Höhe = 25 cm
Breite = 18 cm
Material = Marmor aus Burma, hergestellt in Thailand mit 3 Rillen zur Kraftumlenkung für drei Zugseile bis 5 cm Durchmesser (hier 4 cm)

Abb. 238 Hebelbalken aus Zedernholz mit Sprengtauen – Modell im Maßstab 1:10

Abb. 236 Hebelbalken aus Weichholz – Modell im Maßstab 1:10

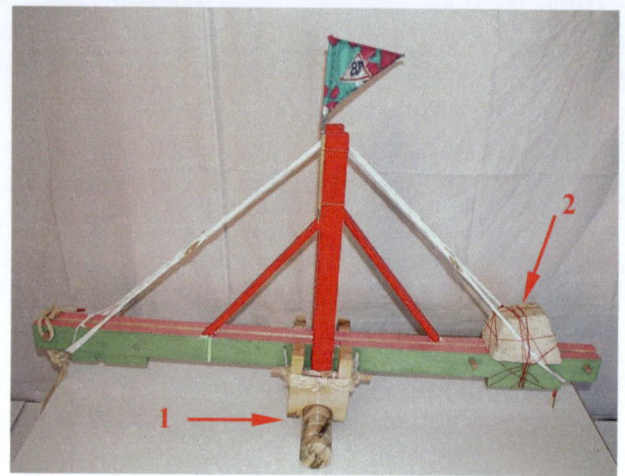

Abb. 237 Hebelbalken aus Weichholz mit Sprengtauen – Modell im Maßstab 1:10

Abb. 239 Hebelbalken aus Zedernholz mit Sprengtauen auf Maschinengestell – Modell im Maßstab 1:10

Abb. 240 Dreifach-Hebelbalken für große Gewichte, Zedernholz – Modell im Maßstab 1:10

Abb. 241 Hebelbalken mit 25 Hubmöglichkeiten, Zedernholz – Modell im Maßstab 1:10

Abb. 242 Kombinationsbalken nach Exponaten aus dem Ägyptisches Museum Kairo, 1. Etage – Modell im Maßstab 1:10

Bildbeschreibungen zu Abb. 235 bis 242:

Abb. 235: Heben und Senken von Gewichten über steinerne Umlenkblöcke
hier: – drei Zugseile aus Kunststoff, jeweils Durchmesser 4 cm
merke: – mit Hanfseilen dieser Dicke im AR geeignet bis ca. 1,5 t bei 100 % Sicherheit (persönliche Schätzung)

Abb. 236: Hebelbalken aus Weichholz mit Steinlager [Bock und Drehbalken (1)]
hier: – Hebellänge = 9 m, Hebeleistung ≈ 1,2 t, Hubhöhe ≈ 2,5 m (Originalmaße)

Abb. 237: Hebelbalken wie Abb. 236, verstärkt durch Sprengtaue
hier: – Hebeleistung ≈ 1,5 t bei Hebelarmaufteilung 1:1 (Originalmaße)
– Hebeleistung ≈ 2 t bei Hebelarmaufteilung 2:1 (Originalmaße)
– Auflager aus Marmor (1), Bock und Drehbalken – steinernes Rückholgewicht (2)

Abb. 238: Besonders starker Hebelbalken aus Zedernholz mit Sprengtauen
hier: – Drehpunkt ***im Hebelbalken*** *(1), damit* ***Herunterrutschen unmöglich!***
– Hubhöhe über 4 m, Hebeleistung über 5 t (Originalmaße)

Abb. 239: Hebelbalken aus Zedernholz mit Sprengtauen
hier: – Hebellänge = 5,5 m, Hebeleistung ≈ 2,5 t + Zubehör, Hubhöhe ≈ 1 m (Originalmaße)

Abb. 240: Dreifach-Hebelbalken nach Abb. 238
hier: – Hebelleistung über 15 t, große Hubhöhen über 4 m (Originalmaße)
– Lagerung im Hebelbalken (1)
– Rückholgewicht (2)
– Klemmverstärkungsbalken (3) für zusätzliche Stabilität

Abb. 241: Extrem starker Hebelbalken, gefügt aus drei Längsteilen mit Sprengtauen
hier: – Hebellänge = 10 m, Hubhöhe ≈ 2,5 m, Hebeleistung über 15 t (Originalmaße)
– über 20 Hebe-Lastmöglichkeiten durch Veränderung der Hebelarm-Längen (1) und (2)

Abb. 242: Super-Hebelbalken mit Sprengtauen, gefügt aus zwei Hebelbalken (Blau) und dem „Schlitten" (Rosa),gebaut nach Exponaten aus dem Ägyptisches Museum in Kairo (vgl. dazu besonders Abb. 65 und 66)
hier: – Hebellänge = 8,5 m, Hubhöhe ≈ 2,2 m (Originalmaße)
– Hebeleistung über 15 t bei Aufteilung der Hebelarme im Verhältnis 2:1 (Originalmaße)
Anmerkung: – für das Fügen der Balken und des Schlittens mit Bindeseilen wurden keine zusätzlichen Löcher an den ***Balkenkanten*** *benötigt!*
– alle silberfarbig gekennzeichneten Teile, einschließlich Auflagerbock (1) sind vom Autor ergänzt
– Hebelbalken im Einsatz mit einer Hebemaschine siehe „Rad des Pharao" [134]

Somit darf das Aufzeigen einer rapiden Weiterentwicklung am Beispiel der unter Abb. 236 bis 242 aufgeführten Hebelbalken durchaus als exemplarisch für eine besonders erfolgreiche Technikentwicklung zum Bau von Pyramiden angesehen werden. Unter dem beschriebenen immensen Druck, kurzfristig benötigte neue Techniken zu entwickeln, verbunden mit der Intention

6,25 Millionen Tonnen Stein in nur 20 Jahren verarbeiten zu müssen, können bei Cheops durchaus 230 „Steinhebemaschinen" permanent im Einsatz gewesen sein. In dieser Zahl sind die 72 „Steinverlegemaschinen" enthalten, da sie neben Absenken von Gewichten diese auch heben können.

Sogar der sehr bekannte Ägyptologe G. Goyon schließt den Einsatz von „Maschinen" nicht ausdrücklich aus und formuliert damit Gedanken seiner Berufskollegen, die diese vielfach nur andeuten. Unter der Prämisse der extrem kurzen Bauzeit von nur 7300 Tagen wird zudem die Unzufriedenheit des französischen Wissenschaftlers deutlich, keinen rechten Pyramidenbau-Lösungsansatz gefunden zu haben: „Die Frage nach dem Förderwesen bringt die Wissenschaft immer wieder in Verlegenheit: […] Wie gelang es den Ägyptern, anscheinend ohne Probleme, Gewichte, die 40 Tonnen überschreiten konnten, zu **heben**, zu **bewegen**, **einzupassen**?" [135] – doch überraschender Weise gibt G. Goyon, „verpackt" in der folgenden Frage, sogleich die Antwort: **„Besaßen sie doch irgendeine unbekannte Hebevorrichtung, einer Art Hebewinde oder Wagenheber ähnlich?"** [136]

Der Ägyptologe M. Lehner ist dafür bekannt, dass er alle Pyramidenbau-Theorien mit Hilfe von Wasser ablehnt.[137] – Und doch ist es gerade dieser anerkannte amerikanische Wissenschaftler, der mich auf dem Wege zu einer Technologie mit Hilfe der „Kraft des Wassers" in ganz besonderem Maße bestärkte. Insbesondere seine Vorlagen zu den Abb. 80 und 81 nahmen mir selbst gehegte Zweifel und brachten mich zu der Überzeugung, dass im AR ganzjährig genügend Wasser in Pyramidennähe vorhanden war – die Grundvoraussetzung für ganzjährige Bautätigkeit.

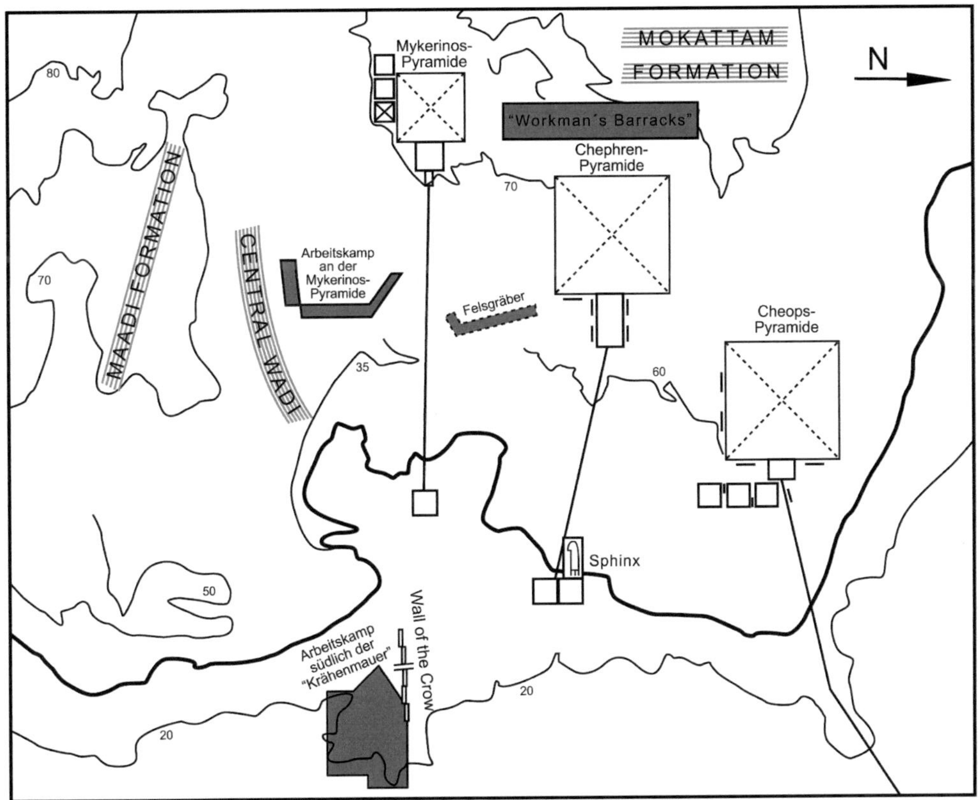

Abb. 243 Giza-Plateau mit Pyramidenarbeiter-Camps sowie Maadi Formation, Central Wadi und Mokattam Formation – Umzeichnung nach M. Lehner und M. Haase

Und die Wassermassen kamen nicht nur durch die Fluten des Nils, sondern auch in reichem Maße vom Himmel! – Diese Erkenntnis ergibt sich **wiederum** aus Untersuchungen von M. Lehner, durch von ihm ausgegrabene Bodenproben in der Arbeitersiedlung an der „Krähenmauer“, die er vorläufig »Tafla (Mergelton)« nannte. Die Begutachtung dieser Proben durch einen amerikanischen Wissenschaftler führte zu folgendem sehr erstaunlichen Ergebnis:

„Der amerikanische Geologe Karl Butzer untersuchte diese Funde genauer und stellte fest, dass das Tafla durch Wasser geschaffen wurde, welches aus dem Wadi zwischen der Maadi- und der Mokattam-Formation stammen musste. Aufgrund des Aufbaus der Bodenschichten folgerte er mehrere Phasen, in denen Wasser aus dem Wadi herabgeströmt war. Diese waren wieder von Phasen gefolgt, in denen sich der Boden verfärben und verfestigen konnte. Da die spätzeitlichen Bestattungen jedoch nicht so stark beschädigt waren wie die Galeriestrukturen, schien die Strömung aus dem Wadi in der Zeit des Alten Reiches weitaus stärker gewesen zu sein. In dieser Zeit war das ägyptische Klima feuchter als heute. Es gab mehr Regenfälle und der Grundwasserstand in der Wüste war viel höher: **»Während der vierten Dynastie veränderten häufige, schwere Regenfälle das Wadi in einen reißenden Strom, der Hunderte von Metern lang und mehrere Meter tief war. Gelegentlich könnte er mit solcher Stärke geflossen sein, dass sehr schwere Objekte bewegt wurden.« Die große ›Krähenmauer‹ könnte demnach als eine Art Schutzwall vor dem aus dem Wadi herabfließenden Wasser gedient haben.“** [138]

Auch Prof. Z. Hawass bestätigt die Wasserthese von M. Lehner. Das geschieht mit Hilfe eines sehr bemerkenswerten Hinweises im Rahmen der Beurteilung von Pyramidenarbeiter-Camps am Giza-Plateau. Danach war die heutige karge Wüstenlandschaft damals möglicherweise gekennzeichnet durch (üppige?) Vegetation – reichlich Regen wäre eine durchaus plausible Erklärung.

„Während des Baus der Kanalisation des Dorfes Nazlet-el Samman und anderer Dörfer, die am Fuße der Großen Pyramide liegen, fanden wir eine etwa 3 km² große Siedlung aus dem Alten Reich. Sie lag etwa 165 Fuß südlich des Taltempels des Cheops und erstreckte sich weiterhin ca. 1 Meile nach Süden. Unter den gefundenen Artefakten sind tausende von Fragmenten von Töpferwaren für Brot, Kochtöpfe, Krüge für Bier, Getreide und Mehl. **Mittelgroße bis große Stücke von Holzkohle legen nahe, dass hier einst Bäume wuchsen**. […]“ [139]

Zu dem oben von M. Lehner genannten, erhöhten Grundwasserstand in der Wüste passt auch die immer wieder vorgetragene These verschiedener Wissenschaftler, dass damals auch der Wasserspiegel des Mittelmeeres wesentlich höher als heute gewesen sei.

- War der Wasserstand am Giza-Plateau zu Cheops Zeiten, hervorgerufen durch **mehrere Einflussfaktoren,** möglicherweise **viele Meter höher** als es auf den beweisträchtigen Überschwemmungsfoto (Abb. 68 und 79) zu sehen ist?
- Bot sich demnach, die in diesem Buch vorgetragene Technologie für **TRANSPORT, HEBEN** und **VERLEGEN** der Pyramidenbausteine auch für die alten Ägypter **geradezu zwingend** an?
- Werden zukünftige wissenschaftliche Untersuchungen die Ergebnisse von M. Lehner und K. Büttner ergänzen und fortführen?

Hätten Herodot vor nunmehr 2500 Jahren die Erkenntnisse von M. Lehner und K. Büttner vorgelegen, so wäre es durchaus denkbar gewesen, dass der Historiker in seiner „blumigen Sprache“ die von ihm verfassten Historien über das alte Ägypten wie folgt ergänzt hätte: **„Vater Nil, der Fluss des Lebens war nicht allein – er hatte in den Wassern des Himmels einen mächtigen Verbündeten, als er den Menschen Ägypten und auch die Pyramiden schenkte.“**

Einige Gedanken zu damals und heute:

„... aus einer Zeit weit vor unserer Zeit ...“

Am Firmament wie aus „Tausend und einer Nacht“
doch nach 20 Jahren Arbeit war es vollbracht
aus der Ferne einer mächtigen Wüste empfunden als klein
doch aus der Nähe sechs Millionen Tonnen Stein
das Grabmal für nur eine Person bringt uns fast um den Verstand
wollen wir verstehen das Bauwerk aus einem fernen Land
Herodot nannte Gigantismus des Königs als Errungenschaft
was bleibt ist aber auch Zeugnis von des Menschen Schaffenskraft
Riesensteine aufgetürmt zu einer Größe enorm
hinterlässt das kleine Volk vom Nil sein Vermächtnis gefügt in Pyramidenform

Dieses Buch zum Gedenken an

- den griechischen Historiker Herodot und
- zu seiner Würdigung durch alle Bewunderer unserer Zeit

Helmar Neubacher

im Oktober des Jahres 2010

Anhang

- Quellennachweis

1 H. Illig/F. Löhner, Der Bau der Cheops-Pyramide, (1998), 205 - 208

2 Prof. Dr. Dr. F. Müller-Römer, Die Technik des Pyramidenbaus im Alten Ägypten, (2008), 184 - 185

3 N. Jenkins, Das Schiff in der Wüste, (1980), 71

4 N. Jenkins, Das Schiff in der Wüste, (1980), 162
(teilweise vom Autor fettgedruckt hervorgehoben)

5 J. Fitchen, Mit Leiter, Strick und Winde, (1988), 304
(teilweise vom Autor fettgedruckt hervorgehoben)

6 Prof. em. H. A. Schlögl, Das alte Ägypten, (2003), 33

7 Prof. D. Arnold, Lexikon der ägyptischen Baukunst (2000), 39

8 Prof. D. Arnold, Lexikon der ägyptischen Baukunst (2000), 39

9 Prof. D. Arnold, Lexikon der ägyptischen Baukunst (2000), 39

10 H. Neubacher, Das Rad des Pharao, (2009), 94 - 98

11 Prof. O. M. Riedl, Der Pyramidenbau und seine Transportprobleme, (ohne Jahresangabe), 200 - 201

12 J. Fitchen, Mit Leiter, Strick und Winde, (1988), 305

13 G. Goyon, Die Cheops Pyramide, (1990), 95

14 K. Schüssler, Die ägyptischen Pyramiden, (1989), 230

15 A. Siliotti, Z. Hawass, Die Welt der Pyramiden (Die ägyptischen Pyramiden), (2003), 62

16 Vergleiche M. Haase, Eine Stätte für die Ewigkeit, (2004), 17

17 J. Feix, Herodot - Historien, (2004), 143

18 J. Feix, Herodot - Historien, (2004), 143

19 M. Lehner, Geheimnis der Pyramiden, (1999), 12

20 M. Lehner, Geheimnis der Pyramiden, (1999), 13
(teilweise vom Autor fettgedruckt hervorgehoben)

21 Vergleiche Prof. D. Arnold, Lexikon der Ägyptischen Baukunst, (2000), 282

22 M. Lehner, Geheimnis der Pyramiden, (1999), 232
(teilweise vom Autor fettgedruckt hervorgehoben)

23 M. Lehner, Geheimnis der Pyramiden, (1999), 232
(teilweise vom Autor fettgedruckt hervorgehoben)

24 M. Lehner, Geheimnis der Pyramiden, (1999), 232

25 Vergleiche H. Neubacher, Das Rad des Pharao, (2009), 105 - 108

26 N. Jenkins, Das Schiff in der Wüste, (1980), 168

27 B. Landström, Die Schiffe der Pharaonen, (1970), 28

28 Vergleiche hierzu: Ausführliche Darstellung H. Neubacher, Cheops-Pyramide – gebaut mit den eigenen Barken, (2008) 45 - 56

29 Vergleiche hierzu N. Jenkins, Das Schiff in der Wüste, (1980), 98

30 Siehe H. Neubacher, Rad des Pharao (2009), 75

31 K. Brodersen, Herodot – Historien, (2005), 153

32 Siehe Prof. R. Stadelmann, Die ägyptischen Pyramiden, (1997), 43

33 Vergleiche Prof. Dr. Dr. F. Müller-Römer, Die Technik des Pyramidenbaus im Alten Ägypten, (2008), 159

34 Vergleiche J. Borrmann, Die Technik beim Bau der Cheopspyramide, (2009), 42 - 45

35 G. Goyon, Die Cheops Pyramide, (1990), 50
(teilweise vom Autor fettgedruckt hervorgehoben)

36 Vergleiche dazu H. Neubacher, Gebaut mit den eigenen Barken, (2008), 69 - 73

37 Vergleiche: H. Neubacher, Cheops-Pyramide gebaut mit den eigenen Barken, (2008), 80 - 81

38 P. Jánosi, Die Pyramiden, (2004), 53

39 K. Brodersen, Herodot – Historien, (2005), 153
(teilweise vom Autor fettgedruckt hervorgehoben)

40 Vergleiche dazu H. Neubacher, Cheops-Pyramide gebaut mit den eigenen Barken, (2008)126 - 128

41 Vergleiche H. Neubacher, Cheops-Pyramide gebaut mit den eigenen Barken (2008), 128 - 135

42 Prof. Arysio dos Santos, Brasilien, www.kemet.de/Ägypten/3-1998/Pyramiden.htm aus dem Inhalt der Fachzeitschrift „Kemet“, Ausgabe 3/98, „Theorien zur Bautechnik der Großen Pyramde“, übersetzt aus dem Englischen durch Frau Höber-Kamel,
(teilweise vom Autor fettgedruckt hervorgehoben)

43 K. Brodersen, Herodot – Historien, (2005), 152 - 153, Absatz 125 (2) bis (4)

44 Mit freundlicher Unterstützung durch Pastor J. Henke, ev.-luth. Kirchengemeinde St. Thomas, Sylt/Hörnum-Rantum, (2010)

45 Prof. Arysio dos Santos, Brasilien, www.kemet.de/Ägypten/3-1998/Pyramiden.htm aus dem Inhalt der Fachzeitschrift „Kemet“, Ausgabe 3/98, „Theorien zur Bautechnik der Großen Pyramide“, übersetzt aus dem Englischen durch Frau Höber-Kamel,
(teilweise vom Autor fettgedruckt hervorgehoben)

46 M. Haase, Das Vermächtnis des Cheops, (2003), 97
(teilweise vom Autor fettgedruckt hervorgehoben)

47 C. El Mahdy, Das Geheimnis der Cheops-Pyramide (2005), 224
(teilweise vom Autor fettgedruckt hervorgehoben)

48 M. Haase, Eine Stätte für die Ewigkeit, (2004), 125

49 M. Haase, Eine Stätte für die Ewigkeit, (2004), 125
(teilweise vom Autor fettgedruckt hervorgehoben)

50 M. Haase, Eine Stätte für die Ewigkeit, (2004), 125

51 Prof. Dr. Dr. F. Müller-Römer, Die Technik des Pyramidenbaus im Alten Ägypten, (2008), 154

52 Vergleiche G. Goyon, Die Cheops Pyramide, (1990), 55

53 Prof. O. M. Riedl, Der Pyramidenbau und seine Transportprobleme, (o. J.), 79

54 Prof. Dr. Dr. F. Müller-Römer, Die Technik des Pyramidenbaus im Alten Ägypten, (2008), 133

55 Prof. O. M. Riedl, Der Pyramidenbau und seine Transportprobleme, (o. J.), 82

56 Prof. M. Verner, Die Pyramiden, (1998), 114

57 Prof. Dr. Dr. F. Müller-Römer, Die Technik des Pyramidenbaus im Alten Ägypten, (2008), 129 - 131

58 H. Illig/F. Löhner, Der Bau der Cheops-Pyramide, (1998), 202

59 J. Borrmann, Die Technik beim Bau der Cheops-Pyramide, (2009), 40

60 Vergleiche J. Borrmann, Die Technik beim Bau der Cheops-Pyramide, (2009), 40 - 41

61 J. Borrmann, Die Technik beim Bau der Cheops-Pyramide, (2009), 40 - 41

62 Siehe H. Neubacher, Das Rad des Pharao, (2009), 109

63 Vergleiche H. Neubacher, Das Rad des Pharao, (2009), 110 - 112

64 Vergleiche H. Neubacher, Das Rad des Pharao, (2009), 117 - 119

65 M. Lehner, Geheimnis der Pyramiden, (1997), 224

66 J. Feix, Herodot - Historien, (2004), 158 (teilweise vom Autor fettgedruckt hervorgehoben)

67 M. Lehner, Geheimnis der Pyramiden, (1997), 224

68 Siehe M. Lehner, Geheimnis der Pyramiden, (1997), 224 - 225

69 Siehe Prof. R. Stadelmann, Die ägyptischen Pyramiden, (1997), 224

70 Vergleiche L. Klebs, Die Reliefs des alten Reiches, (1982), 46

71 A. Voss, www.das-manuskript.de, Für den Bau der Cheops-Pyramide waren 100.000 Arbeiter erforderlich, (April 2007), 1

72 Prof. O. M. Riedl, Der Pyramidenbau und seine Transportprobleme, (o. J.), 63

73 Prof. O. M. Riedl, Der Pyramidenbau und seine Transportprobleme, (o. J.), 63 (teilweise vom Autor fettgedruckt hervorgehoben)

74 www.spiegel.de/wissenschaft/mensch/, „Architekt will uraltes Bau-Rätsel gelöst haben", (02.04.2007), (teilweise vom Autor fettgedruckt hervorgehoben)

75 Vergleiche H. Neubacher, Das Rad des Pharao, (2009), 98 - 104

76 F. Löhner, „Steine für die Cheops Pyramide (Khufus Pyramide)", www.cheops-pyramide.ch/pyramidensteine/steinbruche-aegypten.html

77 Vergleiche Prof. O. M. Riedl, Der Pyramidenbau und seine Transportprobleme, (o. J.), 200 - 209, J. Fitchen, Mit Leiter, Strick und Winde, (1988), 199 - 201

78 Siehe A. Wirsching, Obelisken transportieren und aufrichten in Ägypten und in Rom, (2007), 119

79 V. Morell, The Pyramid Builders, www.nationalgeographic.com, (11/2001) (vom Autor übersetzt aus dem Englischen)

80 E. Graefe, Dissertation, Das Pyramidenkapitel in Al-Makrizi's „Hitat", (1911), 52 (teilweise vom Autor fettgedruckt hervorgehoben)
die östliche Pyramide, die westliche Pyramide und die farbige Pyramide = die drei Pyramiden auf Giza 1 Sahm = 6 Ellen ~ 3 m demnach: 100 Sahm ~ 300 m

81 Dazu ausführlich: H. Neubacher, Cheops-Pyramide gebaut mit den eigenen Barken, (2008), 94 - 116

82 H. Illig/F. Löhner, Der Bau der Cheops-Pyramide, (1998), 68 und 86

83 H. Illig/F. Löhner, Der Bau der Cheops-Pyramide, (1998), 98 - 99

84 Vergleiche : H. Neubacher, Cheops-Pyramide gebaut mit den eigenen Barken, (2008), „Die Fallsteinkammer des Cheops", 94 - 117

85 Prof. C. Traunecker, www.3sat.de/ard/sendung/231813/index.html, (März 2009)

86 B. Landström, Die Schiffe der Pharaonen, (1970), 55, (teilweise vom Autor fettgedruckt her vorgehoben)

87 B. Landström, Die Schiffe der Pharaonen, (1970), 56

88 Unter einem Tripodmast versteht man einen „dreifüßigen Mast" (der Autor)

89 B. Landström, Die Schiffe der Pharaonen, (1970), 22

90 Vergleiche auch H. Neubacher, Das Rad des Pharao (2009), 29 - 31

91 „Dechsel" bedeutet beilähnliches Werkzeug

92 B. Landström, Die Schiffe der Pharaonen, (1970), 39

93 Vergleiche B. Landström, Die Schiffe der Pharaonen, (1970), 39

94 B. Landström, Die Schiffe der Pharaonen, (1970), 39

95 A. Siliotti, Z. Hawass, Die Welt der Pyramiden (Die ägyptischen Pyramiden), (2003), 128

96 R. Brink, „Das Versetzen von Steinblöcken mit Hilfe von Zangen", www.pyramide-cheops.com/html/beweisfuhrung.html

97 K. Brodersen, Herodot Historien, (2005), 153

98 M. Lehner, Geheimnis der Pyramiden, (1999), 212

99 Vergleiche M. Lehner, Geheimnis der Pyramiden, (2004), 213

100 M. Lehner, Geheimnis der Pyramiden, (2004), 212

101 M. Haase, Eine Stätte für die Ewigkeit, (2004), 22

102 Vergleiche dazu J. Feix, Historien, (2004), 118

103 N. Jenkins, Das Schiff in der Wüste, (1980), 124 (teilweise vom Autor fettgedruckt hervorgehoben)

104 N. Jenkins, Das Schiff in der Wüste, (1980), 123

105 N. Jenkins, Das Schiff in der Wüste, (1980), 125

106 N. Jenkins, Das Schiff in der Wüste, (1980), 162 (teilweise vom Autor fettgedruckt hervorgehoben)

107 N. Jenkins, Das Schiff in der Wüste, (1980), 125

108 N. Jenkins, Das Schiff in der Wüste, (1980), 124

[109] K. Brodersen, Herodot – Historien, (2005), 153

[110] M. Lehner, Geheimnis der Pyramiden, (1999), 224

[111] K. Kratovac, http://bazonline.ch/wissen/geschichte/Von-wegen-Sklaverei-fuer-PyramidenBauer-gab-es-Bier-und-Ehre.htm, (13.01.2010)

[112] http://www.spiegel.de/wissenschaft/mensch/0,1518,671295.00.html, (11.01.2010)

[113] K. Kratovac, http://bazonline.ch/wissen/geschichte/Von-wegen-Sklaverei-fuer-PyramidenBauer-gab-es-Bier-und-Ehre.htm, (13.01.2010)

[114] http://www.spiegel.de/wissenschaft/mensch/0,1518,671295.00.html, (11.01.2010)

[115] G. Höber-Kamel, http://www.kemet.de/Ausgaben/1-2008/hawass.htm

[116] http:/www.drhawass.com/events/cemetery-pyramid-builders, (15.01.1990),
Der Friedhof der Pyramiden-Bauer, vom Autor übersetzt
(vom Autor fettgedruckt hervorgehoben)

[117] B. Fagan, Das Reich der Pharaonen, (2001), 93

[118] http://www.zdf.de/ZDFde/inhalt/29/0,1872,2051709,00.html?dr=1, (01/2010)
Im Dienst des Pharao –Überlastete Wirbel, zerstörte Gelenke

[119] Dr. M. Gutgesell, „In Lohn und Brot beim Pharao", GEO-MAGAZIN, (3/1992), 134
(vom Autor fettgedruckt hervorgehoben)

[120] http://www.referate.de/Die_Pyramiden__rd-104743.htm, (01/2010)
Der Bau der Pyramiden
(teilweise vom Autor fettgedruckt hervorgehoben)

[121] V. Morell, „Wer erbaute die Pyramiden?", National Geographic, (11/2001), 136 - 137
(teilweise vom Autor fettgedruckt hervorgehoben)

[122] Dr. M. Gutgesell, „In Lohn und Brot beim Pharao", GEO-MAGAZIN, (3/1992), 136
(teilweise vom Autor fettgedruckt hervorgehoben)

[123] J. Feix, Herodot - Historien, (2004), Seite 158
(teilweise vom Autor fettgedruckt hervorgehoben)

[124] Vergleiche hierzu H. Neubacher, Das Rad des Pharao, (2009), 46-57

[125] V. Morell, „Wer erbaute die Pyramiden?", National Geographic, (11/2001), 139

[126] http:// wissen.spiegel.de/wissen/dokument/dokument.html?id=9248184&top= SPIEGEL
DER SPIEGEL, „Aufstand gegen den Tod", (52/1995), 154 - 161
(teilweise vom Autor fettgedruckt hervorgehoben)

[127] U. Abel-Wanek, Arbeitsmedizin: „Staublungen beim Pyramidenbau",
http://www.pharmazeutische-zeitung.de/index.php?id=3622, 36/2007
(teilweise vom Autor fettgedruckt hervorgehoben)

[128] A. Wirsching, Obelisken transportieren und aufrichten in Ägypten und in Rom, (2007), 91

[129] Vergleiche dazu H. Neubacher, Cheops-Pyramide gebaut mit den eigenen Barken, (2008), 152 - 156

[130] Siehe www.pacal.de/baalbek.htm und www.world-mysteries.com/mpl_5.htm

[131] Vergleiche dazu M. Giebel, Reisen in der Antike, (2000), 39:
Besonders aus Tierbälgen aufgeblasene Rundboote für Lasten bis 2500 kg können mit verwendet worden sein – so genannte „Kelleks“ – die Herodot bereits vor 2500 Jahren auf dem Euphrat sah und als ein „Wunder (Thoma)„ bezeichnete.

[132] G. Bolten, „Pyramidenbau“, http://www.planet-wissen.de/pw/Artikel…, (Stand 14.9.2007)

[133] G. Bolten, „Pyramidenbau“, http://www.planet-wissen.de/pw/Artikel…, (Stand 14.9.2007) (teilweise vom Autor fettgedruckt hervorgehoben)

[134] Siehe H. Neubacher, Das Rad des Pharao, (2009), 65 – 72

[135] G. Goyon, Die Cheops Pyramide, (1990), 91
(teilweise vom Autor fettgedruckt hervorgehoben)

[136] G. Goyon, Die Cheops Pyramide, (1990), 92, (vom Autor fettgedruckt hervorgehoben)

[137] Vergleiche M. Lehner, Geheimnis der Pyramiden, (1997), 214

[138] C. Winter, Sokar, Die Welt der Pyramiden, Nr. 6/1. Halbjahr 2003, „Wohnstrukturen und Besiedlungsspuren des Alten Reiches auf dem Giza-Plateau, 35

[138] http://guardians.net/hawass/buildtomb.htm
(teilweise vom Autor fettgedruckt hervorgehoben)

– Bildnachweis

Foto von Herodot auf Buchumschlag und Seite 219
– Statue in dessen Geburtsort Halikarnassos
– heute Bodrum/Türkei
Mit freundlicher Genehmigung „H.-J. Orth“, Mühlheim am Main

Kinderfoto auf Seite 1
Mit freundlicher Genehmigung „N. Khoyun“, Sylt

Abb. 5	Mit freundlicher Genehmigung „fröse multimedia“, Bochum
Abb. 11, 12	Hobby-Ägyptologen e.V., 25159 Roetgen-Rott
Abb. 13	Roemer- und Pelizaeus-Museum, Hildesheim
Abb. 20	Hobby-Ägyptologen e.V., 25159 Roetgen-Rott
Abb. 21, 22	Mit freundlicher Genehmigung „Edizioni White Star“, Italien
Abb. 22a, 31	N. Jenkins, „Das Schiff in der Wüste“
Abb. 39	Umzeichnung nach M. Lehner, „Geheimnis der Pyramiden“, mit Ergänzungen durch H. Neubacher
Abb. 40, 41	Umzeichnung nach A. Siliotti, und Z. Hawass „Die Welt der Pyramiden (Die ägyptischen Pyramiden)“
Abb. 42	Mit freundlicher Genehmigung „fröse multimedia“, Bochum
Abb. 44	Umzeichnung nach N. Jenkins, „Das Schiff in der Wüste“, mit Ergänzungen durch H. Neubacher

Abb. 45	B. Landström, „Die Schiffe der Pharaonen“, mit Ergänzungen durch H. Neubacher
Abb. 48, 49	Foto H. Neubacher, Bootsmuseum Kairo, mit freundlicher Genehmigung Dr. Z. Hawass
Abb. 50, 56	N. Jenkins, „Das Schiff in der Wüste“
Abb. 57	Foto vom Foto H. Neubacher, Bootsmuseum Kairo
Abb. 58, 59	N. Jenkins, „Das Schiff in der Wüste“
Abb. 60	Umzeichnung nach M. Lehner, „Geheimnis der Pyramiden“, durch H. Neubacher
Abb. 62	Umzeichnung nach „Hobby-Ägyptologen e.V., 25159 Roetgen-Rott“, mit Ergänzungen durch H. Neubacher
Abb. 63, 64, 65 66	Fotos H. Neubacher, Ägyptisches Museum Kairo, mit freundlicher Genehmigung Dr. Z. Hawass
Abb. 67	Umzeichnung nach H. Reichardt, „Das alte Ägypten“, durch H. Neubacher
Abb. 68	Mit freundlicher Genehmigung „Lehnert & Landrock, Eveline Lambelet-Grady“
Abb. 70	Umzeichnung nach G. Caselli, „Ägypten“, mit Ergänzungen durch H. Neubacher
Abb. 72, 73	Umzeichnung nach G. Goyon, „Die Cheops Pyramide“, mit Ergänzungen durch H. Neubacher
Abb. 79	N. Jenkins, „Das Schiff in der Wüste“
Abb. 80	Umzeichnung nach M. Lehner, „Geheimnis der Pyramiden“, mit Ergänzungen durch H. Neubacher
Abb. 81	Umzeichnung nach M. Lehner, „Geheimnis der Pyramiden“, mit wesentlichen Ergänzungen durch H. Neubacher
Abb. 90	Umzeichnung nach Prof. R. Stadelmann, „Die ägyptischen Pyramiden“, mit Ergänzungen durch H. Neubacher
Abb. 91	www.historyforkids.org
Abb. 93	J.-P. Lauer, „Das Geheimnis der Pyramiden“, nach L. Croon
Abb. 94	J. Borrmann, „Die Technik beim Bau der Cheopspyramide“
Abb. 102	www.hunkler.com/pyramids/r18_259.gif, 31.7.2009
Abb. 110	Pastor J. Henke, Kirchengemeinde Hörnum/Rantum auf Sylt
Abb. 113	Umzeichnung nach G. Goyon, „Die Cheops Pyramide“, durch H. Neubacher
Abb. 115	Umzeichnung nach J.-P. Lauer, „Das Geheimnis der Pyramiden“, mit Ergänzungen durch H. Neubacher
Abb. 116	Umzeichnung nach Prof. R. Stadelmann, „Die ägyptischen Pyramiden“, mit Ergänzungen durch H. Neubacher
Abb. 120	Umzeichnung nach J.-P. Houdin, „Cheops“, mit wesentlichen Ergänzungen durch H. Neubacher

Abb. 123	M. Lehner, „Geheimnis der Pyramiden“
Abb. 124	L. Klebs, „Die Reliefs des alten Reiches“
Abb. 137	Umzeichnung nach A. Wirsching, „Obelisken transportieren und aufrichten in Ägypten und Rom“, mit Ergänzung durch H. Neubacher
Abb. 138	Umzeichnung nach F. Löhner, „Der Bau der Cheops-Pyramide“, mit Ergänzung durch H. Neubacher
Abb. 140	Umzeichnung nach Prof. D. Arnold, „Lexikon der Ägyptischen Baukunst“, mit Ergänzung durch H. Neubacher
Abb. 141	Umzeichnung nach Negadeh-II-Krug, Staatliche Museen zu Berlin, 1971
Abb. 142, 143	Mit freundlicher Genehmigung „The Manchester Museum“, England
Abb. 145	Umzeichnung nach Abb. 143, mit Ergänzung durch H. Neubacher
Abb. 146	G. Steindorff, „Grab des Ti“
Abb. 147	G. Steindorff, „Grab des Ti“
Abb. 148	G. Steindorff, „Grab des Ti“
Abb. 149, 150	B. Landström, „Die Schiffe der Pharaonen“
Abb. 151	Umzeichnung nach A. Göttlicher/W. Werner, „Schiffsmodelle im alten Ägypten“, mit Ergänzungen durch H. Neubacher, mit freundlicher Genehmigung
Abb. 152	G. Steindorff, „Grab des Ti“
Abb. 164,167, 168, 169	Umzeichnung nach M. Lehner, „Geheimnis der Pyramiden“, mit Ergänzungen durch H. Neubacher
Abb. 179	B. Landström, „Die Schiffe der Pharaonen“
Abb. 194	S. Wachsmann, „Seagoing Ships & Seamanship in the Bronze Age Levant“
Abb. 195	B. Landström, „Die Schiffe der Pharaonen“
Abb. 210	Umzeichnung nach M. Lehner, „Geheimnis der Pyramiden“, mit Ergänzungen durch H. Neubacher
Abb. 213	http://www.zdf.de/ZDFde/inhalt/29/0,1872,2051709,00.html?dr=1, (01/2010)
Abb. 214	Dr. M. Gutgesell, „In Lohn und Brot beim Pharao“, GEO-MAGAZIN
Abb. 215	www.faszination-aegypten.de/Aegyptothek/Wirtschaft/ackerbau.htm
Abb. 216	Mit freundlicher Genehmigung „Lehnert & Landrock, Eveline Lambelet-Grady“
Abb. 217	Ausstellung „Nofretete · Echnaton“, 10.4.-16.6.1976 Ägyptisches Museum der staatlichen Museen Preussischer Kulturbesitz, Berlin
Abb. 218	Mit freundlicher Genehmigung A. Göttlicher
Abb. 219	K. Jackson und J. Stamp, „Die Pyramide“, Detailausschnitt vom Farbfoto
Abb. 223	Zeichnung von C. Fontana bei D'Onofrio nach A. Wirsching, Seite 125
Abb. 228	G. Wittberger, http://www.flickr.com/photos/georgwittberger/4001342897
Abb. 229	Mit freundlicher Genehmigung K. Schaper, www.flickr.com/photos/39744822@N03/

Abb. 231	M. Niemann, www.seitenlang.de
Abb. 232	R. Ellis, http://upload.wikimedia.org/wikipedia/commons/a/a2/1051_Baalbek-stoneofpregnantwoman.jpg
Abb. 233	Umzeichnung nach A. Wirsching, „Obelisken tranportieren und aufrichten in Ägypten und Rom“, mit Ergänzung durch H. Neubacher
Abb. 243	Umzeichnung nach M. Lehner, „www.aeraweb.org/gpmp_grid.asp“ und M. Haase „Sokar“, Nr. 6 (2003)“, mit Ergänzungen durch H. Neubacher

Alle nicht genannten Abbildungen sind vom Autor

– Persönliche Anmerkung

Um meine Intention, die vorgestellte Pyramidenbau-Theorie möglichst deutlich, verständlich und umfassend dazustellen, war es nötig, auf einige bereits gewonnene Erkenntnisse aus meinen beiden ersten Büchern zurückzugreifen – insbesondere auch deshalb, weil die von mir vorgetragene Bautechnologie ganz neu ist.

Den verehrten Leser bitte ich deshalb bei der Beurteilung meiner Vorgehensweise um etwas Nachsicht, wenn einige von mir sorgfältig ausgesuchte Abbildungen und Texte als Hinweise und Zitate in Kurzform noch einmal verwendet werden.

– Vom Autor bereits veröffentlichte Bücher

CHEOPS-PYRAMIDE gebaut mit den eigenen **BARKEN**
Lösung des Jahrtausendrätsels: MASCHINEN des HERODOT + KRAFT des WASSERS
ISBN-13: 978-3-8370-6236-6

Das RAD des PHARAO
7 Vorbedingungen für den Bau der Cheops-Pyramide: DER BAU BEGINNT
ISBN: 978-3-8370-2310-7

– Anschrift des Autors

Helmar Neubacher
Postfach 1412
25966 Sylt/OT Westerland

Website: www.pyramidenbau-aegypten.de
E-Mail: info@pyramidenbau-aegypten.de